SAURIER – AMMONITEN – RIESENFARNE

Saurier
Ammoniten
Riesenfarne

Deutschland in der Kreidezeit

Von Harald Polenz und Christian Spaeth

Bibliografische Information Der Deutschen Bibliothek
Die Deutsche Bibliothek verzeichnet diese Publikation in der Deutschen
Nationalbibliografie; detaillierte bibliografische Daten sind im Internet
über http://dnb.ddb.de abrufbar.

Umschlaggestaltung: Finken & Bumiller, Stuttgart
Umschlagmotive: Skelett eines Iguanodon-Jungtieres (Universität Münster);
Schnecken, präparierter Schwamm (Ruhrlandmuseum Essen);
Sporenbehälter eines Farnes, Megaspore (Geologischer Dienst NRW, Krefeld)

Karten S. 19: Peter Palm, Berlin

© Konrad Theiss Verlag GmbH, Stuttgart 2004
Alle Rechte vorbehalten
Lektorat: Petra Enz-Meyer, Schlaitdorf
Satz und Gestaltung: DOPPELPUNKT Auch & Grätzbach GbR, Leonberg
Druck und Bindung: Druckhaus Beltz, Hemsbach
ISBN 3-8062-1887-0

VORWORT

Ist das Denken in geologischen Zeiträumen, wo es um Millionen und Milliarden Jahre geht, überhaupt möglich? Es verlangt uns schon eine gehörige Portion Abstraktionsvermögen ab. Dennoch ist es spannend, in eine Zeit zu schauen, die kein Mensch erlebt hat, denn die Geschichte des Menschen ist, geologisch betrachtet, noch sehr jung.

Mit diesem Buch versuchen wir ein Fenster in eine Zeit zu öffnen, die nach jüngsten Erkenntnissen von ungefähr 144 bis 65 Millionen Jahre vor der Gegenwart gedauert hat: Die Kreidezeit, so benannt nach den weißen Kreidefelsen auf Rügen, die nichts anderes sind als die zu Stein gewordenen Sedimente des kreidezeitlichen Meeres. Geologie und Paläontologie lieferten in den vergangenen Jahrzehnten faszinierende Bilder dieser Epoche der Erdgeschichte, die sich vor allem durch die Dinosaurier und ihr Aussterben am Ende der Kreidezeit einen Namen gemacht hat.

Wir haben versucht, dieses komplexe Geschehen vom Werden und Vergehen anschaulich und in sinnvoller thematischer Gliederung für die Leser erfahrbar zu machen. Viele paläontologische Institute und Museen in Deutschland haben dabei mitgeholfen. Ihnen einen herzlichen Dank.

Natürlich dürfen Sie, liebe Leserinnen und Leser, das Buch von der ersten bis zur letzten Seite durchgehend lesen. Sie können allerdings auch nach Lust und Laune darin blättern, bleiben vielleicht bei einer rätselhaften Abbildung oder ungewöhnlichen Überschrift hängen und lesen dann zuerst das Kapitel über die Dinosaurier. Wenn wir so – wie wir hoffen – Ihr Interesse für die Zusammenhänge geweckt haben, möchten wir Sie dazu ermuntern, sich auch jene Teile des Buches vorzunehmen, die versuchen, das komplexe Geschehen verständlich zu machen. Eine spannende Reise durch die Kreidezeit in Deutschland wünschen Ihnen

Harald Polenz
Christian Spaeth

INHALT

KREIDEZEIT – DIE ERDE VERÄNDERT IHR GESICHT

»In das Weltall sehen, heißt, in die Vergangenheit sehen. Raum ist Zeit. Die Virgo-Galaxien sind siebzig Millionen Lichtjahre entfernt. Licht, vor siebzig Millionen Jahren von der Erde ausgesandt, erreicht jetzt diese Sterne, ergibt ein Bild der Erde zur Kreide-Zeit. Zwei riesige Landmassen, Laurasia und Gondwana, getrennt vom Tethys-Meer: Unendlich langsam zerfällt Gondwana; zwischen Afrika und Amerika tut sich der südliche Atlantik auf. Flora und Fauna nehmen neue Gestalt an. Pflanzen beginnen Blüten zu treiben, die ersten Laubbäume entfalten ihre Kronen. Plankton schwebt zum Meeresboden hinab, versteinert zur Kreide. Ammoniten, die Kopffüßer, werden zu Leitfossilien ihrer Epoche. Die Saurier, vordem Herrscher zu Lande, im Wasser und in der Luft, sterben aus. Die Kreide-Zeit, fünfundsiebzig Millionen von viereinhalb Milliarden Jahren Erdgeschichte, dauerte länger, als ihr Ende vom Jetzt entfernt ist. Vor fünfundsechzig Millionen Jahren war der Mensch, der mit Kreide zeichnen, malen, schreiben lernte, noch lange eine Frage der Zeit«.

Prof. Dr. Ulrich Borsdorf,
Direktor des Ruhrlandmuseums in Essen

Die Kreidezeit war eine der aufregendsten Epochen in der gesamten Erdgeschichte. Alte Lebensformen verschwanden, neue traten auf und suchten sich ihren Platz in den vorhandenen Ökosystemen. Zum ersten Mal sah die Erde Blütenpflanzen und in ihrem Gefolge neue Insektenarten. Dagegen bereitete diese Zeit anderen typischen Lebensformen des Erdmittelalters den Niedergang. Dazu gehörten die Ammoniten und Belemniten als tintenfischähnliche Lebewesen, Meeresechsen, Flugsaurier und Dinosaurier als die Giganten

Die »weiße« Kreideküste von Rügen gab einem ganzen erdgeschichtlichen System ihren Namen. Tausende von Touristen bewundern jährlich die »Wissower Klinken«, einen der romantischsten Orte der Rügener Kreideküste.

der Meere, des Festlandes und der Luft. All diese Gruppen hatten sich ausgebreitet und eine Vielzahl von Arten entwickelt. Gegen Ende der Kreidezeit starben sie auf ebenso vielfältige Weise aus, wie sie entstanden waren.

Die Kreidezeit war auch eine Epoche der großen Meere. Der Meeresspiegel stieg allmählich bis zu einer davor und danach nie wieder gekannten Höhe an. Zwischen den weiter auseinandertreibenden Kontinenten bildeten sich neue Meere und bedeckten die vormals trockenen Landflächen. Frühere Wüsten wurden zu Schwemmland und bis zum Ende des Zeitalters waren zwei Fünftel der früheren Kontinentalfläche seichter Meeresboden. So wechselhaft, wie das Steigen und Fallen des Meeresspiegels, verhielt sich auch das Klima der Kreidezeit. Das Spektrum reichte von eiszeitlichen bis subtropischen Temperaturen und das Klima war folglich keineswegs gleich bleibend, wie die paläontologische Forschung lange Zeit angenommen hatte.

ALS GONDWANA ZERBRACH

Der Atlantische Ozean wurde geboren, der Superkontinent Gondwana brach endgültig auseinander und die Kontinente nahmen eine aus heutiger Sicht nicht mehr allzu verwirrende Stellung ein (siehe Abb. S. 11). Durch Grabenbrüche hatten sich bereits im unteren Jura Europa und Afrika sowie Nord- und Südamerika getrennt, allerdings nicht allzu weit. Sie blieben noch nahe zusammen. Während der Kreidezeit begann ein Prozess des Auseinanderdriftens. Indien und Madagaskar entfernten sich von der afrikanischen Ostküste, die Antarktis und Australien trieben, noch verbunden, nach Osten und lösten sich von Südamerika. Dazwischen bildeten sich neue Meere; zu ihnen gehörten der Nord- und der Südatlantik, die Karibik und der Indische Ozean. Das große

Steinkern eines oberkreidezeitlichen Ammoniten mit erkennbaren Lobenlinien auf dem Gehäuse.

nordamerikanische Binnenmeer reichte vom nördlichen Polarmeer nach Süden über Nordkanada hinunter bis nach Mexiko und zur Halbinsel von Yucatan. Das Tethys-Meer erstreckte sich weit über seine früheren Grenzen hinaus nach Südeuropa über die Britischen Inseln, Mitteleuropa, Südskandinavien und den europäischen Teil Russlands hinweg.

Durch diese Vorgänge der Plattentektonik spaltete sich die Erde in zwölf Landmassen auf. Einen Beleg dafür liefern endemische Floren, also Pflanzengesellschaften, die es nur auf dem jeweiligen Kontinent gibt. Ebenso finden sich dort endemische Tiere, die sich offenbar erst nach der Trennung der Landmassen entwickelt haben.

Marodierende vegetarisch lebende Dinosaurier fraßen eine tausende von Kilometern lange Schneise quer durch den während der Unterkreide noch dicht zusammenhängenden Superkontinent Pangäa und hinterließen geplünderte Farnprärien und Wälder. Als das Meer langsam und stetig die Festlandsockel überschwemmte, mussten die Riesen mit

viel weniger Platz auskommen. Sie nutzten jedes Fleckchen trockenen Bodens im heutigen China, in Australien, Lateinamerika, Nordamerika, Alaska, Kanada und Europa. Durch ihre Größe von der Evolution bevorteilt, fristeten unsere Vorfahren, die Säugetiere, ein eher schattenhaftes Dasein als Erdhöhlen- und Baumbewohner.

ÖL AUS DER KREIDE ENTSCHEIDET ÜBER KRIEG UND FRIEDEN

Das Mikroplankton, unzählige meeresbewohnende einzellige Tiere, vervielfachte sich in der Zeit von etwa 120 bis 75 Millionen Jahren vor der Gegenwart im Tethys-Meer. Es wurde mit seinen Kalkschalen, dem Ausgangsmaterial für die weiße Schreibkreide, auf den Festlandsockeln der seichten Meere in den sauerstoffarmen Sedimenten begraben. Es verwandelte sich im Rahmen komplizierter geochemischer Prozesse an einigen Orten der Erde in Öl, beeinflusst in dieser Form heute die Weltpolitik und entscheidet möglicherweise über Krieg und Frieden. Über die Hälfte der bekannten Ölvorräte der Welt liegen in Feldern aus dem Tethys-Bereich, so im Persischen Golf, Nordafrika, dem Golf von Mexiko und Venezuela.

Sollte es zu einer Energiekrise kommen, können wir uns über die geologischen Verhältnisse zur Kreidezeit glücklich schätzen. Bis 2020 wird sich die Weltbevölkerung gegenüber 1980 von 4 auf 8 Milliarden Menschen verdoppelt haben. Als Folge davon dürfte der weltweite Energiebedarf um rund fünfzig Prozent zunehmen. Steigender Bedarf zwingt die Mineralölkonzerne dazu, Lagerstätten zu erschließen, die zuvor als nicht nutzbar galten. Vor allem Vorkommen in großer Tiefe können dank immer leistungsfähigerer Bohrtechnik ausgebeutet werden. Die ertragreichsten Erdölvorkommen in Deutschland unter dem Emsland sind an kreidezeitliche Sedimente gebunden. Sie werden immer noch ausgebeutet. An der Exploration sind Paläontologen beteiligt.

ÜBERALL AUF DER WELT IST KREIDEZEIT

Die ungeheure Dicke der meist leicht zugänglichen Sedimentgesteinsfolgen der Kreidezeitmeere erzählt eine Menge über die Geschichte dieses eigenständigen Systems der Erdgeschichte. Am bekanntesten sind die mächtigen Kreidelager, die sich in vielen Teilen der Welt in der jüngeren Kreide bildeten, etwa in Kansas und an der Golfküste der Vereinigten Staaten, entlang der Südküste Englands, in Dänemark und eben in Nordwestdeutschland, dort vor allem! Diesen Paketen widmet sich dieses Buch, das ein Fenster in die Kreidezeit von Deutschland aufmachen will und den Zeugnissen nachspürt, die aus dieser fernen und bewegten Zeit erzählen. In Städten, wie Soest und Regensburg etwa, begegnet man der Kreidezeit auf Schritt und Tritt. Der Grünsand an historischen Kirchen und profanen Gebäuden besteht vor allem in Soest aus kreidezeitlichen Sedimenten. Anderswo muss man die Augen weit öffnen, um kreidezeitliche Ablagerungen zu entdecken. Dieses Buch soll dabei helfen.

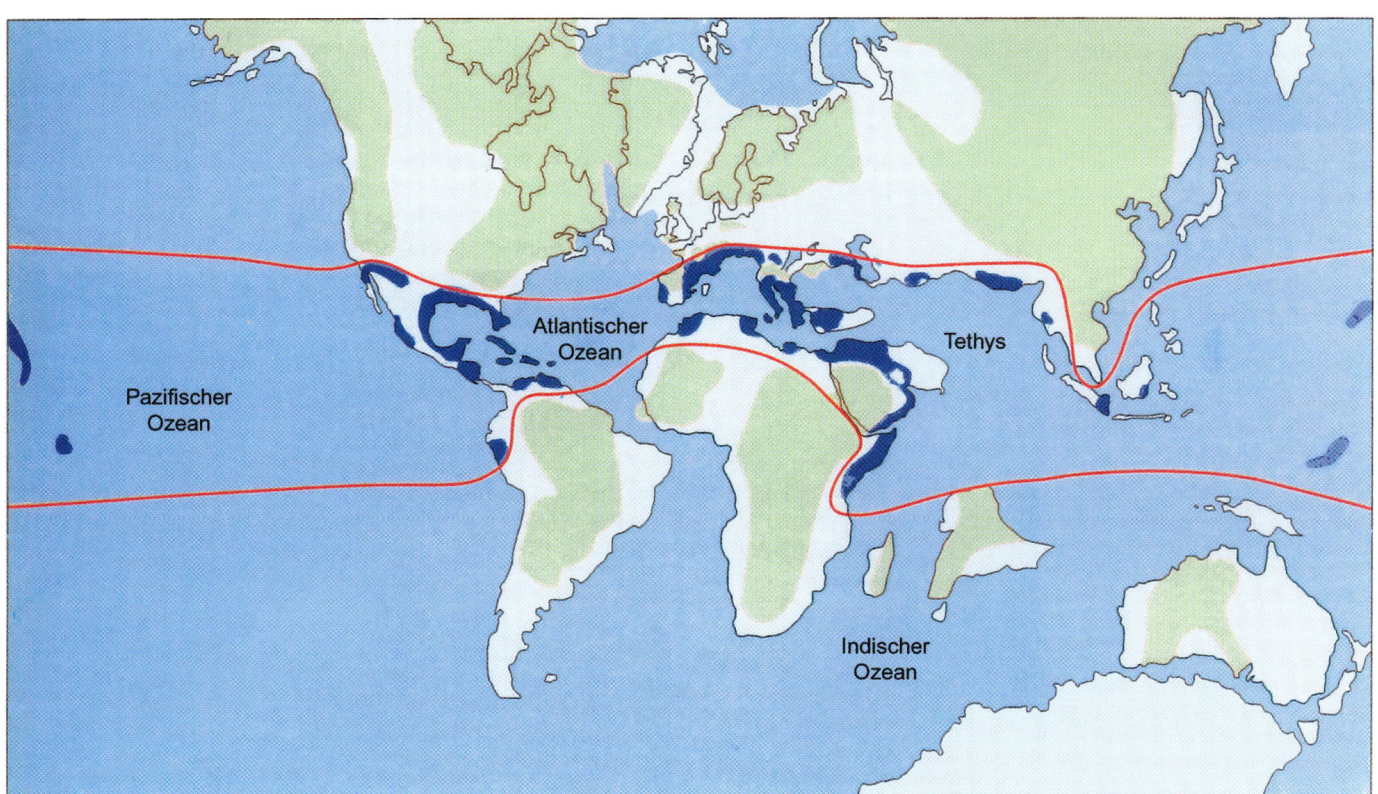

Die Weltkarte sah zur Kreidezeit anders aus als unser heute gewohntes Kartenbild. Auf die heutige Karte ist die Situation etwa zur Zeit des Cenomans projiziert: Grün stellt die Festlandflächen dar, helles Blau den Meeresspiegelstand auf dem Kontinentalschelf, mittleres Blau die Meerestiefen, dunkles Blau die kreidezeitliche Tiefsee. Innerhalb der roten Linien befanden sich Meeresbreiten hoher Temperaturen der Tethys, nördlich der roten Linien die borealen Meeresbereiche unserer heutigen Breiten, die zu bestimmten Zeiten immer mal wieder mit der Tethys verbunden waren.

DIE »KREIDE« KOMMT BUNT DAHER

Die Kreide verfügt über einige wesentliche Alleinstellungsmerkmale, die es rechtfertigten, sie als eigenes System in die Erdgeschichte einzuführen. Als der Geologe Carl Georg von Raumer 1815 für die letzte Epoche des Erdmittelalters den Namen Kreide einführte, hatte er die weißen Kreidefelsen von Rügen vor Augen und glaubte, die mürben, weißen Kalksteine, entstanden aus den Schalen von Meeresplankton, seien das vorherrschende Sediment. Doch so uniform ist die kretazische Schichtenfolge nicht. Heute wissen wir, dass die Gegensätze von schwarzen, fossilen Tonsteinen über eben die kreidigen Kalke bis zu bunten, aus wässerigen Lösungen verdunsteten Gesteinen, den Evaporiten, reichen, und die eigentliche Kreide nur einen Teil der kreidezeitlichen Ablagerungen bildet. Die Kreide kommt folglich bunt daher und ist, außer in den reinen Schreibkreidegebieten, überhaupt nicht weiß.

ALGENALARM AN DEN KREIDE-ZEITLICHEN KÜSTEN

Der Begriff Kreide kommt vom lateinischen *creta* und meint den reinen Kalkstein, der aus den winzigen kalkigen Plättchen mikroskopischen Phytoplanktons, den Haptophyten, besteht. Diese schwammen während ihres Stadiums als Goldalgen frei in den kretazischen Meeren umher. In ihrem Ruhestadium setzten sie sich in ihrer einzelligen komplizierten Mikropanzerung, die aus einer Vielzahl von Kalziumkarbonatschuppen, den Coccolithen, mit einem Durchmesser von etwa 0,005 Millimetern, bestand, auf dem Meeresboden ab. Zunächst trieben sie an der Oberfläche warmer Meere, bevor sie in Milliarden geometrisch geformter Körper 3000 bis 4000 Meter auf den Grund sanken. Größere Tiefen sind nicht möglich, da das gelöste Kohlendioxid in diesen Tiefen eine schwachsaure Lösung erzeugt, die die Kalziumkarbonat-Skelette auflöst.

Die am Meeresboden lebenden Foraminiferen werden auch Kammerlinge genannt. Diese einzelligen Tiere tragen ein ein- oder mehrkammeriges Gehäuse aus Kalk oder anderen Stoffen. Die Größe der Gehäuse liegt zwischen etwa 0,05 und 150 mm. Die abgebildeten Foraminiferen 1–6 stammen aus dem Valangin der Tongrube Twiehausen. Figur 7 und 8 zählen die Wissenschaftler zur Mesofauna, das sind Fossilien der Größenordnung zwischen 0,3 bis 3 mm. In diesem Fall sind es Seeigelstacheln, bei Figur 7 ist die Stachelbasis erhalten.

In der Erdgeschichte, die die Paläontologen in stratigraphische Abschnitte aufteilen, bildet die Kreidezeit die letzte Epoche des Mesozoikums, des Erdmittelalters. Sie begann vor 144 Millionen Jahren, endete vor 65 Millionen Jahren und dauerte somit länger als das gesamte folgende und bis heute unvollendete Zeitalter des Känozoikums, der Erdneuzeit. Damit war die Kreidezeit die längste Einzelepoche des gesamten Phanerozoikums, des Zeitalters des »sichtbaren Lebens«.

System	Serie	Stufe	Alter in Mio. Jahren	Einige Ammoniten der Kreide
Kreide	Ober-Kreide	Maastricht	65.0	
			71.3	
		Campan		
			83.5	
		Santon	85.8	
		Coniac	89.0	
		Turon		
			93.5	
		Cenoman		
			98.9	
	Unter-Kreide	Alb		
			112.2	
		Apt		
			121.0	
		Barrême		
			127.0	
		Hauterive		
			132.0	
		Valangin		
			136.5	
		Berrias		
			142.0	
			144.2	
Jura		Tithon		

Wer sich in der Kreidezeit bewegt, der muss wissen, in welchen Abschnitten dieses Erdzeitalters er sich befindet. Die Tabelle zeigt das System Kreide mit seinen Serien und Stufen. Sie erleichtert die Orientierung, wenn von den Serien und Stufen im Buch die Rede ist. Einige typische Ammoniten der jeweiligen Zeiten sind in der rechten Spalte dargestellt.

1 *Nostoceras (Bostrychoceras) sp.*
2 *Hoplitoplacenticeras sp.*
3 *Scaphites sp.*
4 *Peroniceras sp.*
5 *Mammites sp.*
6 *Acanthoceras sp.*
7 *Tropaeum sp.*
8 *Platilenticeras sp.*
9 *Polyptichites sp.*
10 *Dichotomites sp.*

GEBURT DER KONTINENTE UND OZEANE

Würde man aus einer Landkarte die Erdteile ausschneiden, ließen sie sich wie ein Puzzle – bis auf geringfügige Löcher – zu einem Bild der Erdmasse zusammenlegen. Die Erdteile müssen also beweglich sein. Diese Idee entwickelte 1912 der deutsche Meteorologe Alfred Wegener. Doch die Mehrheit der Geologen und Geophysiker lehnte diese Idee ab, bis sie 40 Jahre später eindrucksvoll bewiesen werden konnte.

Eine sehr anschauliche Erklärung der Theorie, die die Geologen »Plattentektonik« nennen, lieferte der britische Geologe Dougal Dixon: »Wenn Sie eine Suppe kochen, bildet sich Schaum, der sich infolge der in der Flüssigkeit herrschenden Konvektionsströme an der Oberfläche bewegt. Etwas Ähnliches wie bei dem Suppenschaum geschieht auch an der Erdoberfläche. Die Erdkruste wird unablässig zerstört und wieder erneuert. Das gilt nicht nur für das Gestein der Kontinente, sondern für die gesamte äußere Schale. Stellen Sie sich die Erdoberfläche aus mehreren Platten zusammengesetzt vor, wobei entlang eines Plattenrandes glutflüssiges Gesteinsmaterial emporquillt, fest wird und sich so in neues Plattenmaterial verwandelt. Stellen Sie sich weiter vor, wie sich das neue Plattenmaterial immer weiter vom Plattenrand fortbewegt, bis es schließlich auf der anderen Seite abgleitet und wieder zerstört wird. Genau das geschieht mit der Erdoberfläche.«

PLATTENTEKTONIK: ERDTEILE IN BEWEGUNG

Die Theorie der Plattentektonik stellt eines der bedeutendsten Ergebnisse geologischer Forschung des gerade vergangenen Jahrhunderts dar. Sie besagt, dass die Gesteinskruste der Erde in einzelne Platten zerbrochen ist, die sich auf dem glutflüssigen Erdmantel aufeinander zu und voneinander weg bewegen. Abläufe, die in ihren zeitlichen Dimensionen unsere menschlichen Erfahrungsmöglichkeiten überschreiten. Quer durch die Ozeane erstreckt sich ein System von Rücken, Stellen, an denen neues Oberflächenmaterial entsteht. In anderen Bereichen, besonders am Rand des Pazifiks, befinden sich tiefe Gräben. An diesen Stellen wird das Oberflächenmaterial nach unten gezogen und wieder zerstört. Die Kontinente sind in diese beweglichen Platten eingebettet und ändern aufgrund der Drift stetig ihre Lage. Wo neues Material entsteht und altes zerstört wird, sind Vulkane und Erdbeben nicht fern. Das neu geschaffene Plattenmaterial bildet den Meeresboden, daher ist der Meeresboden nirgendwo auf der Erde mehr als 200 Millionen Jahre alt. Die jüngsten Bereiche sind direkt an den ozeanischen Rücken anzutreffen.

Bereits im Jura begann Pangäa, die große Kontinentalmasse, in der während Perm und Trias die Superkontinente Gondwana und Laurasia vereinigt waren, zu zerfallen. Diese Tendenz setzte sich während der Kreidezeit fort. Gleichzeitig mit dem Auseinanderdriften der Kontinentalplatten entwickelten sich neue Ozeane. Während zur Zeit der Unterkreide noch beide Pole im Meer lagen, gelangte die Antarktis in den Südpolbereich und das westlich Tethys-Meer in niedrige nördliche Breiten. Der südliche Nordatlantik entstand und erreichte im Lauf der Kreide eine Breite von 4000 Kilometern. Am Ende dieser bewegten Epoche hingen die eurasiatische Kontinentmasse über Skandinavien und die nördlichen Britischen Inseln noch mit Grönland und Nordamerika zusammen. Über eine Meeresverbindung, die so genannte kaledonische Nahtzone, existierte eine Verbindung zwischen Arktischem Meer und dem Atlantik.

Büschelige Bryozoen-Kolonie auf einer Sandknolle aus dem Campan von Dülmen im Münsterland.

NEUE OZEANE UND GEBIRGE

Auch die Öffnung des Südatlantiks fiel in die Kreidezeit. Schon in der Unterkreide kündigte sich das Ereignis an, denn es bildete sich zuerst zwischen Südamerika und Afrika eine kontinentale Senke (Riftsystem). Eruptionen großer Mengen basaltischer Laven begleiteten das Auseinanderbrechen der beiden Kontinente, das erst am Ende des Cenomans vollzogen war.

Dagegen erfuhr der Pazifik eine beträchtliche Verkleinerung. Eine Reihe von kretazischen Pazifikplatten existiert heute nicht mehr. Vielmehr wurden sie komplett unter Japan, die Kurilen, Aleuten und Amerika geschoben. Diesen Vorgang nennen die Geologen »Subduktion«. Im Zuge des Subduktionsfortschritts wuchs der Westrand von Nordamerika durch Anlagerung von Material dieser subduzierten Pazifikplatten, die sich in den Westrand regelrecht »einspießten«.

Im westlichen Tethys-Meer erreichte die bereits im Jura einsetzende Gebirgsbildung ihren ersten Höhepunkt. Ursache waren Kollisionsvorgänge zwischen der Afrikanisch-Arabischen und der Eurasiatischen Platte und den dazwischenliegenden Mikroplatten. Es waren die »Geburtswehen« der Alpen.

Mit den tektonischen Ereignissen gingen Klimaschwankungen und ein weltweites Ansteigen (Transgression) und Absinken (Regression) des Meeresspiegels einher. Zu Beginn der Kreide wirkte sich in Europa eine Meeresregression aus, die schon gegen Ende des Jura zu beobachten war. Große festländische Bereiche mit Feuchtgebieten dokumentieren sich heute in den Wealden-Schichten, so genannt nach einer südenglischen Landschaft. Meeresablagerungen sind auf das Gebiet der Tethys und des Nordseebeckens beschränkt.

DIE WELT »SÄUFT AB«

Das änderte sich durch eine Ausweitung des Meeresraumes in drei großen Transgressionsschritten, die sich wiederum in Teilereignisse gliedern lassen, die von regressiven Perioden unterbrochen waren. Während eines Großteils der Unterkreide nahm ein Festland Mittel- und Westeuropa ein, das sich von den Britischen Inseln über das Brabanter Massiv und Mitteldeutschland bis zur Böhmischen Masse erstreckte. Dieses Festland trennte den nördlichen Teil, der von der Nordsee überflutet wurde, vom südlichen Teil. In der Ammonitenzonengliederung wird diese Teilung sichtbar. Nur während der Transgressionshöhepunkte, als ein Faunenaustausch zwischen beiden Meeren möglich war, finden sich gemeinsame Zonenleitfossilien.

Für die Kenntnis der Kreideablagerungen in Deutschland muss dieser Umstand ein wenig näher erläutert werden. So repräsentiert die Kreide von Norddeutschland Ablagerungen aus einem weit über die Grenzen Deutschlands hinaus verbreiteten Flachmeer zwischen den Festlandsblöcken der Rheinisch-Böhmischen Masse, Englands und Skandinaviens. Es überflutete zeitweilig die Festländer. Über Meeresstraßen stand dieses Nebenmeer im Wassermassen- und Faunenaustausch mit den angrenzenden Ozeanen der Tethys im Süden und dem noch jungen, schmalen Atlantik im Westen.

Da der Meeresboden keine ebene Fläche darstellt, sondern ein lebhaftes Relief aus Gebirgen und Gräben bildet, bestanden über solche Gräben Verbindungen zwischen dem sich später öffnenden, nördlichen Nordatlantik zum ebenfalls noch jungen Arktischen Ozean, über die es während der Überflutungshöhepunkte immer wieder zu Faunenwanderungen von Ammoniten und Belemniten kam.

MEERESLEBEWESEN »BESUCHEN« SICH

Ein wechselweiser Austausch mit den zum Teil heimischen Faunen des flachen Epikontinentalmeeres auf der russischen Tafel geschah über die dänisch-polnische Furche. Obwohl die verschiedenen Meeresgebiete dauerhaft untereinander in Verbindung standen, sind die faunistischen Beziehungen der Lebensräume nördlich der Rheinisch-Böhmischen Masse wesentlich enger mit der Tethys und dem Atlantik verknüpft. Die nördlichen Flachmeere einschließlich dem Anglo-Pariser Becken werden daher der Bioprovinz »Boreal« zugerechnet, während die Regensburger und die Alpine Kreide sowie der Atlantik der Bioprovinz »Tethys« zuzuordnen sind.

Der erste Meeresanstieg mit weitreichenden Folgen, die Neokom-Transgression, überflutete die Wealdensenken von der Nordsee aus. Über die Baltische Straße kam es zu einer Verbindung mit der Tethys. Ein weiterer Meeresvorstoß erreichte das südenglische Wealdenbecken von der Nordsee aus, in dessen Verlauf auch das Londoner Massiv überspült wurde. Im Süden überflutete die Tethys das westliche alpine Vorland. Dieser Vorstoß erreichte auch das Pariser Becken. Erst im Barrême zog sich das Meer kurzfristig zurück.

Die dunkelgrünen Felder markieren Gebiete, in denen Kreidesedimente an der Erdoberfläche überliefert sind. Einen Schwerpunkt der »sichtbaren« Kreide bildet Norddeutschland. Die hellgrünen Flächen zeigen Gebiete an, in denen Kreidesedimente von jüngeren Sedimenten des Tertiär und Quartär bedeckt sind.

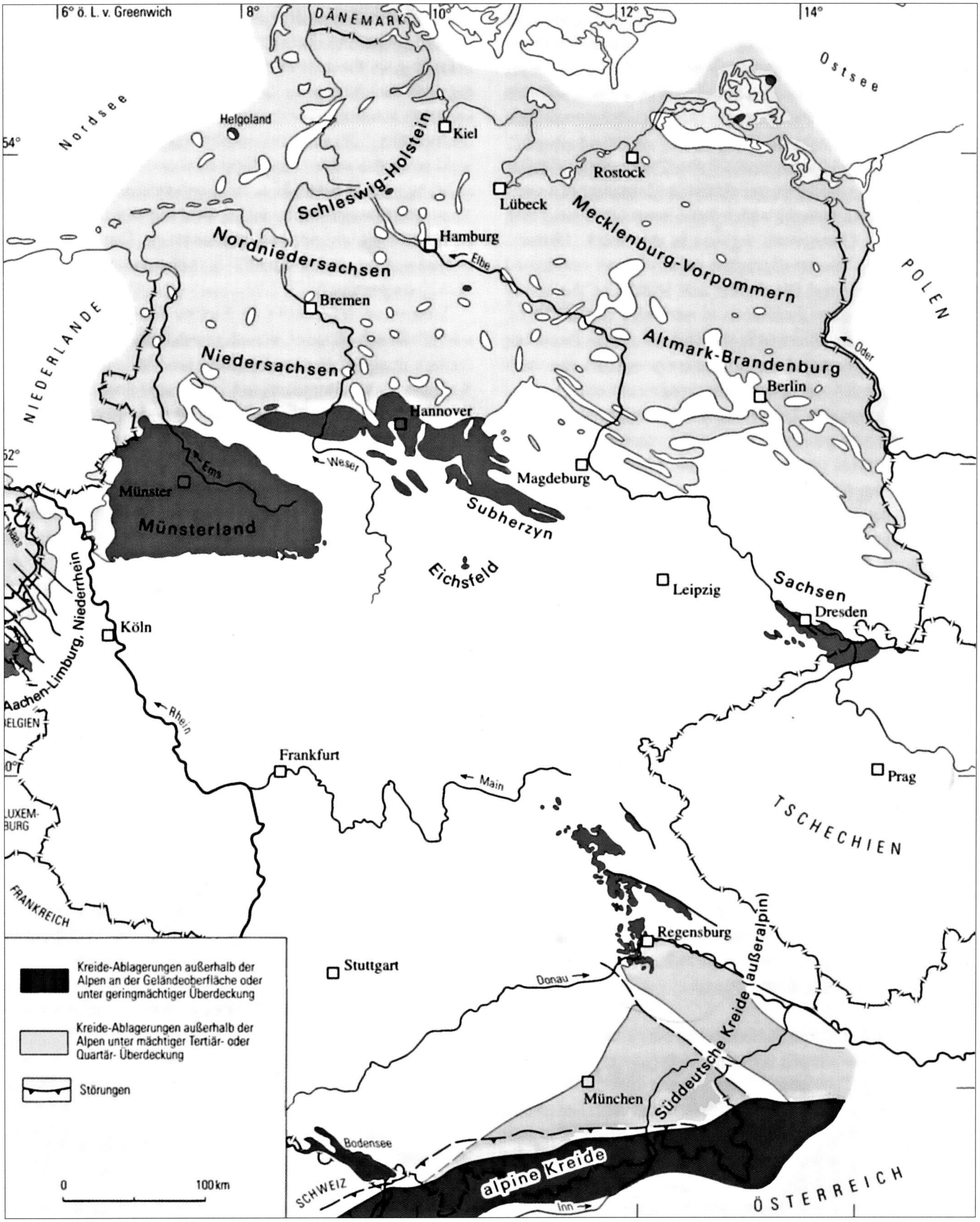

6° ö. L. v. Greenwich   8°   DÄNEMARK   10°   12°   14°

Ostsee

Nordsee

54°

Helgoland

Kiel

Rostock

Schleswig-Holstein

Lübeck

Mecklenburg-Vorpommern

POLEN

Hamburg

Elbe

Nordniedersachsen

Bremen

Oder

Altmark-Brandenburg

Niedersachsen

Berlin

52°

Hannover

Weser

Ems

Münster

Magdeburg

Münsterland

Subherzyn

Eichsfeld

Leipzig

Sachsen

Maas

Dresden

Aachen-Limburg, Niederrhein

Köln

BELGIEN

Rhein

50°

Frankfurt

Prag

Main

TSCHECHIEN

LUXEM-BURG

FRANKREICH

Regensburg

Süddeutsche Kreide (außeralpin)

Stuttgart

Donau

Kreide-Ablagerungen außerhalb der
Alpen an der Geländeoberfläche oder
unter geringmächtiger Überdeckung

München

Kreide-Ablagerungen außerhalb der
Alpen unter mächtiger Tertiär- oder
Quartär- Überdeckung

Störungen

Bodensee

alpine Kreide

0   100 km

SCHWEIZ

Inn

ÖSTERREICH

Typische Ammoniten des borealen Nordmeeres waren die Ammoniten der Gattung *Simbirskites*. Diese Gattung entwickelte sich in den arktischen Becken und wanderte später in das südliche Borealgebiet, das Niedersächsische Becken, ein.

Im Verlauf der Unterkreide-Transgression arbeitete das Meer jurassische Toneisensteinkonkretionen auf und reicherte sie als Trümmereisenerze an. Im Umfeld von Salzgitter bei Hannover sind diese Trümmereisenerze zu beobachten. Von der Mitteldeutschen Landschwelle schüttete das Meer Sand in riesigen Mengen in das Becken im Norden. Diese Sandmengen liegen heute als Hils- und Osning-Sandstein vor.

Die »Mittelkreide«-Transgression zwischen Apt und Turon erreichte bedeutend größere Ausmaße als diejenige der frühen Unterkreidezeit. In dieser Zeit kam eine durchgehende Verbindung von der Tethys über das Pariser Becken und von Südostengland mit der Nordsee zustande. Über den Är-

melkanal existierte eine Meeresverbindung zum Golf von Biskaya, der sich gerade zu öffnen begann. Auch die Baltische Straße wurde wieder voll aktiviert. Die Nordflanke der Rheinischen Masse, eine alte Hochzone seit der Permzeit, versank im Ober-Alb und Cenoman. Dort gelangten bis über 1500 Meter Kreidesedimente zur Ablagerung. Vom Ober-Turon bis zum Coniac beruhigten sich die Meeresgewalten und die Geologen verzeichnen einen regressiven Zeitabschnitt.

ZEIT DER GRÖSSTEN ÜBERFLUTUNG

Während der höheren Unterkreide bis in das Cenoman bildeten sich in den Randgebieten grünsandige Glaukonitsandsteine, so benannt nach den kleinen grünen Kristallen des Minerals Glaukonit. Der Vorstoß der Tethys zum Beispiel über die Regensburger Strasse entlang des Westrandes der Böhmischen Masse nach Norden hinterließ Glaukonitsandsteine und Mergelablagerungen. Generell kann man sagen, dass ab dem Cenoman die Ablagerungen kalkreicher und heller erscheinen.

Die größte Ausdehnung des Kreide-Meeres stellt sich während der so genannten Senon-Transgression dar. Der Transgressionshöhepunkt wurde im Ober-Campan erreicht. In dieser Zeit lag der Meeresspiegel zwischen 100 und 300 Metern über dem heutigen Niveau. Große Teile der Landgebiete der Unterkreide waren überflutet. Über den Polnischen Trog und das Pariser Becken bestanden breite Meeresverbindungen zur Tethys und zum osteuropäischen Raum. Die Verbindung zwischen arktischem Bereich und der Tethys über die Voruralische Straße bestand allerdings bereits seit der Unterkreide. Sie sorgten für einen intensiven Faunenaustausch.

Auf den an den Rändern der Kreidemeere verbliebenen Festländern lagerten sich Sande ab, von denen die Quadersandsteine des Elbsandsteingebirges eindrucksvoll Zeugnis

Rechts oben: Während der Unterkreide waren große Teile des heutigen Deutschland noch Festland (dunkelgrüne Flächen). Die weißen Flächen zeigen die Meeresbedeckung.

Rechts unten: Das heutige Deutschland war während dieser Zeit zu großen Teilen vom Meer überflutet (weiße Flächen). Die grünen Flächen zeigen die Festländer an. Die borealen Meeresbereiche waren zeitweise durch Meeresstraßen mit dem Südmeer, der Tethys, verbunden. Über diese Meeresstraßen konnten Faunen aus dem Süden in die nördlichen Meere einwandern und umgekehrt, boreale Meereslebewesen im Südmeer heimisch werden.

Obere Karte

Norwegen

Lettland
● Riga

Schweden

Litauen

Nordsee-Becken

Dänemark
● Kopenhagen

dänisch-polnische Furche

Polen

Irland

● Dublin

Nord-westdeutsches Becken

● Warschau

Niederlande

● Berlin

Großbritannien

Amsterdam

Deutschland

London ●

Belgien
● Brüssel

● Prag

Tschechische Republik

Slowakische Republik

Anglo-Pariser Becken

● Wien

Paris ●

● Budapest

Frankreich

Schweiz
● Bern

alpine Deformationsfront

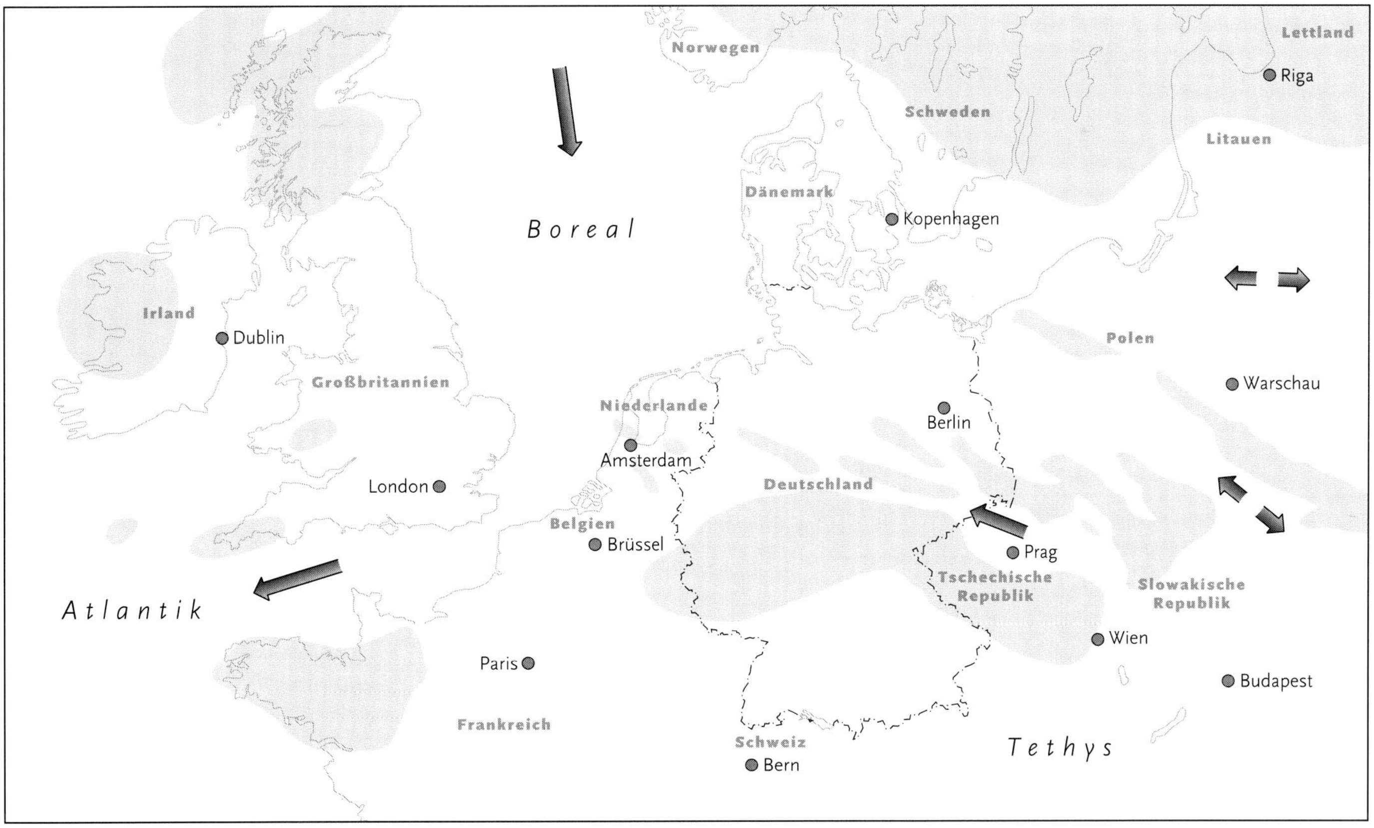

Untere Karte

Norwegen

Lettland
● Riga

Schweden

Litauen

Boreal

Dänemark
● Kopenhagen

Polen

Irland

● Dublin

● Warschau

Großbritannien

Niederlande

● Berlin

Amsterdam

Deutschland

London ●

Belgien
● Brüssel

● Prag

Tschechische Republik

Slowakische Republik

Atlantik

● Wien

Paris ●

● Budapest

Frankreich

Schweiz
● Bern

Tethys

ablegen. Die landfernen Sedimente sind kalkig-mergelig ausgebildet, wie die Pläner-Mergel in Niedersachsen und der Emscher-Mergel in Westfalen. Sie sind überwiegend von grauer Farbe. Die Schreibkreide dagegen zeigt die Farbe, die dem gesamten System den Namen gab. Sie ist weiß wie Kreide, wohl weil sie arm an erdigem Material ist. Kennzeichnend für die Schreibkreide sind Feuersteinknollen und schichtparallele Feuersteinbänke. Häufig bilden Organismenreste den Kern dieser Kieselsäureanreicherungen. Gegen Ende der Kreidezeit fiel der Meeresspiegel stark ab. Das Meer zog sich wieder auf das Nordseegebiet und das Gebiet der Tethys zurück.

AUF SPURENSUCHE

Die Kreidezeit hinterließ Spuren in Deutschland. Zum Teil sind sie über der Erde sichtbar, zum Teil unter Bedeckung verborgen und die Kenntnis darüber besitzt die Forschung nur über Bohrungen oder künstliche Aufschlüsse, wie Steinbrüche. In diesen kreidezeitlichen Ablagerungen sind wiederum Spuren aus jener lange zurückliegenden Zeit bewahrt. Sie stammen von Meeres- und Landlebewesen, aber auch von Pflanzen, die ja während der Unterkreide erstmals Blüten entwickelten.

»Spuren« wörtlich nehmen konnten die Arbeiter, die im Sommer 1979 in einem Steinbruch bei Münchehagen in Niedersachsen auf einer unterkretazischen Sandstein-Schichtfläche eine 30 Meter lange Fährte entdeckten. Ihr Urheber eilte mit einer Gangbreite von 1,2 Metern über den kreidezeitlichen Boden und der Durchmesser der Vorderfußabdrücke maß 40 Zentimeter, der der Hinterfüße 60 Zentimeter. Dieser relativ »kleine« elefantenfüßige Saurier erhielt nach seiner Spur und dem Fundort den Namen *Rotundichnus muenchehagensis*. Die Fährte steckt im Bückeburg-Hauptsandstein des Berrias und bezeichnet »großspurig« eines der Hauptverbreitungsgebiete der Kreide in Deutschland.

VON RÜGEN BIS REGENSBURG – VERBREITUNG DER KREIDE IN DEUTSCHLAND

Mehr als ein Drittel der Fläche der Bundesrepublik legt Zeugnis von der Zeitspanne zwischen 144 und 65 Millionen Jahren vor der Gegenwart ab. Von Norden nach Süden legte die »Stratigraphische Kommission Deutschlands« drei Hauptverbreitungsgebiete fest, in denen kretazische Ablage-

Fährten eines »elefantenfüßigen« Dinosauriers der Unterkreide im Dino-Museum in Münchehagen bei Hannover.

rungen nur zum Teil aufgeschlossen sind. An der Geländeoberfläche zugängliche marine und terrestrische Schichten kommen weitgehend im Norden und Nordwesten, vereinzelt im Osten und Süden des Landes vor.

Das erste Hauptverbreitungsgebiet umfasst die Nordsee, Schleswig-Holstein, Nordniedersachsen und Mecklenburg-Vorpommern. In diesem Gebiet sind wichtige Aufschlüsse heute noch zugänglich, so etwa auf Helgoland, die Kreidefelsen auf Rügen und Lägerdorf nordwestlich von Hamburg (*siehe Kapitel »Spurensuche …«*).

Mit der norddeutschen Kreide nur teilweise verbunden ist das zweite Hauptverbreitungsgebiet, ein mehr oder weniger breiter Streifen entlang dem Nordrand der Mittelgebirge. Dieser Streifen entspricht einer Linie von Aachen über Münster und das südliche Emsland, das Wiehengebirgsvorland und Hannoversche Bergland bis zum Harznordrand.

Durch anhaltenden Nordoststurm kam es auf Helgoland am 1. Februar 1986 zu extrem niedrigem Wasserstand. Hans H. Stühmer gelang es an diesem Tag, erstmals Farbaufnahmen von freiliegenden Kreideschichten zu machen. Zu Tage lagen vor dem Panorama der einzigen deutschen Hochseeinsel (v. l. n. r.) Schichten des tieferen Apt, gelbe und rötliche Ewaldi-Kreide des oberen Unter- und tiefen Ober-Apt, eine dunkle Bank der Minimus-Kreide des Mittel-Alb, weiße Kalke des Unter-Cenoman und gelbliche Grieskreide des Unter- bis Mittel-Cenoman.

Auch nicht vollständig erhaltene Vöhrum-Ammoniten besitzen Aussagekraft. Diesem *Hypacanthoplites* fehlt ein Teil der Perlmuttschale, so dass die Anwachslinien der Kammerscheidewände, die Lobenlinien, auf dem Steinkern sichtbar werden.

Seine Fortsetzung findet er in den isolierten Vorkommen des Eichsfeldes und in Sachsen. Zwischen Emsland und Harzvorland lag zur Unterkreide das Niedersächsische Becken, ein Senkungstrog mit mächtigen Schichtenfolgen, die für die Paläontologie der Unterkreide von herausragender Bedeutung sind. Während der Oberkreide wölbten sich diese Schichten auf und man spricht von einem »invertierten Senkungstrog«. In Verbindung mit dieser Aufwölbung entstanden während der Oberkreide im Münsterland und Harzvorland Randtröge, die mächtige Sedimentpakete aufnahmen.

SALZSTÖCKE DRÜCKTEN KREIDE-SEDIMENTE AN DIE OBERFLÄCHE

Für die Kreideablagerungen hauptsächlich in Niedersachsen sind salinare Strukturen von Bedeutung. Häufig haben Salzstöcke die Kreideschichten in Oberflächennähe gehoben. Das gilt vor allem auch für die submarinen Kreideschichten von Helgoland. In den oberkretazischen Gesteinsserien der Randtröge und der unmittelbar dem paläozoischen oder mesozoischen Sockel auflagernden Kreide-Randgebiete machen sich Einträge des Festlandes der Mitteldeutschen Schwelle oder der Rheinisch-Böhmischen-Masse als Ton-, Sand-, Mergel- und Kalksteine bemerkbar. Gut zu beobachten sind diese Vorgänge an Aufschlüssen zum Beispiel in Bochum und Unna, wo oberkretazische Sedimente den steil gestellten Ablagerungen des Karbon fast waagerecht auflagern und an der Basis Kreidegerölle zu beobachten sind, die das Meer in einem ersten Ansturm aus dem karbonischen Untergrund löste.

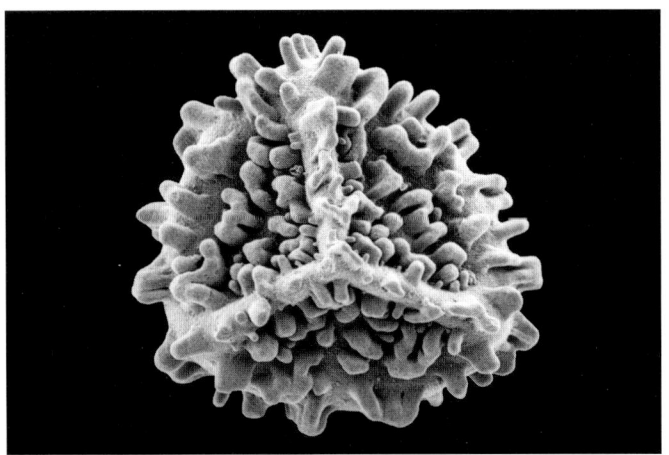

Diese rund 120 Millionen Jahre alte Megaspore überdauerte einen Waldbrand und verkohlte nicht.

Vereinzelte Kreidevorkommen im Eichsfeld, die Funde oberkretazischer Kreidebrocken im Sauerland bei Brilon, im Wesentlichen aber die unterkretazischen Spaltenfüllungen im Massenkalk des Sauer- und Bergischen Landes zeigen an, dass auch das mitteldeutsche Mesozoikum und Variszikum einmal von Kreideablagerungen bedeckt waren. An dieser Stelle sei auf die jüngst entdeckten und untersuchten unterkretazischen Spaltenfüllungen von Wülfrath im Bergischen Land verwiesen, die bedeutende Pflanzenfossilien enthielten (siehe Kapitel »Blütezeit der Pflanzen«). Ebenso Aufsehen erregend war der Inhalt der Spaltenfüllung in Brilon-Nehden im Sauerland, die neben Knochen des Großsauriers *Iguanodon* auch Pflanzen- und Insektenfossilien der Unterkreide lieferten.

ELBSANDSTEINGEBIRGE – EIN BEDEUTENDES MONUMENT DER KREIDE

In der sächsischen Kreide sind Verbreitung und Gesicht der Kreideablagerungen an eine Meeresstraße gebunden, die entlang eines tektonischen Lineamentes verlief. Ein »tektonisches Lineament« ist eine markante und ausgedehnte Zone, in der sich über einen langen Zeitraum Kräfte und Bewegungen der Erdkruste bemerkbar gemacht haben. Typisch und sichtbar für die sächsische Kreide sind die Sandsteine des Elbsandsteingebirges, die nach Norden in Schluffsteine, Mergel- und Tonsteine übergehen. Biogeographisch schaffte die sächsische Kreide eine Verbindung zwischen den norddeutschen und süddeutschen Kreidegebieten.

Im zweiten Hauptverbreitungsgebiet existieren eine große Anzahl sowohl unterkretazischer wie oberkretazischer Aufschlüsse. Als Beispiele sollen hier Bentheim, Ochtrup, Misburg, Baumberge und die Aufschlüsse zwischen Bochum und Paderborn genannt werden.

In Süddeutschland beschränkt sich das dritte Hauptverbreitungsgebiet der Kreide auf die außeralpine Regensburger Kreide, die sich unter dem Molassebecken nach Süden fortsetzt und aus verschiedenen Einheiten der Alpinen Kreide stammt.

BUNTES SPEKTRUM IM SÜDEN

Südlich einer Linie von Straßburg, Stuttgart, Donauwörth, Landshut, Linz und Brünn zog sich zu Beginn der Unterkreide die Tethys hin. Das nördlichste Meeresbecken der Tethys

Diese merkwürdige Muschel, die Kolonien bilden konnte, wird »Pferdeschweifmuschel« genannt: *Hippurites gosavicus*. Sie wurde in den Gosau-Formationen bei Salzburg in Österreich gefunden und gehört zum Sammlungsbestand des Paläontologischen Museums München.

wird als Helveticum-Zone bezeichnet. Den Bereich der zentralen Tethys prägte ein schneller Wechsel von Becken und Schwellen, hervorgerufen durch die beginnende Alpidische Faltung.

Diese Faltungen verdrängten das Kreide-Meer weiter nach Norden. Es dehnte sich schließlich im Cenoman über die Wasserburger Bucht in das Braunauer Becken und die Regensburger Rinne aus. In der Regensburger Kreide dominieren Sand- und Mergelsteine, im Süden auch pelagische, also landfern abgelagerte Tonsteine. Im Molasseuntergrund sind Sedimentgesteine des ehemaligen helvetischen Schelfs überliefert und diese finden sich als abgescherte Schuppen auch in den Decken der Alpinen Kreide. In diesen Decken dokumentieren sich ebenfalls Ablagerungen des Kontinentalhanges und der Tiefsee der nördlichen Tethys als buntes Spektrum von Sandsteinen, Plattformkalken und pelagischen Mergeln. Aufschlüsse sind in diesem Bereich selten. Zu nennen wären der Schrattenkalk der Unteren Kreide in den Allgäuer Alpen, Sedimente eines gut durchlichteten Flach-

meeres. Das Bayerische Geologische Landesamt kartierte eine Reihe von Geotopen, in denen die Regensburger Kreide aufgeschlossen ist. Zu nennen ist zum Beispiel das Referenzprofil im ehemaligen Steinbruch Mühlberg im Landkreis Kelheim in der südlichen Frankenalb, in dem Eibrunner Mergel (Cenoman-Turon), Regensburger Grünsandstein (Cenoman) und Reinhausener Schichten (Unter-Turon) aufgeschlossen sind.

Auf Meeresbedeckung zur Kreidezeit weisen auch Verwitterungsrelikte hin, die als lehmige Deckschichten die Hochfläche der Schwäbischen Alb verhüllen. Diese Überdeckung ist reich an Kieselbildungen (Hornstein, Silex, Feuerstein) aller in Frage kommenden geologischen Perioden; die meisten stammen jedoch aus der Kreidezeit. Sie sind innerhalb von Sandsteinen entstanden, deren Bruchflächen feine spiegelnde Kristalle aufweisen. Den feinen Glanz findet man auch an den Bruchflächen kreidezeitlicher Kieselbildungen. Ein sicheres Unterscheidungsmerkmal gegenüber den matt glänzenden Jurahornsteinen.

REISE DURCH 80 MILLIONEN JAHRE ERDGESCHICHTE

Wer sich in den Systemen und Stufen der Kreidezeit bewegt, muss einen »Fahrplan« haben und dieser Fahrplan ist die Stratigraphie. Letztere ist ein geologischer Zweig der paläontologischen Wissenschaft, der die Gesteine zeitlich danach ordnet, wie sie entstanden sind. »Stratigraphie« setzt sich aus dem lateinischen *stratum* = Schicht und dem griechischen *gráphein, grápho* = schreiben zusammen und heißt folglich ins Deutsche übersetzt »Schichtbeschreibung«. Um Schichten zu beschreiben, bedarf es einer Menge detaillierter Informationen, die sowohl das Gestein und die möglicherweise darin enthaltenen Fossilien berücksichtigen. Darum gibt es drei Hauptrichtungen innerhalb der Stratigraphie: die Lithostratigraphie, die die Schichtbeschreibung anhand der Gesteine vornimmt; die Biostratigraphie, die sich mit Resten fossiler Lebewesen in den Sedimentgesteinen befasst und schließlich die Geochronologie für die absolute Zeitdatierung. Otto H. Schindewolf, bedeutender deutscher Paläontologe und Stratigraph, wollte die Öko- und Sequenzstratigraphie als eigenen Zweig in die Wissenschaft von der Schichtbeschreibung einführen, konnte sich aber nicht durchsetzen.

Dass ausgerechnet Schichtlücken für die Eingrenzung von Sequenzen von Bedeutung sind, hängt mit den weltweit synchron verlaufenden Meeresspiegelschwankungen zusammen. Eine äußerst komplizierte Angelegenheit. Diese großmaßstäblichen, alle Ozeane betreffenden Veränderungen des Meeresspiegels, werden als »eustatische Schwankungen« bezeichnet. Geologisch sind mit ihnen Ablagerung und Erosion von Sedimenten verknüpft. Die periodischen Schwankungen umfassen einen Zeitraum von 500.000 bis zu 3 Millionen Jahren. So sollte ein sedimentärer Zyklus jeweils

Für Ammoniten interessieren sich Paläontologen besonders, weil sie als so genannte »Leitfossilien« die zeitliche Einordnung der Kreidezeit möglich machen.

an seinem tiefsten wie an seinem höchsten Punkt durch ein Regressionsereignis, also ein Sinken des Meeresspiegels, und im Idealfall, so sagen die Stratigraphen, durch eine Schichtlücke abgrenzbar sein. Schichtlücken sind eher in küstennahen und Gebieten mit ausgeprägten Schwellen, sprich Erhebungen, auszumachen. Schwellengebiete bleiben von Überflutungen verschont und es gibt folglich keine sedimentären Ablagerungen. Das sind Situationen, die sich dem Stratigraphen als Schichtlücken offenbaren. An Profilen des tieferen Meeresbeckenbereiches sind Sequenzgrenzen schwieriger auszumachen, weil die tieferen Bereiche von Meeresspiegelschwankungen weniger oder gar nicht berührt werden.

Gerade die Kreidezeit könnte man als Erdzeitalter der Meeresbewegungen bezeichnen, denn es wechselten regressive mit transgressiven Phasen ab und es kam in dieser Folge zum höchsten Stand des Meeresspiegels, der auch bis heute nicht wieder erreicht wurde. Diese regressiven und transgressiven Phasen sind für die Stratigraphen von Bedeutung. Sie machen die Sache nicht unbedingt leichter, denn Meereshochstände führten zu Faunenwanderungen, weil Meeresgebiete im Norden mit denen im Süden über Meeresstraßen verbunden waren. Über diese Straßen wanderten die Meeresbewohner, so dass im Norden zeitweilig Formen aus dem Süden auftauchten und im Süden Lebewesen aus den Nordmeeren.

Fossilien spielen für die Gliederung der Kreide eine bedeutende Rolle. Vor allem Ammoniten (ausschließlich marin lebende, tintenfischähnliche Kopffüßer), planktonische Foraminiferen (marine, einzellige Organismen mit ein- oder mehrkammerigen Gehäusen) und kalkiges Nannoplankton werden für die Zonengliederung der Kreidestufen herangezogen. Stratigraphisch wichtige Gruppen sind auch die Inoceramen (Muscheln), Belemniten (»innenschalige« tintenfischähnliche Kopffüßer), zum Teil Echinoidea (Seeigel) und Großforaminiferen.

Hyphantoceras, der Korkenzieher unter den Ammoniten, kommt gelegentlich gut erhalten in der Kreide des Teutoburger Waldes vor.

Das Bemühen um die Gliederung der Kreide von Deutschland begann in der ersten Hälfte des 19. Jahrhunderts und ist an die Namen großer Geologen und Paläontologen geknüpft. Dieses Bemühen hat nicht nachgelassen und es hat ein ganz bestimmtes Ziel, nämlich die Gliederung immer weiter zu verfeinern, das heißt in Sequenzen und Events zu untergliedern. Die »Events« bezeichnen relativ kurzfristige einmalige Ereignisse, wie Vulkanausbrüche, Meteoriteneinschläge oder durch Erdbeben ausgelöste Suspensionsströme, das sind Trübeströme (Turbidite), die besonders für die Oberkreide große Bedeutung besitzen. Eine Vielzahl von Daten und Fakten muss zur Gliederung und Feinstratigraphie herangezogen werden, die zusammen genommen ein einigermaßen verlässliches Bild ergeben. Die Zeit bildet sich sozusagen in den Gesteinen selbst ab und ist, wie im Alltag, messend aus dem Ablauf von Ereignissen wahrzunehmen.

Paläontologen bezeichnen die einzelnen Erdzeitalter als Systeme; die Kreide als ein solches System gliedert sich in zwei Serien, die Unter- und die Oberkreide. Die beiden Serien werden wiederum in Stufen unterteilt, die etwa seit der Mitte des 20. Jahrhunderts eingeführt und auch noch in Gebrauch sind. Eine Feinunterteilung der einzelnen Stufen erfolgt je nach Erkenntnisgrad und den zugänglichen Aufschlüssen oder Bohrungen in Zonen, Subzonen und Horizonte. Horizonte umfassen eine geschätzte Dauer von einigen Zehntausend Jahren, Subzonen etwa 100.000 bis 300.000 Jahre und Zonen sind mit einer Dauer von rund 1 Million Jahren häufig überregional und weltweit zu verfolgen. Ein weiteres Ziel der Kreidestratigraphie ist es, Ablagerungsräume der Kreidezeit in ihrer Gesamtheit besser verstehen zu können, also einzelne, lokal gewonnene Erkenntnisse mit anderen zu vergleichen (korrelieren).

UNTERKREIDE

BERRIAS: OFFENE GRENZE ZUM JURA

Die Namen entlehnten die zwölf Stufen der Kreide den Ort- oder Landschaften, an denen sie zum ersten Mal und in möglichst großer Vollständigkeit festgestellt wurden. Diesen Aufschluss bezeichnet man als »Stratotyp«. Für die Kreidezeit sind es – mit einer Ausnahme – allesamt französische Namen. So liegt der Stratotyp für das Berrias, der untersten und ältesten Stufe des uns interessierenden Erdzeitalters bei dem Ort Berrias in der Ardèche. Es wird im borealen Bereich in Unter- und Ober-Berrias gegliedert und umfasst eine Zeitspanne von 7,4 oder 5,4 Millionen Jahren, abhängig von der endgültigen Festlegung der Jura/Kreide-Grenze. Bis heute ist die Diskussion um die Basis der Kreide nicht beendet, weil die Grenzziehung zum Jura nach wie vor unklar ist. Abgrenzungen der Stufen und der in den Stufen enthaltenen Zonen erfolgt durch Fossilien, wobei das Erstauftreten einer Art die Basis der Zone oder Stufe kennzeichnet. Nun zeigen uns die Fossilberichte der deutschen Kreide, dass wir es mit zwei unterschiedlichen Bioprovinzen zu tun haben, einer nördlichen und einer südlichen. Sie machen eine Angleichung der deutschen Kreidegliederung schwierig, zumal Meeresverbindungen zwischen dem südlichen Meer, der Tethys und dem borealen Meer im Norden bestanden und je nach Klimabedingungen bestimmte Tiergruppen sich entlang dieser Meeresstraßen bewegten.

In der Tethys wird der Jura-/Kreide-Grenzbereich mit dem Erstauftreten der Ammonitenart *Berriasella jacobi* festgelegt, für den borealen Bereich dagegen gilt *Subcraspedites primitivus* als Marker der untersten Zone des Berrias. Im nordwestdeutschen Bereich helfen Ammoniten nicht weiter, weil dieser Bereich nicht vom Meer bedeckt war. Darum muss die Feineinteilung durch andere Fossilien vorgenommen werden. Hier bedienen sich die Paläontologen und Stratigraphen der Ostrakoden, der Muschelkrebse. Ostrakoden sind kleine Krebse, deren Körper von einem zweiklappigen Gehäuse umschlossen wird. Wegen ihrer meist guten Bestimmbarkeit eignen sie sich oft sehr gut als Leitfossilien. Sie bevölkerten in großen Zahlen die Salz- und Süßwasserzonen dieser Erde. Für die Basis der Kreide ist besonders die Gattung *Cypridea* von Interesse, weil sie vor allem in den brackisch-limnischen Übergangsschichten vom Jura zur Kreide verbreitet war. Derzeit wird das Berrias Nordwestdeutschlands in 10 Ostrakodenzonen gegliedert. Mit *Cypridea dunkeri* und *Macrodentina dictyota* beginnt das Berrias und mit *Cypridea recta inflata* endet es. Diese meist nur bis Millimeter großen Krebschen lebten auf oder im Boden der Flüsse und Seen, die das Landschaftsbild der unteren Kreide in Nordwestdeutschland bestimmten und deren tonige Sedimente als Münder- und Bückeburg-Formation in der borealen Zone überliefert sind.

VALANGIN: EUROPA WIRD ÜBERFLUTET

Großräumiges Vordringen des Meeres und der Beginn mariner Verhältnisse kennzeichnen das Valangin, dessen Stratotyp in einer Schlucht nahe dem Dorf Valangin bei Neuchâtel in der Schweiz liegt. Es wird in Unter- und Ober-Valangin unterteilt und umfasst eine Zeitspanne von 4,5 Millionen Jahre. Bentheimer Sandstein im Emsland und der Osning-Sandstein des Teutoburger Waldes sind ebenfalls gut sichtbare Zeugnisse des transgressiven valanginzeitlichen Meeres, in das die Sande küstennah verbracht wurden.

Bei der Gliederung dieser Stufe spielen Ammoniten eine bedeutende Rolle. So lässt sich das Unter-Valangin in 7 und das Ober-Valangin in 8 Ammonitenzonen gliedern. Für das gesamte Valangin sind außerdem drei Belemnitenzonen zu unterscheiden, gekennzeichnet durch die Belemnitengattung *Acroteuthis*.

Schnecken raspelten Bewuchs von den Gehäusen anderer Lebewesen: Hier eine Napfschnecke.

Auch wenn der Stratotyp in der Schweiz liegt, spielt Nordwestdeutschland für die Stratigraphie des Valangin eine Schlüsselrolle, weil es nur hier komplett und in großer Mächtigkeit ausgebildet ist. An der Basis des Unter-Valangin tritt die Ammonitengattung *Platylenticeras* auf und das Ausklingen des Ober-Valangin wird durch den Ammoniten *Eleniceras* gekennzeichnet.

Es muss während des Valangin verbindende Meeresstraßen zwischen der kretazischen Nordsee mit ihren Randbecken und der südlichen Tethys gegeben haben. Dafür sprechen Ammonitengattungen tethyaler Herkunft, wie *Dicostella, Oclostephanus* und *Eleniceras,* vor allem an der Wende vom Unter- zum Ober-Valangin. E. Kemper, der sich intensiv mit den Klimabedingungen der Kreidezeit beschäftigte, nimmt sogar an, dass die Leitgattung dieser Stufe, *Platylenticeras*, tethyaler Abkunft ist. Drei Einwanderungsphasen tethyaler Ammonitengattungen bilden auffällige Bio-Events, die auf Meeresspiegelhochstände im nordwestdeutschen Valangin hinweisen. Hochstand des Meeres heißt hier zugleich ansteigende Temperatur. Zu bestimmten Zeiten war die Erwärmung so groß, dass die tethyale Ammonitengattung *Bochianites* bis nach Nordsibirien gelangte. Doch die Migrationsschübe waren keine Einbahnstraßen. Sie führten nicht nur von Süden nach Norden, sondern auch die im hohen Norden lebenden Arten wanderten in kalten Zeiten in den heutigen nordwestdeutschen Raum ein.

HAUTERIVE: MODEWECHSEL BEI DEN AMMONITEN

In den Sedimenten des Hauterive fällt die rhythmische Ton- und Mergelsteinwechselfolge auf, die für die Stratigraphie interessante Erkenntnisse bringt. Die einzelnen Bankpaare entsprechen einer Zeitdauer von 18.500 bis 54.000 Jahren. Das kalkige Phytoplankton der dunklen Lagen weist auf kühleres, das der helleren Lagen auf wärmeres Oberflächenwasser hin. 1941 veröffentlichte der Wissenschaftler Milankovich seine Beobachtungen der regelmäßigen Änderungen der Exzentrizität und Neigung der Erdbahn beim Umlauf um

Ammoniten der Gattung *Valanginites* wanderten in Zeiten von Meeresspiegelhochständen aus der Tethys in das boreale Nordmeer ein. *Valanginites nucleus* (Fig. 1,2) und *Valanginites wilfridi* (Fig. 3,4) sind solche Einwanderer. Nach der Einwanderung entwickelte sich die Gattung im Niedersächsischen Becken selbstständig weiter. *Valanginites* aff. *nucleus* (Fig. 5,6) ist eine südliche Art, die im Norden heimisch wurde und zwischen den beiden oben genannten Arten »vermittelt«.

Wenn bei kühlen Meerestemperaturen die heteromorphen Aegocrioceraten verschwanden, nahmen ähnlich aussehende Migranten aus der Tethys ihren Lebensraum ein, die *Crioceratiten*. Auf der Tafel *Crioceratites strombaei*.

die Sonne. Auch geologische Profile bilden diese Verschiebungen der Erdachse sehr anschaulich ab, wie im Hauterive zu beobachten. »Milankovich-Zyklen« sind die Verursacher dieser rhythmischen Wechselfolge.

5 Millionen Jahre umfasst diese Stufe der Kreide, die nach dem Ort Hauterive bei Neuchâtel in der Schweiz benannt und in Unter- und Ober-Hauterive unterteilt ist. In die Wende vom Unter- zum Ober-Hauterive fällt das Aussterben der Ammonitenfamilie Neocomitinae, deren letzte Gattung *Endemoceras* als Zonenfossil im Unter-Hauterive von Bedeutung ist. Drei *Endemoceras*-Zonen reichen bis ins obere Unter-Hauterive, während die vierte Zone in Nordwestdeutschland durch die von der Planspirale abweichende

Gattung *Aegocrioceras* wesentlich markiert wird. Daneben kommt seltener die Ammonitenart *Simbirskites inversum* vor, erster Vertreter der Gattung *Simbirskites*, die mit drei weiteren Arten das Ober-Hauterive in die Simbirskiten-Schichten gliedert.

Der Faunenaustausch von Norden und Süden hielt an, besonders während dreier Meeresspiegelhochstände im tiefen Unter-Hauterive, im mittleren Hauterive und im hohen Ober-Hauterive. Vor allem im Ober-Hauterive wanderten von Süden heteromorphe Ammoniten in das nordwestdeutsche Kreidemeer ein, wie *Crioceratites duvali* und *C. nolani*. Ihre merkwürdige uhrfederartige Figur galt den Paläontologen früher als degeneriert, weil sie gestaltlich von der »normalen« Ammonitenspirale abweicht. Heute weiß man dagegen, dass die Kreide-Heteromorphen, die unter der Ordnung *Ancyloceratida* zusammengefasst werden, ökologisch eine recht erfolgreiche Gruppe darstellten.

Neben den Ammoniten sind wieder die Belemniten von leitender Bedeutung. Die Arten *Acroteuthis acmonoides* und *Hibolites jaculoides* erlauben eine Zweiteilung, wobei die Grenze der beiden Zonen im Bereich der *Endemoceras noricum*-Stufe verläuft.

Sichtbare Zeugnisse der Hauterive-Stufe sind tonig-mergelige Sedimente im Emsland und Sandsteine in der Beckenrandzone, zum Beispiel der Gildehaus-Sandstein bei Bentheim-Gildehaus, ebenfalls im Emsland. Südlicher im Teutoburger Wald liegt das gesamte Hauterive als Teil des Osning-Sandsteins vor.

BARRÊME: FAUNENPROVINZIALISMUS IM NEBENMEER

Im Hintergrund des Ortsschildes von Barrême in der Provence leuchten helle, fast weiße Kalksteinfelsen. Nach diesem Ort ist die Stufe Barrême der Unterkreide benannt, die 6 Millionen Jahre währte und die wiederum in Unter- und Ober-Barrême gegliedert ist. Der Stratotyp für das Barrême

Rätselhaft bleiben für die Paläontologen die hetereomorphen Ammoniten der Gattung *Aegocrioceras*. Vermutlich hatten sie ihren Ursprung in der Tethys, waren in den Nordmeeren aber immer dann vorhanden, wenn die Temperatur absank, also Kaltwasserformen. Dafür sprechen auch ihre dicken Schalen. Bei Anstieg der Temperatur verschwanden die Aegocrioceraten und zogen sich in bisher unbekannte Refugien zurück. Auf der Tafel sind einige wichtige Arten der Gattung *Aegocrioceras* abgebildet: 1. *Aegocrioceras spathi*, 2. *A.* sp., 3. *A. raricostatum*, 4. *A.* sp., 5. *A. quadratum*.

Ammoniten der Gattung *Platylenticeras* liefern in den USA das Ammolite zur Schmuckherstellung. Bei uns ist er meistens als Steinkern erhalten.

ist jedoch das ammonitenreiche Straßenprofil von Angles südöstlich von Castellane.

Das nordwestdeutsche Flachmeer von dem oben schon mehrere Male die Rede war, wird für die Kreidezeit als »Niedersächsisches Becken« bezeichnet. Es war etwa 280 Kilometer lang und rund 100 Kilometer breit und lässt sich in einen Westteil, einen Zentralteil (einen westlichen und einen östlichen) sowie einen Ostteil gliedern. Die Grenzen der einzelnen Teilbecken verlaufen etwa entlang der heutigen Flüsse Ems, Leine und Elbe. Unterschiedliche Fazien machen die Trennung des Zentralteiles in einen westlichen und östlichen Teil nötig, da im westlichen Teil die tiefere Unterkreide (Berrias bis Hauterive) in Tonschieferfazies dominiert, im östlichen aber die höhere Unterkreide (Barrême bis Alb) in Tonsteinfazies. Hier bildet die Leine die Grenze zwischen beiden Räumen.

Die Fazies, muss man an dieser Stelle einfügen, beschreibt das Gesicht, den Habitus des Sedimentes bezüglich seines Aufbaues oder seiner charakteristischen Fossilien (Biofazies). Faziesmerkmale geben Auskunft über die herrschenden Bedingungen, etwa die ökologischen Verhältnisse bei Ablagerung des Sediments. So ist die Fazieskunde ein wesentliches Element der Stratigraphie.

Die Abgeschiedenheit des nordwestdeutschen Nebenmeeres lässt sich gut aus den Blättertonen ablesen, die für das Barrême eine kennzeichnende Funktion haben. Diese

feinen Laminae sind auf Sedimentationszyklen zurückzuführen, die im Bereich von Jahren liegen! Für die Bildung dieser feingeschichteten Blättertone ist die saisonale Blüte von Algen verantwortlich.

Diese Art der Sedimentation besagt auch, dass das lediglich nach Norden offene Nebenmeer über eine stabile Wasserschichtung verfügte. Faunenaustausch fand im Barrême nicht statt. Zudem ist die Biostratigraphie anhand von Ammoniten problematisch, da zum Beispiel für das Ober-Barrême in Norddeutschland nur wenige unhorizontiert aufgesammelte Exemplare vorliegen.

Besser sieht es bei den Belemniten aus, die eine anwendbare Standardgliederung möglich machen. Die Unterfamilie Oxyteuthinae macht eine Unterteilung in sieben Zonen möglich. Danach beginnt das Barrême mit dem Erstauftreten der Art *Praeoxyteuthis pugio* und endet mit *Oxyteuthis depressa*. Da der Faunenaustausch in diesem Zeitabschnitt unterblieb, sprechen die Paläontologen in Bezug auf das Barrême von ausgeprägtem Faunenprovinzialismus.

Dieser prächtige *Hypacanthoplites jacobi* gilt als Leitfossil für den obersten Abschnitt des Apt. Wenn sie »bergfrisch« an die Oberfläche gelangen, faszinieren die Vöhrum-Ammoniten durch ihre Farbenpracht.

APT: KOSMOPOLITISCHE FLORA UND FAUNA

Während der 8,8 Millionen Jahre dauernden Stufe des Apt, benannt nach der Ortschaft Apt in der Region Vaucluse, kam es auf der kreidezeitlichen Erde zu ausgedehnten Meeresüberflutungen. Diese im Unter-Apt einsetzende Transgression änderte die paläogeographischen Verhältnisse in Europa, ebenso wie die Faunen. Die scharfen Unterschiede zwischen der Tethys und dem Boreal, wie sie für die bisherigen Stufen der Unterkreide typisch war, verschwanden zugunsten einer kosmopolitischen Flora und Fauna. Im Grenzbereich Barrême/Apt starben heimisch gewordene Faunenelemente ab. Mit den Deshayesitaceae und den Douvilleicerataceae traten neue Ammonitenfamilien im Apt auf. Ähnliches ist bei den aptischen Belemniten zu beobachten; hier lösten die Neohiboliten die Unterordnung Belemnitina ab: Im tiefsten Apt starb sie mit *Oxyteuthis depressa* aus. Danach treten nur noch Arten der Unterordnung Belemnopseina mit *Neohibolites* ssp. auf.

Ammoniten machen eine Gliederung in acht Zonen möglich. Danach teilt sich das Unter-Apt in drei Ammonitenzonen. Die Basis markiert die Art *Prodeshayesites tenuicostatus* und die obere Begrenzung *Tropaeum bowerbanki*. Im Ober-Apt sind fünf Ammonitenzonen erkennbar, wobei *Tropaeum drewi* die Basis markiert und *Hypacanthoplites jacobi* dessen Ende.

An den erkennbaren kurzfristigen Ereignissen (Events) des Apt sind die tiefgreifenden Veränderungen, die diese Zeit mit sich brachte, ebenfalls festzumachen. Zahlreiche neue kosmopolitische Arten des Nannoplanktons treten auf, tethyale Belemnitenarten wanderten ein und sind häufig in Zonen des Ober-Apt zu beobachten. Als »ozeanweites anoxisches Event I« gelten die Fischschiefer der *Deshayesites deshayesi*-Zone, feinlaminierte Sedimente, die unter sauerstoffarmen Bedingungen entstanden sind. Sie sind u. a. geringmächtig aus der Altmark und Brandenburg bekannt.

Besonders in drei Gebieten Nordwestdeutschlands kommen Sedimente des Apt vor: Im Raum Bentheim in tonig-mergeliger und im höheren Teil in sandiger Ausbildung, als Rothenberg-Sandstein; im Teutoburger Wald und Egge-Gebirge stecken sie im Osning-Sandstein und im Raum Hannover-Braunschweig stehen Ton- und bunte Mergelsteine, die Hedbergellen-Mergel, an, die randlich bei Salzgitter in Eisenerze übergehen.

ALB: DAS KREIDEMEER STEIGT WEITER AN

In der Tongrube Vöhrum westlich von Hannover ist die Grenze Apt/Alb hervorragend durch perlmuttschalig erhaltene Ammoniten gekennzeichnet. Sowohl *Hypacanthoplites jacobi* als Marker der höchsten Zone des Apt, als auch *Leymeriella schrammeni* als Leitfossil, das den Beginn des Alb kennzeichnet, der mit 13,5 Millionen Jahren längsten Stufe der Kreidezeit, sind hier nachgewiesen. Im Pariser Becken durchquert der Fluss Aube Ablagerungen dieser Zeit. Die Römer nannten den Fluss »Alba« und gaben damit den Namen dieser Stufe vor, die in Unter-, Mittel- und Ober-Alb gegliedert wird.

Im Alb setzte sich der Anstieg des Meeresspiegels fort, ehemalige Festländer versanken in den Wassermassen. Im Mittel- und Ober-Alb bestanden enge Beziehungen zum Pariser Becken und zu Süd- und Ostengland. Im Niedersächsischen Becken verschob sich die Küste weiter nach Süden, wie die sandige und glaukonitische Fazies markiert. In Rüthen (Sauerland) steht glaukonitischer Grünsand an der Grenze von Alb zu Cenoman an.

Steigender Kalkgehalt in den küstenfernen Sedimenten des Alb, also dem Beckeninneren, ist erstmalig in der hohen Unterkreide festzustellen. Dies ist ein Hinweis auf ein gleichmäßig warmes Klima, das nur durch wenige Kälteeinbrüche unterbrochen wurde. Schichten des Alb unterlagern das gesamte norddeutsche Tiefland. Salzstrukturen beförderten sie nach oben, wie in Lüneburg und Helgoland. In Helgoland steht die harte graue Minimus-Kreide, so benannt nach dem Belemniten *Neohibolites minimus* des Mittel-Alb, von nur etwa einem Meter Mächtigkeit submarin an. Sie enthält zahlreiche Überreste des namengebenden Belemniten.

Dem *Hypacanthoplites* ähnlich und ebenso farbenprächtig ist der Ammonit *Leymeriella schrammeni*, der als Leitfossil den untersten Abschnitt des Alb repräsentiert. Auffälligstes Unterscheidungsmerkmal ist der Verlauf der Rippen auf dem Gehäuse.

Ein Belemnitenfriedhof des Apt mit Rostren von *Neohibolites ewaldi*.

In der Tongrube Vöhrum in der Nähe von Hannover ist die Grenze von Apt und Alb aufgeschlossen. Das Besondere: Die Ammoniten sind mit ihrer Perlmuttschale erhalten. Das Bild zeigt das ergiebige Sammelergebnis eines Tages. Bei den paläontologischen Untersuchungen ist ein Bergmolch (links unten im Bild) aus der Frühlingsstarre erwacht.

Mit dem massenhaften Erstauftreten der an tieferes Wasser gebundenen Ammonitengattung *Leymeriella* ist das Unter-Alb gut zu gliedern. Insgesamt umfasst das Alb in Nordwestdeutschland 10 Ammoniten- und 6 Belemniten-Biozonen. Ammoniten, wie *Hoplites dentatus, Euhoplites loricatus* und *E. lautus,* des Mittel-Alb waren eher Bewohner geringer Meerestiefen.

Andere Fossilien besitzen ebenfalls Leitwert. Die Muschelgattung *Aucellina* tritt oft in den so genannten Flammenmergeln des Ober-Alb auf. Das gehäufte Auftreten von Schwämmen und somit Massen von Schwammnadeln bilden diesen kieselsäurereichen Mergel. Zusätzlich sorgte ein intensives Bodenleben im offenen Meer des Ober-Alb für eine kräftige Durchwühlung (Bioturbation) des Bodens. Die Fress- und Wohngänge dieser Bodenbewohner sind flammenförmig in den Mergeln überliefert.

In Süddeutschland konnte bisher keine detaillierte Biozonengliederung des Alb wegen fehlender Leitfossilien vorgenommen werden. Das gilt für die geringmächtigen Transgressionsbildungen an der Basis der Regensburger Kreide, ebenso für die 50 Meter mächtigen Grünsande des Alb in der Wasserburger und der Braunauer Senke. Mit *Leymeriella*-Funden an der Basis der Twirrenschichten des Allgäu ist Unter-Alb gesichert. Mit dem Alb endet die Unterkreide.

OBERKREIDE

CENOMAN: MUSCHELN AUF DEM VORMARSCH

Der Meeresspiegelanstieg setzte sich mit großflächigen Transgressionen im 5,4 Millionen Jahre dauernden Cenoman fort. Während die Küstenregionen durch glaukonitsandige Mergelsteine, der Cenoman-Pläner stellenweise mit Flintlagen (Hornsteine, Kieselsäureanreicherungen in Grabgängen von Sedimentbewohnern) und schließlich der küstennahe Schelf durch Grünsande gekennzeichnet sind, zeichnen sich die Bereiche des offenen Meeres durch zyklische Wechsellagerungen von Cenoman-Mergel, Cenoman-Pläner und Cenoman-Kalk aus. Der aus der sächsischen Kreide stammende Begriff »Pläner« bezeichnet die Wechselfolge von geringmächtigen Kalksteinbänkchen mit zwischengeschalteten

dünnen Mergellagen. Während der dem tiefen Cenoman zuzurechnende Mergel durch Eintrag von Verwitterungsmaterial der nahen Küste stammt, müssen die dünnen Mergellagen des mittleren und höheren Cenoman anderen Ursprungs sein. Sie weisen offensichtlich Klimaschwankungen aus: Hellere Kalke dokumentieren Zeiten höherer Temperatur, die dünnen und dunkleren Mergellagen zeigen hingegen Zeiten tieferer Temperatur an. Diese regelmäßigen Zyklen gehen möglicherweise auf zyklische Schwankungen der Erdachse zurück.

Senkungsbewegungen führten zu großflächigen submarinen Rutschungen, die in einigen Aufschlüssen Nordwestdeutschlands gut zu beobachten sind. Für die Stratigraphie ebenfalls von Bedeutung sind einige aus feiner Vulkanasche entstandene Tufflagen in einer Mächtigkeit von mehreren Zentimetern, was für die Schwere des Ereignisses spricht.

Die Paläontologen nennen das Ereignis den »Oceanic Anoxic Event II« (OAE). Es dauerte etwa 0,9 Millionen Jahre vom hohen Ober-Cenoman bis in das tiefe Turon. Im Aufschluss Dieckmann ist es vollständig aufgeschlossen und aufgrund der Vielfarbigkeit seiner Gesteine gut zu sehen. Geläufiger ist die Bezeichnung »Schwarzbunte Wechselfolge« für diesen Event.

Für die Gliederung des nordwestdeutschen Cenoman, das sich in Unter-, Mittel- und Ober-Cenoman unterteilt, liegen eine Reihe von Leitfossilien vor. Ammoniten gestatten eine Gliederung in acht Zonen und mehrere Subzonen. Für das Unter-Cenoman sind *Mantelliceras mantelli* und *Mantelliceras dixoni* die bestimmenden Arten. An der Basis des Mittel-Cenoman tritt *Cunningtoniceras inerme* auf. Darauf folgt die Zone des *Acanthoceras rhotomagense* mit zwei Subzonen, die durch die turmförmig aufgewundene Gattung *Turrilites* bestimmt wird. Die Grenze vom Mittel- zum Ober-Cenoman wird durch Ammoniten nicht deutlich markiert, denn *Acanthoceras jukesbrownei* kommt »grenzüberschreitend« vor.

Eine schärfere Abgrenzung machen die Inoceramen möglich, die im erdweiten Kreidemeer dominierende Muschelgattung. Im nordwestdeutschen Unter-Cenoman treten sie erstmals in großen Individuenzahlen auf. *Inoceramus crippsi* und *I. virgatus* sind Zonenleitfossilien im Unter-Cenoman, während *I. schoendorfi* und *I. atlanticus* für das Mittel-Cenoman stehen und *I. pictus pictus*, *I. pictus bohemicus* und *Mytiloides hattini* das Ober-Cenoman markieren.

Im hohen Ober-Cenoman und beginnenden Turon zog sich das Meer zurück, es kam zu einer kurzzeitigen Regression, offensichtlich durch einen Klimasturz verursacht. Diese Ereignisse sind weltweit an Schwarzschiefervorkommen, das sind mächtige dunkle Mergel, abzulesen. Die sogenannte schwarzbunte Wechselfolge wird auch als Fazieswechsel bezeichnet, sehr anschaulich in einem Steinbruch bei Halle im Teutoburger Wald aufgeschlossen. Die Folge beginnt mit vereinzelten roten und braunen Mergelkalken, der größte Teil besteht jedoch aus schwärzlichen Mergeln, denen kompakte Kalksteinbänke zwischengeschaltet sind. Die schwarze Farbe geht auf einen erhöhten Gehalt an organischem Kohlenstoff im Sediment zurück und spricht für Sauerstoffarmut am Meeresboden. Derartige Schwarzschiefervorkommen belegen den »Global Oceanic Anoxic Event II« (der erste Event dieser Art ist im Apt zu beobachten). Die Schwarzschiefer enthalten bisweilen eine sehr interessante Fischfauna und massenhaft Inoceramen.

Für die Stratigraphie der Unterkreide sind besonders die Gebiete Nordwestdeutschlands von Bedeutung. Das ändert sich in der Oberkreide bereits im Cenoman mit der süddeutschen Regensburger-Hollfelder-Kreide. Von Süden drang die Tethys im Ober-Cenoman in den Golf von Regensburg ein und lagerte dort glaukonitreiche Grünsande ab, die für die Stratigraphie der Oberkreide aufschlussreich sind.

TURON: DIE GEBURT DER ALPEN

Die kurzzeitige Regression im hohen Cenoman setzte sich noch ins tiefe Turon fort und wird auch dort durch die schwarzbunte Wechselfolge charakterisiert. Dann allerdings weitete sich das Meer aus und erreichte seinen höchsten

Als markantes in Aufschlüssen gut zu erkennendes Ereignis wird eine über Westeuropa verbreitete Karbonatplattform als »Weiße Grenzbank« in mittelturonischen Ablagerungen sichtbar und dient als lithologischer Leithorizont. Im Aufschluss Dieckmann in Halle/Westfalen ist sie zu sehen.

Stand während der gesamten bisherigen Erdgeschichte. Insgesamt dauerte das Turon 4,5 Millionen Jahre, ein relativ gesehen kurzer Zeitraum, in dessen Verlauf es jedoch zu einschneidenden Ereignissen kam. Die Typus-Region liegt in Frankreich und den Stufennamen entlehnt das Turon der Stadt Tours (lat. Turones).

Die gleichmäßigen Sedimentationsbedingungen zu Beginn des Turon in Nordwestdeutschland reflektieren die gleichförmigen Kalk-Mergel-Wechselfolgen. Zwei markante Grünsandhorizonte in Westfalen, der untere Bochumer Grünsand und der obere Soest-Anröchter Grünsand sind an kurzfristige Meeresspiegelschwankungen gebunden. Im flachen, gut durchlüfteten Golf von Regensburg wirkten sich Meeresspiegelschwankungen als rasche Sedimentänderungen aus. Von Süden drang die Tethys in einer schmalen Zunge nach Norden vor. Die sich heraushebende Böhmische Masse im Osten, die wie eine riesige Insel im turonischen Kreidemeer lag, lieferte Sande in den Golf. Als markantes in Aufschlüssen gut zu erkennendes Ereignis wird eine über Westeuropa verbreitete Karbonatplattform als »Weiße Grenzbank« in mittelturonischen Ablagerungen sichtbar und dient als Leithorizont.

Im Verlauf des Turon kollidierte die adriatische mit der europäischen Kontinentalplatte. Die unmittelbare Auswirkung war der Beginn der Alpenauffaltung mit einer Fernwirkung, die zu einer radikalen Veränderung der Paläogeographie in Nordeuropa führte. Die Rheinische Masse bewegte sich gegen das Niedersächsische Tektogen. Durch den ungeheuren Druck richteten sich die Unterkreidesande des Osning steil auf, die Oberkreideschichten wurden sogar überkippt. Die Kollision der Kontinentalplatten führte im Ober-Turon zu Vulkanausbrüchen, deren mehrere Zentimeter mächtigen Aschelagen in den Profilen Events markieren und Leithorizonte bilden. Des weiteren verursachten die Erschütterungen submarine Gleitungen. Großflächig rutschte der Meeresboden von Schwellen ab und verschüttete die umliegenden untermeerischen Senken. Auch die fossile Überlieferung spiegelt die Ereignisse wieder.

Ammonitenlebensgemeinschaften stehen in enger Beziehung zu Meeresspiegelschwankungen. Typisch für höhere Meeresspiegelstände sind schwach skulptierte Formen der Gattung *Puzosia*, beziehungsweise das nahezu alleinige Vorkommen von geradegestreckten Formen, wie sie die Gattung *Sciponoceras* hervorgebracht hat. Bei Fallen des Meeresspiegels tauchen Formen auf wie *Allocrioceras* und der wohl merkwürdigste Ammonit der Oberkreide, der *Hyphantoceras*. Das an einen Korkenzieher erinnernde Gehäuse dieses Ammoniten gibt nach wie vor Rätsel auf. Seine Lebensweise wird kontrovers diskutiert: Schwebte *Hyphantoceras* in der Wassersäule oder lebte er bodenbezogen? Nichtsdestotrotz

Trübeströme sorgten auf dem kreidezeitlichen Meeresboden für Tod und Verderben. In einigen Aufschlüssen, wie hier in Halle im Teutoburger Wald, sind die Folgen eines solchen Ereignisses abzulesen.

markieren seine verschiedenen Arten den *Hyphantoceras*-Event im unteren Ober-Turon. Überhaupt erreichen die heteromorphen Ammoniten, also die von der Planspirale abweichenden Formen, im Turon ihr Häufigkeitsmaximum.

Fünf Ammonitenzonen ermöglichen eine Zoneneinteilung des Turon, die gut mit den *Inoceramen*-Zonen korrelierbar sind. Mit dem Erstauftreten von *Watinoceras devonense* beginnt das Unter-Turon, und der markante *Mammites nodosoides*, aus der Superfamilie der Acanthocerataceae, schließt das Unter-Turon ab. *Mammites* und der für das Mittel-Turon stehende, ebenfalls zu den Acanthocerataceae gehörende *Collignoniceras woollgari*, sind Kosmopoliten, deren Gehäuse durch Knotenreihen auffallen. *Subprionocyclus neptuni* und *Prionocyclus germani* sind die kennzeichnenden Ammoniten des Ober-Turon.

Die Muschel-Gattung *Inoceramus* tritt im Turon wieder massenhaft auf. Besonders die Inoceramen-Gattung *Mytiloides* kennzeichnet Events, die nicht nur in Deutschland verbreitet, sondern auch überregional zu verfolgen sind. Das Unter-Turon wird durch die Gattung *Mytiloides* gegliedert und die erste Stufe bildet *Mytiloides hattini*, gefolgt von *M. labiatus*, *M. subhercynicus* und *M. hercynicus*. Im Mittel-Turon verliert *Mytiloides* an Bedeutung und wird abgelöst vom Formenkreis um *Inoceramus apicalis/cuvieri/lamarcki*. In dieser Zeit wachsen Exemplare von beachtlicher Größe

bis zu 100 Zentimetern heran. An der Wende vom Mittel- zum Ober-Turon gibt es einen weiteren bedeutenden Umschwung in der Inoceramenfauna. Plötzlich treten dünnschalige und kleinwüchsige Exemplare des Formenkreises um *I. costellatus* auf und wieder vermehrt Arten der Gattung *Mytiloides*.

CONIAC: TOD IM TRÜBESTROM

Der Stratotyp für das 3,2 Millionen Jahre andauernde Coniac liegt in Norddeutschland im Steinbruch Salder bei Salzgitter, das Typusgebiet allerdings in Frankreich. Eine Unterteilung erfolgt in Unter-, Mittel- und Ober-Coniac. Im Mittel-Coniac kündigt sich nicht nur ein bedeutender Fazieswechsel an, sondern von diesem Zeitpunkt an lassen sich in entsprechenden Aufschlüssen submarine Großgleitungen beobachten. In Küstennähe des Coniac-Meeres lagerten Flusssysteme große Mengen Sand ab, das Elbsandsteingebirge zeugt eindrucksvoll davon. Der Fazieswechsel im Mittel-Coniac zeigt sich in den Abfolgen der Gesteine als Wechsel von der Plänerfazies, also Kalkbänken, die immer wieder von dünnen Mergellagen unterbrochen werden,

Am »Weiner Esch« bei Ochtrup im Münsterland gibt es einen Aufschluss, der sehr viele Zähne von Haien geliefert hat.

zur eintönigen Abfolge von Tonmergel- und Mergelsteinen, der sogenannten Emscher-Mergel-Fazies im Münsterländer Kreidebecken. In den Aufschlüssen Lägerdorf bei Itzehoe und auf Helgoland zeigen sich Coniac-Sedimente allerdings in Schreibkreidefazies.

Im stetig ansteigenden Meer, nach einem Tiefstand des Meeresspiegels im Turon/Coniac-Grenzbereich, herrschten dennoch turbulente Verhältnisse, denn auf dem Meeresboden kam es zu den schon erwähnten Großgleitungen, die in einigen Aufschlüssen gut zu sehen sind. Auf dem Meeresboden, der alles andere als eben war, vielmehr ein von Höhenrücken und Senken markant gestaltetes Relief zeigte, gerieten die unverfestigten Schlammablagerungen auf den Höhen ins Gleiten und rutschten mit großer Wucht in die tiefer liegenden Bereiche ab. Diese Trübeströme rissen Gerölle und Meereslebewesen mit sich und begruben sie. Auslöser dieser Rutschungen, die schon im Turon zu beobachten waren, waren Erdbeben, die Geburtswehen der sich bildenden Alpen. Eine dieser submarinen Großgleitungen ist im Raum Bielefeld, zwischen Halle/Westfalen und Augustdorf, zu verfolgen, die wiederum in Verbindung zu ähnlichen Ereignissen im Anglo-Pariser-Becken und im Harzvorland steht. Auch im Coniac haben die Muscheln der Inoceramen-Familie wieder eine größere Bedeutung für die Stratigraphie

als die Ammoniten. Inoceramen kamen über alle Faziesräume gleichmäßig verteilt vor und erlauben für diese Stufe eine Unterteilung in neun Zonen, während für das untere Unter-Coniac leitende Ammoniten vollständig fehlen. Offensichtlich fanden die Inoceramen gute Nahrungsbedingungen vor, die durch einen »Überdüngungseffekt« des Oberkreide-Meeres erklärt werden. Unter subtropischen Klimabedingungen, mit warmem Wasser zumindest an der Meeresoberfläche, brachten aufdringende kalte Tiefenströmungen aus dem Bereich der heutigen Nordsee reichlich Nährstoffe mit sich und führten zu einer Massenvermehrung von Mikroorganismen. Die kleinen Meeresbewohner bildeten die wichtigste Ernährungsgrundlage für eine Vielzahl höher entwickelter Meereslebewesen.

SANTON: ZEIT DER RIESENAMMONITEN

Mit zwei Millionen Jahren ist das Santon die Stufe mit der geringsten Dauer der Kreidezeit, dafür aber mit einer kleinräumigen Faziesvielfalt und einem Bild unterschiedlicher Ablagerungsräume. Die Stufengrenzen Unter-, Mittel- und

Ober-Santon sind in Deutschland nicht eindeutig zu definieren. Zum Beispiel fallen sie im Schreibkreide-Richtprofil von Lägerdorf in Norddeutschland in eine Periode lückenhafter Sedimentation. Den Namen erhielt das Santon nach der Typus-Region Saintes in Südwestfrankreich.

Kleinräumige Heraushebung ehemaliger Sedimentationströge (Inversionstektonik), dadurch bedingte umfangreiche Schichtlücken und eine Abfolge von relativ kurzfristigen Wechseln der Meeresspiegelstände beherrschen das Bild der Santon-Profile. Das Spektrum reicht von Süßwasserablagerungen (lakustrine Sedimente), über Beckenfazies des Emschermergels bis zur Schreibkreide. Vor der südwestlichen münsterländischen Küste lagerten sich riesige Sandriffe ab, die als Halterner Sande überliefert sind. Trümmerkalksteine zeugen im einzigen Aufschluss im Weiner Esch bei Ochtrup im Münsterland von starker Brandung: Diese Kalksteine bestehen überwiegend aus fossilem Bruchschill mit starker Anreicherung von Haifischzähnen. Vorherrschend bleibt bis in das höhere Santon der eintönig graue Emschermergel.

Feinstratigraphisch kommt wiederum den Inoceramen die größte Bedeutung zu, aber auch den Belemniten, Echiniden und Crinoiden, die zur Zonendefinition herangezogen werden können. In der norddeutschen Schreibkreide erleben bestimmte Faunenelemente kurzfristige Blütezeiten. Seeigel, Belemniten und Korallen erscheinen pulsartig und treten wieder ab. Diese Puls-Elemente sind an flacheres Wasser gebunden.

Im Grenzbereich Ober-Coniac/Unter-Santon und Mittel-/Ober-Santon findet im Verlauf eines Meeresspiegelanstiegs eine bemerkenswerter Faunenwechsel von endemischen zu kosmopolitischen Elementen statt. Diese Faunenveränderung ist im Unter-Santon mit dem Erstauftreten der Ammonitengattung *Texanites* und im Mittel-Santon mit dem Erstauftreten zweier Arten von *Boehmoceras* verknüpft. Beide Gattungen sind Kosmopoliten, treten also erdweit in den Meeresablagerungen auf.

Die Wende zum Campan markieren die drei größten bisher bekannt gewordenen Ammoniten, die aus dem Münsterländischen Kreidebecken stammen. Im Dorf Seppenrade bei Lüdinghausen bargen Steinbrucharbeiter 1887 ein Exemplar mit einem Durchmesser von 1,50 Metern, wenige Jahre später, 1895, ein weiteres Exemplar mit einem Durchmesser von 1,80 Metern. Bei Dülmen tauchte rund ein Jahrhundert später in einer Baugrube ein weiterer Riese auf, der 1,45 Me-

Zusammengespülte Meeresschnecken im Kreidesediment.

ter im Durchmesser misst. Alle drei gehören zur Gattung *Parapuzosia*. Beim zuletzt gefundenen Exemplar ist ein Teil der Wohnkammer erhalten, darin auch durch die Meeresströmung hineingespülte Schalen von Seeigeln, Muscheln sowie Fischwirbel.

CAMPAN: FELSENKÜSTE IM HARZ UND SCHWAMMRASEN IN WESTFALEN

Für die Biostratigraphie des 12,2 Millionen Jahre andauernden Campan sind in Nordwestdeutschland Belemniten und Seeigel von Bedeutung. Zum Beispiel wird im Grenzbereich von Unter- und Ober-Campan ein signifikanter Wechsel in der Belemnitenfauna registriert. Mit *Gonioteuthis quadrata gracilis* stirbt die Gattung *Gonioteuthis* aus und es treten im Ober-Campan Arten der Gattung *Belemnitella* auf. Bei den Seeigeln sind die Gattungen *Offaster, Galeola, Echinocorys, Galerites, Cardiaster* und *Micraster* Zonenmarker.

Im Campan der Aufschlüsse von Hannover sind Seeigel unter anderen Fossilien auch von stratigraphischer Bedeutung, wie dieser *Galerites*, der auf seiner Schale die Coronenplatten und die kleinen Warzen erhalten hat, auf denen die Stacheln saßen.

Diese versteinerte Schnecke erinnert an einen »Pelikanfuß«. An der Nordseeküste sind Schnecken dieser Form noch heute bei Strandgängen zu finden. Sie sind sicher entfernt verwandt mit den oberkreidezeitlichen Schnecken des Campan der Gattung *Aporrhais*.

Schon seit dem Coniac herrschte in Norddeutschland Schreibkreide-Sedimentation vor mit episodisch auftretenden Flintlagen, die wohl auf rege Produktion von Kieselalgen und Kieselschwämmen zurückzuführen sind. In den großen Schreibkreidegruben von Lägerdorf und Kronsmoor bei Itzehoe sowie Hemmoor bei Stade sind weitgehend lückenlose Profile von Mittel-Coniac bis Ober-Maastricht aufgeschlossen. Ebenfalls in Mecklenburg-Vorpommern ist Schreibkreidefazies von Mittel-Coniac bis ins Ober-Maastricht verbreitet.

Ein etwas anderes Bild bietet sich im östlichen Niedersachsen und westlichen Sachsen-Anhalt. Die dort verbreiteten älteren Salzstrukturen im Boden hoben sich und damit verbunden sanken die Randsenken weiter ab. Diese Senken nahmen die große Mengen Sedimentmaterial der Emscher-Mergel-Fazies auf. Die Vorgänge werden in der Stratigraphie als »Wernigerode-Tekto-Event« bezeichnet. Ein zweiter Event dieser Art, der nach der Stadt Peine benannt ist, verstärkt die Bedingungen noch einmal, was zu einer weiteren Eintiefung der Randsenken führt. In ihnen treten die größten Wassertiefen der norddeutschen Oberkreide auf, die in den Profilen von Hannover ihren anschaulichen Ausdruck finden. Das Campan ist hier so mächtig und vor allem fossilreich ausgebildet, dass es sich viel detaillierter gliedern lässt, als die Lägerdorfer Schreibkreide. Für Hannover weichen die Stratigraphen von der andernorts üblichen Stufenunterteilung in Unter- und Ober-Campan ab und führen aufgrund der biostratigraphischen Möglichkeiten zusätzlich das Mittel-Campan ein.

Tektonik und Tektogenese, das muss vielleicht erläuternd gesagt werden, beschreiben Prägung und Aufbaubereiche der Erdkruste. Dabei müssen nicht zwangsläufig Gebirge entstehen, sondern es kann ein strukturbildender Prozess gemeint sein.

An der Wende Santon/Campan hob sich der Harzblock. Dies beeinflusste den Verlauf der Küstenlinie des Kreidemeeres. Die Unruhe im Boden verursachte Rutschungen auf dem Meeresboden. Von der Küstenlinie, die wir uns entlang der Harz-Nordrandstörung als Felsküste mit vorgelagerten Inseln vorstellen müssen, kam es durch die Brandung zur Aufarbeitung von Gesteinen, die als Konglomerate in diesem Teil der subherzynen Kreide abgelagert wurden.

Westfalen sei noch als Beispiel für markante Ereignisse des Campan genannt. Hier setzte in einem Teil des Münsterlandes eine flyschartige Sedimentation mit turbiditischen Schüttungen und subaquatischen Rutschungen ein, im anderen Teil dagegen herrschten relativ ruhige Bedingungen eines durch Schwellen und Senken gegliederten Flachmeeres, in dem sich sandige Mergel und Kalksteine ablagerten. Im Unter-Campan bevölkerten Krebse das flachmarine Milieu und verschiedene Arten von Kieselschwämmen fanden hervorragende Lebensbedingungen. Sie sind als markante und ästhetisch einmalige Fossilien dieser Zeit überliefert.

Berühmt sind auch die Fischfossilien der Baumberge-Schichten des Ober-Campan, die den Baumberger Sandstein als Werkstein liefern. Seine sandig-mergeligen und zum Teil glaukonitischen Schichten gelangten nicht mehr im tiefen Becken zur Ablagerung, sondern in rinnenartigen Meereskörpern. Irgendwann in der Zeit des hohen Ober-Campan endete die Meeresbedeckung der Kreidezeit im Münsterland. Der genaue Zeitpunkt ist nicht rekonstruierbar.

MAASTRICHT: EUROPA »SIEHT LAND«

Ausnahmsweise ist es keine französische Bezeichnung, die der letzten Stufe der Kreidezeit ihren Namen gab, sondern die Stadt Maastricht in den Niederlanden. Dort liegt auch das Typus-Profil der Grube E.N.C.I., das allerdings nur den oberen Teil des Ober-Maastricht umfasst. Die berühmte Kreide/Tertiär-Grenze ist in Deutschland nur aus dem Lattengebirge bei Berchtesgaden bekannt, in Norddeutschland ist sie nicht aufgeschlossen. 6, 3 Millionen Jahre sollte es vom Beginn des Maastricht noch dauern, bis die Kreidezeit an der Wende zum Tertiär mit einer Katastrophe endete.

Das vollständigste Campan/Maastricht-Grenzprofil für Nordwesteuropa ist in der Kreidegrube Saturn bei Kronsmoor (nahe Itzehoe) aufgeschlossen. *Belemnella lanceolata* definiert mit seinem Erstauftreten die Basis des Maastricht, und das Aussetzen der Gattung *Belemnella* markiert die Grenze von Unter- zu Ober-Maastricht. Wiederum, wie im Campan, werden überwiegend Belemniten und Seeigel zur Zonengliederung herangezogen, in Hemmoor (bei Stade) in Norddeutschland die regulären Seeigel, die Cidariden. Als weitere irreguläre Seeigel sind *Galerites, Echinocorys, Cardiaster* und *Hagenowia* für die Zonengliederung brauchbar.

Das Kreidemeer befand sich im Maastricht auf dem Rückzug. Zwei Transgressionen mit geringen Ausdehnungen können aus den Ablagerungen des Unter-Maastricht (Oebisfelde-Transgression) und dem tiefen Ober-Maastricht (*junior*-Transgression) abgelesen werden. Die im Ober-Maastricht einsetzende Regression, also der Rückzug des Meeresspiegels, verwandelte große Teile Norddeutschlands in Festland mit nachfolgend beginnender Abtragung. In den bayerischen Alpen kann im mittleren Maastricht eine von Norden her einsetzende Regression im Helveticum verzeichnet werden.

Klassische Profile des Unter-Maastricht sind auf Rügen Anziehungspunkte sowohl für Paläontologen als auch für Touristen. Die weiße Kreideküste der Insel steht für den Begriff Kreide überhaupt. Im gesamten Untergrund Nordwestdeutschlands, von Aachen bis Rügen, ist das Maastricht in Schreibkreide vorhanden.

Terrestrische Sedimente, als Ablagerungen des zu Festland gewordenen ehemaligen Kreidemeeresbodens, sind in der Altmark und im nördlichen Harz-Vorland zu finden. Die Maastricht-Mikroflora von Walbeck umfasst mit 300 bis 400 nachgewiesenen Arten die reichste, die bisher aus der mitteleuropäischen Kreide bekannt geworden ist. Die Pollengruppen belegen einen deutlich wärmeren Zeitabschnitt für das Unter-Maastricht. In den Schichten in Westbrandenburg wurde dagegen eine Mikroflora des Ober-Maastricht gefunden, die an eher kühles Klima gebunden ist.

Mit einer Katastrophe an der Wende von der Kreidezeit zum Tertiär endete die Kreidezeit und damit das Mesozoikum. Nur wenige Tier- und Pflanzenarten überlebten diese Katastrophe und fanden erst im Tertiär eine neue Chance der Evolution.

VON AMMONITEN UND BELEMNITEN

Ein adliger Freiherr und ein Professor machten sich im 19. Jahrhundert auf, die beschaulich lebenden Münsterländer aus dem Häuschen zu bringen. Der Schriftsteller Josef Winckler (1881–1966) setzte den beiden mit seinem Schelmenroman »Der tolle Bomberg« ein Denkmal. Der Freiherr hieß in Wirklichkeit Gisbert von Romberg und der Professor wie im Roman Hermann Landois, Begründer des Zoologischen Gartens und des heutigen Westfälischen Museums für Naturkunde in Münster. Winckler lässt den tollen Bomberg sagen: »Wenn Gott auf die Stadt herab schaut, kriegt er vor Gähnen den Mund nicht mehr zu.« Bomberg und Landois sorgen aber mit ihren Schnurren und Streichen dafür, dass dem Herrn die Müdigkeit schnell ausgetrieben wird.

Der reale Professor Hermann Landois, Zoologe von Hause aus, betreute übrigens den späteren Heidedichter Hermann Löns, als der an der Universität Münster die Holzläuse erforschte. Berühmt wurde Landois durch seine Beschreibung des bis heute bekannten größten Kreideammoniten der Welt, der in dem von ihm gegründeten Museum zu den eindrucksvollsten Schaustücken gehört und als Abguss in zahlreichen internationalen Schausammlungen zu sehen ist.

WELTRUHM FÜR RIESENAMMONITEN AUS DEM MÜNSTERLAND

Im »Jahresbericht der zoologischen Sektion des Westfälischen Provinzial-Vereins für Wissenschaft und Kunst« von

Parapuzosia seppenradensis ist der größte bekannte Kreide-Ammonit der Welt. Er hat einen Durchmesser von etwas mehr als 1,70 Meter und wurde bei dem kleinen Dorf Seppenrade bei Münster gefunden.

1894/95 beschreibt der kauzige Professor die Fundumstände:
»Am 23. Februar wurden wir durch nachstehende telegraphische Depesche überrascht: ›Seppenrade. Zweiter Riesenammonit gefunden. Durchmesser 180 cm. Nopto‹ Weitere Nachrichten besagten, dass derselbe am 22. Februar 1895 in demselben Steinbruch, wo der erste Riesenammonit gelegen, also bei Seppenrade, ausgegraben sei, 100 Schritt weiter nach Westen, etwa 7 m tief. Beim Heben des Kolosses brach er leider in 6 Stücke, welche sich aber leicht wieder zusammenkitten ließen. Das Gewicht desselben beträgt 3500 kg.« Landois bemerkt in dem Jahresbericht weiter: »Der Ankauf wurde für 125 Mark franco Abladestelle westfälischer zoologischer Garten Münster abgeschlossen. Freitag, den 8. März, fand bei scharfem Frostwetter die Überführung nach Münster an den Bestimmungsort glücklich statt.« Landois war augenscheinlich bemüht, das gefundene Fossil, dem er den wissenschaftlichen Namen *Pachydiscus seppenradensis* LANDOIS gab, so groß wie möglich seinen Münsteranern und der übrigen wissenschaftlichen Welt vorzuführen. Er maß einen Durchmesser von 1,80 Metern und rechnete, weil seiner Einschätzung nach die Wohnkammer nicht erhalten war, geschätzte 75 Zentimeter für die Wohnkammer drauf und kam so zu dem sagenhaften Durchmesser von 2,55 Metern, ein falsches Maß, das lange Zeit durch die Literatur geisterte.

Aus dem Jahresbericht wird deutlich, dass in Seppenrade zuvor bereits ein Riesenammonit gefunden worden war, ein kleinerer als der von Landois im Jahresbericht beschriebene. Immerhin veranlasste dieser erste Fund den namhaften württembergischen Geologen Prof. Dr. Oskar Fraas zu den denkwürdigen Sätzen, dass er durch den Anblick weit mehr überwältigt gewesen sei, als von dem der Riesenquader von Edfu und Sakkára, die er einst gemessen und des berühmten hieron trilithon zu Baalbeck, vor dem er einst staunend gestanden: »Vielmehr noch als diese Steinriesen überwältigte mich der Anblick eines Ammoniten, an dem ich förmlich hinaufschauen musste, ob ich gleich das normale Maß der

Ein Foto von historischem Wert: Professor Landois, der Entdecker der Riesenammoniten, inszenierte das Gehäuse im 19. Jahrhundert in einer Art Kuriositätenkabinett für die Besucher.

So wurden sie einst im Westfälischen Museum für Naturkunde in Münster gezeigt: die beiden im 19. Jahrhundert gefundenen Riesen-ammoniten und im Vergleich dazu ein drittes Exemplar.

schwäbischen Körpergröße von 165,1 cm etwas überschreite.« Der Leser schmunzelt, wenn er in Landois' Jahresbericht lesen muss, dass im Vergleich mit dem Riesen »alle anderen Ammoniten Zwerge« seien.

Dem Professor gebührt Dank für sein Engagement, dass er diese Monumente der Kreidezeit für die Nachwelt bewahrte, denn es sind bisher keine größeren Ammoniten gefunden worden. Er brachte die kleine münsterländische Bauern-schaft Seppenrade in aller Munde.

DER KOLOSS AUS DER BAUGRUBE

Der deutsche Stratigraph und Ammonitenforscher Kaplan und der Oxford-Professor Kennedy beschrieben 1995 die Dülmen-Schichten und ihre Cephalopoden, aus denen die Riesenammoniten stammen, und stellten ihre nüchterne Betrachtung gegen die des humorigen Professors Landois. Sie fassten die bisherigen Kenntnisse zusammen und konnten eigene Untersuchungen an den Stücken hinzufügen. Danach ist der größere der von Landois gesicherten Ammoniten, der Lectotypus von *Parapuzosia seppenradensis*

Sie sind zu Mitbringseln von Helgolandbesuchern avanciert, die so genannten »Katzenpfötchen«, Hohlkammer-Ausfüllungen von Ammoniten der Crioceratiten-Gruppe.

Parapuzosia war ein Ammonit, der Riesenformen hervorbrachte. Hier ein »normales« Exemplar aus der vielfältigen Sammlung des Ruhrlandmuseums in Essen.

SIE WAREN SCHON IN DER STEINZEIT BELIEBT

Ob als Dekor auf schwäbischen Waffeleisen oder als Säulenkapitelle in Brighton, als Souvenir für Helgolandtouristen oder wertvoller Schmuckstein namens Ammolite aus den USA: Die Ammoniten sind wie kein anderes Fossil Teil des menschlichen Alltags und das schon seit Jahrtausenden. Ihre zumeist planspirale Form und die Vielfalt des Dekors auf der äußeren Schale, mehr oder weniger dicht und dick berippt, mit Knoten und Stacheln geziert, regten Ästheten wie Mystiker an. Sie dienten frühen Kulturen als Rollsiegel, den Ägyptern als Zeichen ihres hörnertragenden Gottes Ammun-Re, welchen wiederum Griechen und Römer als Zeus und Jupiter in ihren Götterhimmel aufnahmen. Durchbohrte Exemplare aus Grabfunden weisen auf ihre Beliebtheit als Schmuckgegenstände hin, die um den Hals getragen möglicherweise auch Krankheiten fernhalten sollten. Die Volksmedizin des Mittelalters und der frühen Neuzeit belegt eindrucksvoll die Beliebtheit der Ammonitengehäuse. Das hat sich nicht geändert. Wer auf Mineralien- und Fossilienbörsen den immer größer werdenden Anteil der »Schmuckstände« verzeichnet, der weiß, Ammoniten haben ungebrochen Konjunktur. Das »Ammolite« aus den USA steht für einen Industriezweig, der aus oberkreidezeitlichen Perlmuttschalen von Ammoniten das Putzbedürfnis der Damenwelt international befriedigt.

Für die Paläontologie sind die Ammoniten wichtige »Wegweiser« durch die Erdgeschichte. Die rund 12.000 bekannten

LANDOIS, ein riesenhafter Steinkern mit einem Durchmesser von 1,742 Metern. Er entstammt den Dülmen-Schichten des Unter-Campan. Der zuerst gefundene wird als Paralectotypus von *Parapuzosia seppenradensis* beschrieben und ist ebenfalls ein Steinkern, dessen größter messbarer Durchmesser 1,362 Meter beträgt.

Ein drittes riesiges Exemplar konnte 100 Jahre nach Landois' Funden in Seppenrade aus einer Baugrube bei Dülmen geborgen werden. Es wurde 1990 von Lanser ebenfalls als Exemplar von *Parapuzosia seppenradensis* beschrieben und weist immerhin auch einen Durchmesser von 1,414 Metern auf.

Beim größten Exemplar finden sich Reste der Schale im Bereich des Nabels. Viereinhalb Windungen liegen offen, der letzte halbe Umgang gehört zur Wohnkammer und lässt Teile des Mundsaumes erkennen. Bei dem jüngst von Lanser beschriebenen Exemplar gibt es ebenfalls rudimentär erhaltene Schalenreste. Die erhaltenen zweieinviertel Umgänge zeigen Kratzer und Abrasionsspuren auf der Oberfläche. Beide Seppenrader Exemplare besitzen deutliche Berippung, während sie bei dem Dülmener Exemplar erhaltungsbedingt nur schwach in Erscheinung tritt. Mit diesen drei Exemplaren von *Parapuzosia seppenradensis* besitzen wir hierzulande rund 80 Millionen Jahre alte eindrucksvolle Zeugnisse der Kreidezeit und der marinen Lebenswelt der Ammoniten.

Ammoniten in großer Zahl gehören zum Museumsbestand in Essen, wie dieser Propolyptychites.

fossilen Arten, die vom unteren Devon bis zum Ende der Kreidezeit eine rasche Evolution durchmachten und viele kurzlebige Formen hervorbrachten, sind ideale Leitfossilien. Mit ihrer Hilfe sind einzelne Zeitabschnitte der Systeme der Erdgeschichte weltweit zu verfolgen. Zwar sind den »Ammoniten-Stratigraphien« auch andere Fossilien, die Leitfossilcharakter haben können, an die Seite gestellt worden, doch keine andere Klasse der Makrofossilien erreicht bisher ihren Bedeutungsgrad.

Um die Bedeutung der kreidezeitlichen Ammoniten und die aus ihrem Vorkommen ablesbaren Interpretationen für kreidezeitliche, marine Lebensräume besser verstehen zu können, müssen wir an dieser Stelle einen kleinen Exkurs in die stammesgeschichtliche Entwicklung dieser Tiere unternehmen.

KLEINER EXKURS IN DIE STAMMES-GESCHICHTE

Ohne ein verbindliches System wäre die Artenfülle der fossilen und rezenten Lebewesen nicht zu überschauen. Dieses schuf 1758 der schwedische Naturforscher Linné mit seinem Buch »Systema naturae«, nach dem bis heute die tierischen und pflanzlichen Lebewesen der Erde geordnet werden.

Der *Mantelliceras mantelli* (Durchmesser: 15 cm) ist ein Leitammonit des Cenoman und wird recht häufig gefunden. Nicht immer ist er so gut erhalten, wie dieses Exemplar aus der Sammlung des Ruhrlandmuseums in Essen.

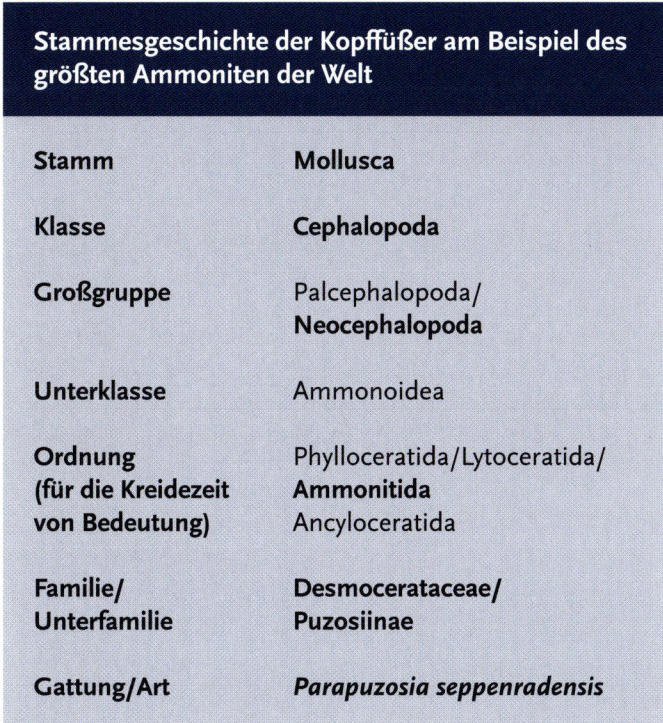

Stammesgeschichte der Kopffüßer am Beispiel des größten Ammoniten der Welt	
Stamm	Mollusca
Klasse	Cephalopoda
Großgruppe	Palcephalopoda/ **Neocephalopoda**
Unterklasse	Ammonoidea
Ordnung (für die Kreidezeit von Bedeutung)	Phylloceratida/Lytoceratida/ **Ammonitida** Ancyloceratida
Familie/ Unterfamilie	Desmocerataceae/ **Puzosiinae**
Gattung/Art	*Parapuzosia seppenradensis*

Nach der Linné'schen Ordnung gehören die Ammoniten zu den Cephalopoda (Kopffüßer) und stellen die höchstentwickelte Klasse des Stammes der Mollusca dar, zu dem noch weitere schalentragende Weichtiere gehören, wie Schnecken und Muscheln. Innerhalb der Cephalopoda unterscheiden die Paläontologen zwei Großgruppen, die Palcephalopoda und die Neocephalopoda. Diese Unterscheidung trafen die Systematiker aufgrund unterschiedlichen Gehäusebaufbaus und anderer Parameter, wie die Anzahl der Zähne auf der Raspelzunge (Radula) und der unterschiedlichen Größe des Embryonalgehäuses. Zur Großgruppe der Neocephalopoda gehört die überwiegende Mehrzahl der heutigen Tintenfische und deren Vorfahren. Von diesen wiederum sind nur fossil bekannt die Unterklassen der Bactritida, Sphaerorthocerida, Belemnoidea und die Ammonoidea. Die Ammonoidea reichen stratigraphisch (in der zeitlichen Abfolge) vom Unter-Devon bis in die Oberkreide.

Ammoniten gehören zu den Tieren, die ihren Weichkörper durch eine feste Schale schützen. Bestimmungsmerkmale der einzelnen Gattungen und Arten sind wesentlich über

Ammoniten, Muscheln und Schwämme kennzeichneten die untermeerische Lebenswelt der Oberkreide. Im Vordergrund schwimmt ein Ammonit der Gattung *Acanthoceras*, eine Leitform des Cenoman. Die einzelnen Kammern des Gehäuses des Ammonitentieres waren durch eine Röhre, einen Sipho, miteinander verbunden.

die genaue Beobachtung des Gehäuseaufbaus zu gewinnen, da Weichteile, oder besser gesagt Reste von Weichteilen, nur sehr selten erhalten geblieben sind. Für die Ammoniten gilt – mit einigen Ausnahmen, die gerade während der Kreidezeit beobachtet werden können –, dass sie üblicherweise in einer Ebene spiralig eingerollte Gehäuse aufweisen, die aus einem durch Kammerscheidewände (Septen) gegliederten Teil (Phragmokon) und einer Wohnkammer bestehen. Alle Kammern des Phragmokons und der Wohnkammer sind durch eine randlich gelegene Röhre (Sipho) miteinander verbunden, durch die ein Gas- und Flüssigkeitsaustausch im gekammerten Gehäuse möglich war. Durch diesen komplizierten Gehäuseaufbau war es dem Tier möglich, sich in der Wassersäule zu bewegen: Es konnte durch die Veränderung der Gas- und Flüssigkeitsmenge in den Kammern sinken, auftreiben und schweben.

FRESSEN UND GEFRESSEN WERDEN

Ammoniten lebten räuberisch in den Meeren und waren aufgrund der oben beschriebenen Fähigkeit eher behäbige Räuber, die in der Kreidezeit selbst beliebte Beute von Meeresechsen wurden, wie Bissmarken an fossilen kreidezeitlichen Gehäusen zeigen.

Die Ausbildung der Kammerscheidewände (Septen) und ihre Verwachsungslinie an der Gehäusewand, die Lobenlinie (Sutur), stellt eines der wichtigsten Unterscheidungsmerkmale der Ammoniten untereinander dar.

In diesem Zusammenhang sei noch auf einen »Verwandten« der Ammoniten hingewiesen, der mit ihnen zusammen in den kreidezeitlichen Meeren lebte und rezente (heute noch lebende) Exemplare hinterlassen hat: den *Nautilus*. Er wird der Großgruppe der Palcephalopoda zugeordnet und ist fossil seit dem Kambrium bekannt. *Nautilus* überlebte die Wende von der Kreidezeit zum Tertiär mit einer Gattung und sechs Arten, die auch »Perlboote« genannt werden. Sie kommen heute im Indo-Westpazifik vor und gelten als »lebende Fossilien«. Obwohl sie ein Gehäuse tragen, das dem der Ammoniten ähnlich ist, sind sie keine direkten Verwandten, wogegen die Tintenfische mit heute etwa 7000 lebenden unbeschalten Arten näher mit den Ammoniten verwandt sind.

GEWELLT UND GEFÄLTELT – LOBLIED AUF LOBENLINIEN

Eines der auffälligsten Merkmale zur Unterscheidung fossiler Nautiloideen und Ammonoideen ist die Ausbildung der Kammerscheidewände und ihrer Anwachslinien an der Gehäusewand. Während *Nautilus* nur einfache uhrglasförmig gewellte Kammerscheidewände ausbildete, sind sie bei den Ammoniten vielfach gewellt und gefältelt, so dass sie komplizierte Muster auf den Gehäusewänden bilden. Besonders während der Jura- und Kreidezeit bildeten sich die kompliziertesten Formen von Kammerscheidewänden aus und verursachten die sogenannte »ammonitische Lobenlinie«. Der Paläontologe Hölder sieht in der intensiven Wellung der Kammerscheidewände ein herausragendes biotechnisches Problem. Seinem Verständnis nach diene die nach dem Wellblechprinzip konstruierte Scheidewand als Widerstand gegen den Außendruck, der den Ammoniten einen Aufenthalt in unterschiedlichen Wassertiefen ermöglichte.

Drei typische Lobenlinien werden bei den Ammonoideen unterschieden:

- Die **goniatitische** Lobenlinie mit ganzrandigen Loben und Sätteln

- Die **ceratitische** Lobenlinie mit gezackten Loben und ganzrandigen Sätteln

- Die **ammonitische** Lobenlinie mit zerschlitzten Loben und Sätteln

Für die Kreide sind vier Ordnungen im System der Ammonoideen von Bedeutung: die Phylloceratida, Lytoceratida, die Ammonitida und die Ancyloceratida. Die meisten Gattungen, die zu diesen vier Ordnungen gerechnet werden, spielen auch für die Stratigraphie, die Gliederung der zeitlichen Abfolge der Kreidezeit, dem Fahrplan durch die Zeit, eine wichtige Rolle.

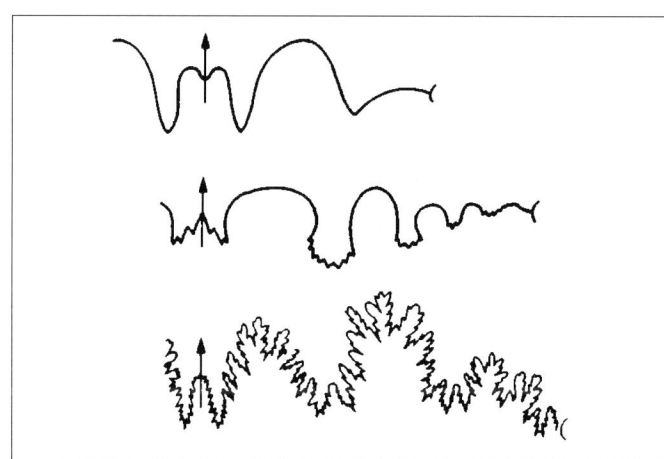

Die Verwachsungslinie von Kammerscheidewand und Gehäuseaußenwand ist von besonderer Bedeutung zur Bestimmung von Ammoniten. Drei typische Lobenlinien werden bei den Ammonoideen unterschieden:
- Die goniatitische Lobenlinie mit ganzrandigen Loben und Sätteln
- Die ceratitische Lobenlinie mit gezackten Loben und ganzrändigen Sätteln
- Die ammonitische Lobenlinie mit zerschlitzten Loben und Sätteln

HOHE ZEIT DER VIELGESTALTIGEN

Die Kreidezeit war die hohe Zeit für die heteromorphen Ammoniten. Das sind Gattungen, die in der Entwicklung ihrer Gehäusegestalt die geschlossene Planspirale verließen. Bei der geschlossenen Planspirale sind die Gehäuseumgänge miteinander verwachsen. Die Heteromorphen gaben diese Aufrollung auf: Bei ihnen berühren sich die Windungen nicht mehr, oder sie sind teilweise oder vollständig gerade gestreckt, oder nehmen teilweise oder vollständig die Form eines Schneckengehäuses an. Wiederholt gab es Phasen in der Erdgeschichte, in denen Ammonitenarten auftraten, die von der geschlossenen Planspirale des Gehäuses abwichen. Diese Zeitabschnitte sind immer zugleich Phasen eines globalen Meeresspiegelhochstandes gewesen. In der Kreidezeit traten heteromorphe Formen seit dem Hauterive auf und entwickelten ihre größte Vielfalt in der Oberkreide, in der zugleich der höchste Meeresspiegelstand der letzten 540 Millionen Jahre zu verzeichnen war.

Früher nahmen die Paläontologen an, dass die Heteromorphen stammesgeschichtliche Endformen darstellten. Neuere Untersuchungen widersprechen dieser Meinung. Danach sind die heteromorphen Formen vielmehr ein kla-

In der Oberkreide erlebten die Ammoniten ihre große und letzte Blütezeit, bevor sie an der Wende zum Tertiär nachkommenslos ausstarben. Die Gattung *Scaphites* brachte Leitformen hervor, die für die Zeiteinteilung, die Stratigraphie, von Bedeutung sind. Dieser Scaphit stammt aus dem Campan der Grube Teutonia in Hannover.

rer Hinweis auf eine spezielle Lebensweise, die wohl in Zusammenhang mit den jeweils hohen Meeresspiegeln stehen muss. Durch ihre Wuchsformen waren sie in der Lage, ökologische Nischen zu erobern. Heteromorphe Ammoniten sind also (nach Keupp) nicht degeneriert, sondern an Stillwasser-Habitate angepasste Wuchsformen.

Durch die Veränderung der Gehäuseform ging die Beweglichkeit der Heteromorphen zurück. Sie führten in der Wassersäule ein relativ verharrendes, passives Leben, ähnlich den Seenadeln in der Sargasso-See. Stillwasserbereiche entstanden in der Kreide durch die Überflutung der Schelfe. In diesen überfluteten Schelfbereichen herrschten überwiegend ruhige Wasserbedingungen.

Die mitunter seltsam anmutenden heteromorphen Gehäuse gehörten Weichtieren, die relativ kurzfristig ihre Aufrollungsart änderten, um dann in langsamer Entwicklung wieder zur normalen Einrollung zurückzukehren. Dies geschah so vollständig, dass eine ehemals heteromorphe Form an den wieder geschlossen planspiral eingerollten Gehäusen nur an der Suturform, also an der Form der an das Gehäuse angewachsenen Kammerscheidewände, erkennbar ist.

Wie wichtig die Kreideammoniten auch weiterhin für die Forschung sind, belegen diverse, zum Teil internationale Forschungsprojekte.

AMMONITENWANDERUNG

Fischer an der Nordsee melden in den letzten Jahren immer wieder merkwürdigen Fang in ihren Netzen. Fremdartige spinnengleiche Krebstiere sind aus wärmeren Gefilden in die nördlichen Meere eingewandert. Biologen erklären diese Faunenverschiebungen mit einer Erwärmung des Klimas. Das Phänomen ist nicht neu. Paläontologen versuchen die Klimate der Kreidezeit unter anderem auch mit Faunenwanderungen von Ammoniten zu deuten. In Deutschland lassen sich diese Studien vorzüglich im Bereich des Niedersächsischen Beckens treiben, das zum südlichen Borealgebiet gehörte.

Die nördlichen Epikontinentalmeere (Flachmeere) einschließlich dem Anglo-Pariser Becken werden daher der Bioprovinz »Boreal« (Bereiche kalten Klimas) zu gerechnet, während die Regensburger und die Alpine Kreide sowie der Atlantik der Bioprovinz »Tethys« (südliche Meeresbereiche wärmerer Klimazonen) zuzuordnen sind. Das Niedersächsische Becken ist Teil der borealen Bioprovinz und liegt an deren südlichem Rand. Im Bereich der kreidezeitlichen Nordsee überlappten sich Einflüsse aus dem Süden und dem Norden. In warmen Zeiten verschoben sich Wassermassen

Heteromorphe Ammoniten ereichten einen Entwicklungshöhepunkt während der Kreidezeit. Durch ihre Wuchsformen waren sie in der Lage, ökologische Nischen zu erobern.

aus der südlichen Tethys nach Norden und zu kalten Zeiten erreichten Ströme des borealen Nordmeeres den Süden.

Eine schmale Tethys erstreckte sich in west-östlicher Richtung. Die Nordbegrenzung lag in Westeuropa etwa bei 35 Grad nördlicher Breite. Das Borealgebiet reichte etwa vom 40. Breitengrad bis zum Pol, umfasste also den Rest der nördlichen Halbkugel. Die boreale Bioprovinz unterteilen die Paläontologen nochmals in die hocharktischen Becken und in ein südliches Borealgebiet, zu dem das Niedersächsische Becken mit seinen reichen Ammonitenfaunen zu rechnen ist.

Voraussetzung für die Faunenwanderungen, auch Faunenmigrationen genannt, waren paläogeographische Voraussetzungen, also verbindende Wasserstraßen zwischen den beiden Meeresgebieten. Für die Zeit der Unterkreide sind etwa vom Valangin bis Hauterive solche Meeresverbindungen von Süd nach Nord und umgekehrt über Polen festgestellt worden. Ammonitenarten waren an klimatische Zonen gebunden und der Fauna der Tethys stand ein großes boreales Faunenreich gegenüber. Beide sind durch unterschiedliche Ammoniten-Gattungen gekennzeichnet. Grundsätzlich lässt sich sagen, dass für Faunenmigrationen zwei

Voraussetzungen notwendig sind: Klimawechsel und die paläogeographischen Gegebenheiten.

NEULINGE IM NORDMEER

Kemper, der intensiv das Klima der Kreidezeit untersuchte, hat diese Migrationsschübe für Norddeutschland an den unterkreidezeitlichen Ammonitenfaunen untersucht und ihre Einwanderungswege, ihre Entwicklung in den neu eroberten Lebensräumen und die Gründe ihrer Rückzüge rekonstruiert. Gegen Ende des Valangin kam es zu einer Erwärmung des Klimas, die so groß gewesen sein muss, dass die Gattung *Bochianites* aus der Tethys bis in die Bereiche Nordsibiriens vordrang. In dieser Zeit kam es zu einer Serie von Migrationsschüben.

Neben *Bochianites* tauchten in den nördlichen Meeren unter anderen die Gattungen *Acanthodiscus*, *Neocomites*, *Eleniceras* und *Valanginites* auf. An den fossilen Gehäusen konnten gewisse Gemeinsamkeiten festgestellt werden, die sie als Tethys-Ammoniten ausweisen, wie u. a. die feine, dichte und überwiegend gleichförmige Berippung des Gehäuses. Diese Ammoniten waren überwiegend klein, schlank und niemals dick, zeigten jedoch zahlreiche Unterschiede in der Aufrollung und der Nabelform. Während Kaltwasserformen sich durch großen Wuchs, dicke Gehäuse und trichterförmigen Nabel auszeichnen.

Einigen dieser Gattungen gelang die Anpassung an das kühlere Milieu. Arten mit dieser Fähigkeit konnten durchaus Klimaverschlechterung überdauern und sogar boreale Arten aus ihrem Stammlebensraum verdrängen. Ein typisches Beispiel für diesen Vorgang ist durch die Gattung *Endemoceras* belegt.

Der schon erwähnte Erwärmungstrend gegen Ende des Valangin führte gar dazu, dass die borealen Polyptychitinae aus Europa verschwanden und sich zu einer Wurzel (Kemper) in den arktischen Becken entwickelten, den Arten der Gattung *Simbirskites*, die wiederum später in südliches Borealgebiet einwanderten.

Einer der interessantesten Aufschlüsse in Deutschland, in denen Ammonitengesellschaften mit tethyalen und borealen Mischfaunen gefunden werden, ist die Tongrube Twiehausen, nordöstlich von Osnabrück gelegen. Hier ist eine etwa 16 Meter mächtige Wechselfolge dunkler, siltiger Tonsteine und sideritischer Konkretionslagen des tiefen Ober-Valangin aufgeschlossen. Am häufigsten sind Vertreter der Gattung *Valanginites*, die aus der Tethys eingewandert sind, und die sowohl grob berippte wie auch schwach skulptierte Arten ausgebildet haben. Im Unterkreidemeer machten Plesiosaurier Jagd auf die Ammoniten, wie Funde von Knochen dieser gefährlichen Schwimmsaurier aus der Tongrube belegen. Bei den borealen Arten dominieren *Polyptychites* und *Prodichotomites*.

Kemper vermutet, dass die *Ancyloceratida*, die alle Heteromorphen der Kreide umfassen, ihre Wurzeln im Südmeer, in der Tethys haben. Aber dann zahlreiche oder gar die meisten Arten ihren Lebens- und Entwicklungsraum im Nordmeer gefunden haben. Dafür spricht die große Schalendicke dieser entrollten Arten. Im tiefen Ober-Hauterive häuften sich Vertreter der Gattung *Aegocrioceras* im Niedersächsischen Becken so zahlreich, dass sie als Leitfossilien dieser Schichten gelten, die »*Aegocrioceras*-Schichten« heißen. Gerade in kühlen Abschnitten dieser Zeit tauchten diese Formen in der kreidezeitlichen Nordsee auf und verschwanden bei Anstieg der Temperaturen. Ihren Lebensraum nahmen dann ähnlich aussehende Migranten aus der Tethys ein, die *Crioceratiten*.

Doch auch für die Oberkreide sind die Ammoniten von Bedeutung zahlreicher Fragestellungen, wie ein internationales Projekt belegt. Ihr häufiges Vorkommen bietet zudem gute Möglichkeiten für präzise Untersuchungen.

AMMONITEN IM VERGLEICH

Ein internationales Team von Paläontologen untersuchte kurz vor der Jahrtausendwende die Ammonitenfaunen der Oberkreide. Die Wissenschaftler kamen aus Polen, Großbritannien, den USA und Deutschland. Im Rahmen dieser Bearbeitung konnten Sammlungen einbezogen werden, die mehr als ein Jahrzehnt in Vergessenheit geraten waren. Dieser aufwendige Akt, Einblick in die untermeerische Welt der Kreidezeit zu gelangen, erfuhr Unterstützung von zahlreichen wissenschaftlichen Instituten, Museen, privaten Sammlern und natürlich der Naturstein-Industrie, die in den Oberkreidevorkommen Nordwestdeutschlands noch Abbau betreibt.

Die Ammonitenzonierungen des Cenoman, der ältesten Stufe der Oberkreide, zum Beispiel konnten mit europäischen Fundorten verglichen werden und es stellte sich dabei heraus, dass sie nahezu vollständig denen im Anglo-Pariser Becken und in Südengland entsprechen. Die feinstratigraphischen Vergleiche mit dem Cenoman in Polen und auf der Krim erfuhren eine erste Darstellung und Diskussionsgrundlage. Die von diesem Team untersuchten Ammoniten entstammen hauptsächlich dem Münsterländer Kreidebecken, an dessen Rändern das Cenoman ausstreicht. In diesem Gebiet wiesen die Wissenschaftler 75 Ammonitenarten aus 38 Gattungen nach.

Die Neubearbeitung der Ammoniten der nordwestdeutschen, bzw. der westfälischen Kreide schreitet weiter fort. Kaplan, Kennedy und andere Paläontologen legten in den vergangenen Jahren weitere Arbeiten für die Ammoniten des Turon, Coniac, Santon und Campan vor.

AMMONITENGEHÄUSE –
WOHNSTATT FÜR SEEIGEL UND KREBSE

1958 machten Paläontologen in der Schreibkreidegrube von Lägerdorf in Schleswig-Holstein einen Fund, der zur genaueren Deutung reizte. Sie fanden in den Schichten des unteren Ober-Campan einen Ammoniten, *Pachydiscus stobaei* mit 50 Zentimeter Durchmesser, dessen Wohnkammer mit Resten von Kleinkrebsen (Cirripedier, den heutigen Entenmuscheln oder Seepocken vergleichbar) und gut drei Dutzend Gehäusen von Seeigeln der Gattung *Echinocorys* gefüllt war.

Häufiger sind in Ammoniten-Wohnkammern Seeigel enthalten. In der Regel sind sie in das Gehäuse des abgestorbenen Ammonitentieres eingespült worden. Dieser Vorgang hinterlässt auf den Fossilien Transportspuren. Außerdem

Häufig dienten die Wohnkammern abgestorbener Ammoniten als »Fossilfallen«. In dieser aufpräparierten Wohnkammer von *Anapachydiscus* sind vor allem zahlreiche Seeigelgehäuse erkennbar.

sind die Coronen der Seeigel beliebte Ansiedlungsplätze für Korallen, Austern, Röhrenwürmer und andere Epizoen.

Bei den Seeigeln im *Pachydiscus* von Lägerdorf lag der Fall anders. Ihre Coronen waren nicht bewachsen, Transportspuren nicht vorhanden. Folglich mussten die Echinocoryten in die Wohnkammer »eingewandert« sein. Von rezenten Seeigeln weiß man, dass sie zur »Geselligkeit« neigen und oftmals gemeinsam Hohlräume aufsuchen. Da der Boden des Schreibkreidemeeres arm an Vertiefungen und Höhlen war, kam das *Pachydiscus*-Gehäuse den Seeigeln gelegen: Es wurde ihnen zur »Heimstatt«, in der sie wohnten, beziehungsweise in die sie regelmäßig zurückkehrten. So konnte durch glückliche Fundumstände eine kreditzeitliche Lebensgemeinschaft entschlüsselt werden, ein kleiner Fingerzeig auf das Ökosystem Kreidemeer. Es lohnt sich für Sammler von Fossilien auf jeden Fall, ihre Funde auf Bewuchs von anderen Meeresbewohnern abzusuchen und dazu die möglichen richtigen Antworten zu finden.

DER »DONNERKEIL« IST NUR EIN KLEINER TEIL DES BELEMNITENTIERES

Fossilien von Belemniten erinnern auf den ersten Blick an Geschosse, weil sehr häufig nur ein Teil des Gehäuses und des gesamten Tieres fossil überliefert ist. Die Belemniten gehören wie die Ammoniten zur Klasse der Cephalopoda, der Kopffüßer, die wiederum in mehrere Unterordnungen und Familien unterteilt werden. Für die Kreidezeit haben sie in einigen Stufen als Leitfossilien für die Stratigraphie Bedeutung und sind es schon aus diesem Grund wert, näher betrachtet zu werden.

Das stromlinienförmige Innenskelett des Belemnitentieres bestand aus einem Rostrum (jene meistens erhaltenen »Donnerkeile«), in dem in einer (vorderen) Öffnung, der Alveole, der gekammerte Teil des Gehäuses, Phragmokon genannt, steckte. Der Gehäuserand war dort, wo der Weichkör-

In diesem Fall nahm die Wohnkammer von *Anapachydiscus* vor allem Muscheln auf.

per aus dem Gehäuse austrat, in der Rückenregion zungenförmig verlängert. Wahrscheinlich besaßen die Belemniten 10 untereinander gleiche, kurze Arme mit Armhäkchen. Die einzelnen gasgefüllten Kammern des Phragmokons waren durch einen Sipho, eine Röhre, miteinander verbunden und erlaubten dem Tier, sich in der Wassersäule zu bewegen und stabiles Gleichgewicht zu halten. Zwei seitlich stehende Rückenflossen unterstützten die Steuerung bei der Fortbewegung der Belemniten. Nur das Rostrum bestand aus Calcit und »überlebte« daher beim Tod des Tieres als Fossil. Etwa 1800 Arten sind gültig beschrieben worden.

Paläontologen gehen davon aus, dass Belemniten in Schwärmen nahe der Meeresoberfläche und vorwiegend in Küstenzonen lebten. Sie ernährten sich räuberisch von Krebsen, Fischen und anderen Cephalopoden. Zugleich waren sie selbst beliebte Beutetiere von Meeressauriern und Haien. Vereinzelt werden ganze Ansammlungen von Belemnitenrostren, sogenannte »Belemniten-Schlachtfelder«, gefunden. Sie können unter Umständen von Tieren herrühren, die unmittelbar nach dem Laichen noch an den Laichplätzen gestorben sind.

Für die Stratigraphie der Ober-Kreide sind vor allem die Gattungen *Gonioteuthis, Actinocamax, Belemnitella* und *Belemnella* von Bedeutung. Das Schreibkreide-Richtprofil von Lägerdorf wird vom Coniac bis ins Campan durch *Goniotheutis*-Arten gegliedert.

Bohrmuscheln bildeten lange Kalkröhren aus (Bild oben), wie die *Gastrochaena amphisbaena* aus dem Turon (Bochumer Gründsand), und drangen damit auch in Treibholz ein (Bild unten).

SAURIER BEHERRSCHTEN DAS LEBEN AN LAND

Sie brachten Gewichte von mehreren Tonnen auf die Waage, erreichten Längen von bis zu 50 Metern und sahen furchterregend aus. Einige trugen mächtige Hörner auf dem Schädel, andere Reihen von Knochenplatten auf dem Rücken. Den furchtbarsten unter ihnen war eine Sichelkralle auf dem zweiten Zeh gewachsen, die an mittelalterliche Waffen erinnert, oder es steckten rasiermesserscharfe Zähne von den Ausmaßen eines Dolches in ihren Mäulern. Seit sie im 19. Jahrhundert unter dem Namen Dinosaurier bekannt geworden sind, haben sie die Menschen bewegt. In halb dokumentarischen Werken oder gar in Spielfilmen fallen sie übereinander her, brüllen schrecklich und fressen einander. Kinder schmücken ihre Zimmer mit Dinomodellen und wie ein Fieber grassiert in Wellen immer wieder einmal die Dinomania. Ein amerikanischer Komponist schrieb dem *Tyrannosaurus rex*, der Königsechse, gar eine Symphonie.

Die Paläontologie geht es in der Regel nüchterner an, doch auch aus den Zeilen wissenschaftlicher Berichte spricht immer wieder die Bewunderung für die Riesenechsen, die vor allem in der Kreidezeit einen Höhepunkt ihrer Entwicklung erreichten und dann plötzlich von der Erdenbühne abtraten. Dem Phänomen der Faszination liegt die uralte Sehnsucht zugrunde, die auch Märchen von Drachen und Einhörnern innewohnt: Der Schauer des Unerklärlichen, des »Grauens Süße« (A. von Droste-Hülshoff), die entsteht, wenn die guten und bösen Monster um die Vorherrschaft auf der Welt kämpfen.

Vorstellungen von der Lebenswelt der Kreide sind nur aufgrund der paläontologischen Forschung zu gewinnen. Lebensbilder können immer nur Entwürfe sein und sind mit der vorsichtigen Bemerkung belegt: So könnte es gewesen sein. Dieses Bild zeigt Dinosaurier der Gattung *Iguanodon*, die »quadruped«, das heißt auf allen vier Beinen liefen und nicht, wie früher angenommen, sich auf zwei Beinen bewegten.

Was wissen wir eigentlich von den Dinosauriern? Schon eine ganze Menge: Wir wissen um ihre Körperform, allerdings um die Körperfunktionen längst noch nicht alles. Wir wissen nicht genau, ob sie warm- oder kaltblütig waren, aber welche Nahrung sie zu sich nahmen. Riesige Kotballen sind aus diesem Grund analysiert worden. Es gibt Orte, an denen Hunderte von kompletten Dinosaurierskeletten gefunden werden, während bei uns in Deutschland zumeist nur einzelne Knochen die Grabungsergebnisse krönen. Dafür steht das größte ausgestellte Sauriergerippe der Welt im Museum für Naturkunde der Humboldt-Universität in Berlin. Zu Lebzeiten durchzog dieser Dino allerdings die Juralandschaften in Afrika. Eines ist sicher: Die Saurier eroberten den Lebensraum zu Land, zu Wasser und in der Luft! Bevor wir auf die Funde hierzulande eingehen, sei uns eine kleine Plauderei über die faszinierenden Großkopferten gestattet.

DIE DINOSAURIERJÄGER

Sir Arthur Conan Doyle muss 1912 eine Ahnung davon gehabt haben, wie schrecklich die Raubsaurier unter ihren Artgenossen, vor allem den Pflanzenfressern, gewütet haben. Er beschrieb in einer Art Reportage aus der Kreidezeit eine Waldlichtung, auf der die blutigen Überreste von *Iguanodon* herumlagen, zerfetzt von riesigen Echsen. *Iguanodon* war ein Pflanzenfresser, der mit seinem Hornkiefer die festen Blätter der Araukarien abriss und dessen Herden Schneisen in die Landschaft fraßen. Durchaus wehrhaft vermochte er mit seinen kräftigen Daumendornen an den Vorderfüßen seinen Angreifern große Wunden zu reißen oder mit der Wucht eines Schwanzschlages den Räuber das Fürchten zu lehren. Immerhin setzte *Iguanodon* seine neun Meter Körperlänge und seine 4,5 Tonnen Gewicht ein, um sich sei-

Zu Recht wird er der König der Saurier genannt, der *Tyrannosaurus rex*. Erst als sich die Kreidezeit dem Ende entgegen neigte, trat das furchtbarste Raubtier auf den Plan, das die Erde je gesehen hat.

ner Feinde zu erwehren. Dennoch hatte er gegen den *Neovenator*, einen Verwandten des *Tyrannosaurus rex*, der erst gegen Ende der 1990er-Jahre auf der Isle of Wight in Großbritannien entdeckt wurde, keine Chance. Der Fund von *Neovenator*, des »neuen Räubers«, aus der Unter-Kreide der Insel Wight, lässt zum Beispiel paläogeographische Interpretationen zu. Rupert Wild glaubt, dass die Trennung der Kontinente durch den Atlantischen Ozean noch nicht so weit gediehen war, dass *T.-rex*-Verwandte über Landbrücken zwischen Nordamerika und Eurasien wandern konnten.

Die Dinosaurier haben auch noch eine andere Seite, als die monsterhafte: Sie betrieben Brutpflege, waren fürsorgliche Eltern und starben sogar für ihre Jungen im Sandsturm. In der Wüste Gobi fanden Wissenschaftler Saurierskelette, die über ihren Jungen kauern. Neben dem »Wilden Westen« der USA, sind die schon erwähnte Wüste Gobi und die Isle of Wight im benachbarten Großbritannien Schatzkammern für die Dinojäger unserer Tage. Immerhin waren auch deutsche Paläontologen, wie der Stuttgarter Rupert Wild oder der Hamburger Wolfgang Weitschat, an der wissenschaftlichen Aufarbeitung der Funde beteiligt, beziehungsweise bei einer der Gobi-Exkursionen dabei. Dass dort Dinosauriergerippe in Menge und vor allem hervorragend erhalten zu finden sind, liegt daran, dass ansonsten große Teile Europas und Asiens in der jüngeren Kreide vom Meer bedeckt waren.

Raubsaurier der Gattung *Deinonychus* jagten im Rudel. Mit ihren furchtbaren Sichelklauen fielen sie großen elefantenfüßigen Sauriern in die Flanken.

DINOS IN ZELTEN AUF TOUR

Das Interesse an den Godzillas der Urzeit wird immer wieder entfacht, wenn sich die Filmindustrie der Echsen annimmt. »Jurassic Park« von Steven Spielberg verschaffte den Zuschauern die ungeahnte Möglichkeit, eine Herde von *Gallimimus* laufen zu sehen. Spielbergs »Hauptdarsteller« sind fast allesamt kreidezeitlichen Alters, folglich müsste der Film eigentlich »Cretaceous Park« heißen. Der Film schaffte, bei allen kritischen Anmerkungen, die Wiedergeburt der Dinosaurier 65 Millionen Jahren nach ihrem jähen Aussterben. Er machte es in seiner Folge möglich, dass »fliegende Aussteller« in Zelten vor großen Möbelmärkten mit den Echsen tourten. Das erinnerte ein wenig an Schausteller, die den »Mann ohne Magen«, der riesige Ketten schluckte, auf Jahrmärkten vorführten. Wenn man den Rummel außer Acht ließ, hatten die Besucher die Möglichkeit, die Schätze der Gobi zu sehen: Dino-Embryonen, große Exemplare von *Tarbosaurus* und den häufigsten Fleischfresser, der in der mongolischen Wüste gefunden wurde, *Protoceratops*.

Obwohl immer neue Echsen gefunden, immer mehr Details ihres Lebens entschlüsselt werden, bleiben viele Rätsel, die es noch zu lösen gilt. Etwa die Frage, ob diese Tiere Kaltblüter oder Warmblüter waren, in welcher Geschwindigkeit sie ihre Beute jagten oder ob die Vögel tatsächlich in die Dinolinie gehören? Im Spielfilm beschleunigte *T. rex* locker auf 50 Stundenkilometer. Analysen der Schrittweite und des Knochenbaus haben ergeben, dass sein Limit mit 30 Stundenkilometern erreicht war. Straucheln bei diesem Tempo hätte den sofortigen Tod des Königs der Echsen bedeutet: Sein Schädel wäre aus einer Höhe von 3,50 Metern auf den Boden gekracht und mit den schwachen und viel zu kurzen Stummelarmen hätte er den Sturz nicht abfangen können.

Große Verfolgungsjagden konnte sich der *T. rex* nicht erlauben, denn das »Großmaul« litt an Gelenkentzündungen, wie ein amerikanischer Wissenschaftler vom Arthritis-Zentrum Youngstown in Ohio feststellte. Die Krankheit holte er sich durch übermäßigen Fleischverzehr, wobei er auch auf Aas zurückgriff, denn er benötigte schätzungsweise 200 Kilogramm am Tag. Ein Löwe im Zoo bekommt täglich 10 Kilo Fleisch.

RIESEN VON BIS ZU 50 METERN

In der Regel wogen die Echsen runde 10 Tonnen, soviel wie ein LKW. Der 1995 in Südamerika entdeckte *Argentinosaurus* schleppte immerhin unglaubliche 100 Tonnen durch das Mesozoikum! Waren die Monster auch Intelligenzbestien? Das Denkorgan eines 50-Tonnen-Sauriers passte locker in einen Joghurtbecher. Mit 200 Milliliter Hirnmasse galten die Riesensaurier als diejenigen aller Landwirbeltiere mit dem kleinsten Hirn im Vergleich zur Körpermasse. Nun muss man ihnen zugestehen, dass die Großen unter den Urzeitstars gleich zwei dieser Minihirne besaßen, eines im Kopf und eines im Becken, das Paläontologen als Nervenknoten bezeichnen. Bei Körpermaßen von 30, 40 oder gar 50 Metern brauchte ein Nervensignal von der Schwanzspitze bis zum Kopf mindestens eine halbe Sekunde. Der untere Nervenknoten half die langsame Reaktionszeit zu verkürzen. Bei den größten Landraubtieren, die jemals auf der Erde gelebt haben, Riesensaurier wie *Brachiosaurus, Supersaurus* und

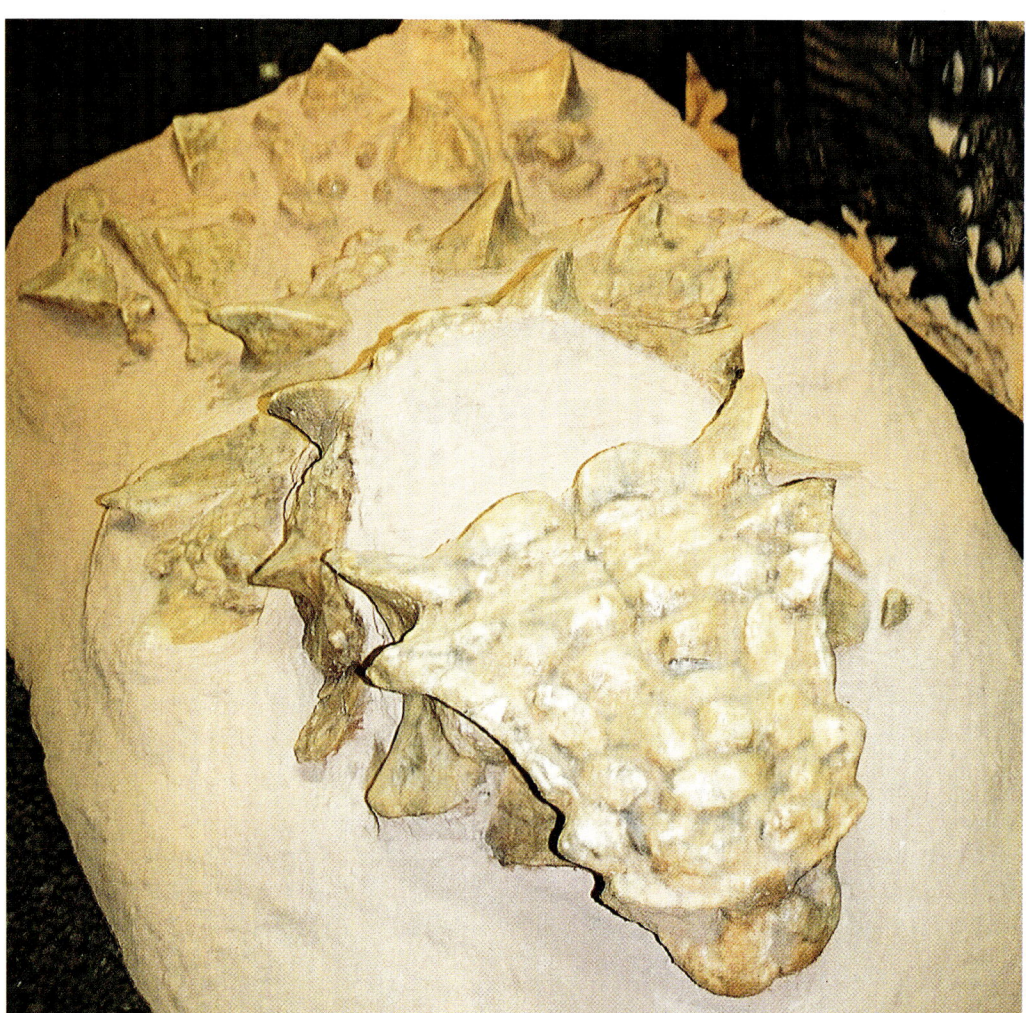

In der Wüste Gobi fanden Paläontologen große Mengen vollständig erhaltener Dinosaurier, wie diesen Ancylosaurier, der im Museum für Naturkunde in Münster in der Grabungssituation zu sehen ist.

Seismosaurus, waren Kopf und Schwanz so weit voneinander entfernt, dass das »zweite Gehirn« zur Standardausrüstung gehörte. Unter ihren gewaltigen Füßen erzitterte die kreidezeitliche Erde.

Das Wissen um die Dinosaurier erweitern solche Fundstellen, wie die große mongolische Wüste Gobi. In dieser öden, mehr als 1000 Meter hoch gelegenen Beckenlandschaft Zentralasiens aus Sandflächen, Geröllrücken und zerfurchten Bergzügen erstreckt sich über zweieinhalb Millionen Quadratkilometer ein kreidezeitliches Dinosauriergebiet, das vermutlich zu Lebzeiten der Echsen nicht viel anders ausgesehen hat als heute. Die Winderosion bläst fast über Nacht neue Knochen frei und bizarre Bilder ergeben sich, wenn Dinoschädel einfach aus der Wand herausschauen. Einer der ersten westlichen Paläontologen, der 1922 die Gobi heimsuchte, war Roy Chapman Andrews, ein Raubein unter den Dinoforschern. Aus politischen Gründen war es westlichen Wissenschaftlern lange Jahrzehnte verwehrt, in die Gobi zu reisen, bis zum Zusammenbruch der Sowjet-

union. 1990 gab es die erste große Expedition in das Wüstengebiet, der vier weitere ergiebige Unternehmungen folgen sollten.

DIE WÜSTE GOBI – EIN RIESIGES FREILICHTMUSEUM FÜR TARBOSAURUS UND CO.

Diese erste Expedition führte zu sensationellen Ergebnissen und die Teilnehmer berichten begeistert: »Am nächsten Morgen nahmen wir die Hügel und Senken um uns her in Augenschein, und nach wenigen Stunden schon wussten wir, dass wir eine der reichsten kreidezeitlichen Fossil-Lagerstätten entdeckt hatten. An den sanften Abhängen eines kaum zwei Kilometer weiten Beckens waren rund 100 Dinosaurierskelette, zumeist in natürlichem Zusammenhang, und Nestanlagen für Gelege freigewittert. … Uns erschien es wie ein paläontologisches Freilichtmuseum.« In diesem Freilichtmuseum waren Skelette von Fleischfressern zu bergen, von denen manche 15 Meter maßen und die mit Riesen wie Tyrannosaurus und Allosaurus verwandt waren. Die kleineren Exemplare gehörten zur Gattung *Velociraptor*, die Steven Spielberg in »Jurassic Park« gleich 60 Millionen Jahre zu früh auftreten lässt.

Gleich eine neue Echsen-Gattung fiel den Wissenschaftlern in die Hände. *Estesia* mit einem 20 Zentimeter langen Schädel, in dessen Maul messerscharfe Zähne steckten. Er sah dem Komodo-Waran sehr ähnlich und spritzte vermutlich Gift in die geschnappte Beute.

Der Fossilienfundus in den Aufschlüssen der Gobi zählt zweifellos zu den ergiebigsten Fundplätzen der Welt. Das Spektrum reicht von kompletten Skeletten des 10 Meter langen *Tarbosaurus*, einem Vetter des *T. rex*, mit kräftigen Hinterbeinen und Schwanz, zwei Stummelärmchen und einem Maul voller furchterregender Zähne, über gigantische Sauropoden bis zu gepanzerten Ankylosauria, wie der nackenschildbewehrte *Protoceratops* mit Papageienschnabel.

IM KAMPF UM LEBEN UND TOD VOM SANDSTURM BEDECKT

Oftmals deckten Sandstürme die Kadaver in einer Geschwindigkeit zu, dass die Skelette im Verband überliefert wurden. Dieser Umstand bescherte der Wissenschaft ein beispielloses paläontologisches Dokument: Die fast komplett erhaltenen Gerippe zweier Tiere, ineinander verwunden im Kampf um Leben und Tod. Ein *Velociraptor* umgreift mit den Vorderbeinen fest den gesenkten Kopf des *Protoceratops*, während die scharfen Sichelkrallen seiner Hinterfüße hoch in dessen Flanken zielen. Räuber und Opfer fanden im Sandsturm ihr Ende und gehören zu den großartigen Ausstellungstücken des Naturkundemuseums in Ulan-Batar, abgebildet in fast allen Büchern über Dinosaurier.

Die im Kampf umgekommenen Echsen stellen nicht die einzigen Fossilien der ganz besonderen Art dar. Ganze Nestkolonien mit Eiern, in denen Saurierembryonen erhalten waren, gehören dazu. Auf einer Fläche von ungefähr 40 Metern Durchmesser fanden die Expeditionsteilnehmer zwölf durcheinander liegende Skelette von *Protoceratops*. Es waren Tiere verschiedenen Alters, darunter solche, die nur neun Zentimeter lang waren, also von Jungen stammten, die eben erst geschlüpft waren. Aber der schlüssige Beweis für die eindeutige Zuordnung eines Embryos im Ei zu einer bestimmten Sauriergattung ist bisher nicht gelungen. In einem Nest – vermutlich von *Oviraptor* – lagen zwischen den Eiern

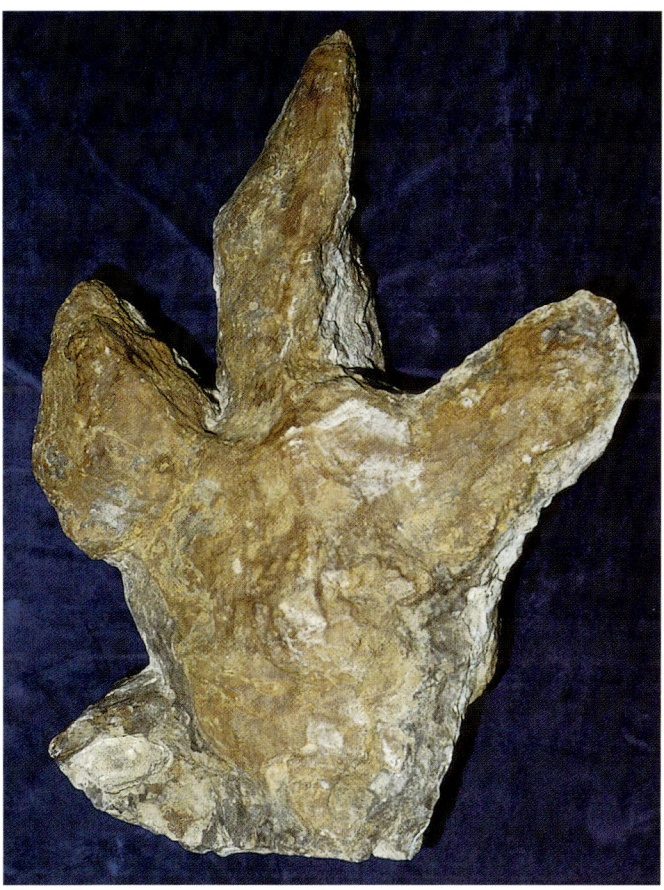

Raubsaurier des Formenkreises Megalosaurus hinterließen ihre dreizehigen Abdrücke in der Wattenlandschaft von Oberkirchen.

zwei winzige Schädel von *Velociraptor*. Möglich ist es, dass *Oviraptor* (der Eierdieb) junge Velociraptoren an seinen Nachwuchs verfütterte. Eine frühere Expedition fand einen *Oviraptor* wie ein Vogel über dem Gelege, so dass der Name Eierdieb irreführend sein könnte: *Oviraptor* schützte vielmehr sein Gelege vor dem Sandsturm. Die Raubsaurier als fürsorgende Eltern, ein völlig neues Bild der Schreckensechsen.

DIE »SCHRECKENSKRALLE« WAR DER FURCHTBARSTE JÄGER DER KREIDEZEIT

Von einem der furchtbarsten Jäger der Kreidezeit fand man zuerst nur die gewaltigen Sichelkrallen und benannte die Art danach *Deinonychus*, die Schreckenskralle. Inzwischen kennt die Paläontologie auch die kompletten Tiere. Sie wogen nur 60 Kilogramm und waren nicht länger als drei

Aus dem Obernkirchener Sandstein, der aus dem Berrias der Unterkreide stammt, wurden 2002 Fährten von Dinosauriern bekannt, die nun in der Geowissenschaftlichen Sammlung der Universität Bremen aufbewahrt werden. Die Fährten stammen vermutlich von dem Pflanzenfresser *Iguanodon*.

Meter. Die riesige Kralle saß auf dem zweiten Zehenknochen. Das Gebiss strotzte von krummsäbelartigen Zähnen. *Deinonychus* jagte in Rudeln und konnte auch wesentlich größere Dinosaurier überwältigen. Anlass zu dieser Hypothese ist ein Fund, bei dem fossile Skelette von vier Deinonychiern sowie ein einziger pferdegroßer *Tenontosaurus* gefunden wurden. Die Umstände des Fundes deuten daraufhin, dass die Deinonychier mit ausgefahrenen Krallen direkt auf Rücken und Flanken des *Tenontosaurus* sprangen. Dieser mag sich seiner Angreifer erwehrt haben, indem er sich auf den Rücken wälzte oder mit dem kräftigen Schwanz mörderische Schläge austeilte.

Im Badeort Sandown haben britische Wissenschaftler ein Dinomuseum eingerichtet. Da ist natürlich leichter hinzukommen, als in die Hauptstadt der Mongolei, nach Ulan Batar, wo im Museum die Gobi-Saurier ausgestellt sind. In Sandown sind Dinosaurier ausgestellt, die während der Unterkreide im Herzen Europas gelebt haben, zum Beispiel der 20 Meter lange *Pelorosaurus*, ein zehn Meter langer *Iguanodon* – der auch in Deutschland die zentrale Rolle auf den Schauplätzen der paläontologischen Forschung spielt – und die kleineren Exemplare von *Polacanthus*, der eine Länge von 4 bis 5 Metern erreichte und der truthahngroße *Hypsilophodon*. *Neovenator salerii* brachte 15 Zentner auf die Waage und erreichte ein Länge von acht Metern. Wenn er auftauchte, verbreiteten sich Angst und Schrecken unter den Pflanzen fressenden Artgenossen, denn in seinem ca. einen Meter messenden Schädel steckte ein Gebiss mit furchtbaren Zähnen. *T. rex* lässt grüßen.

Aus den Knochenfunden des Saurierlochs in Brilon gelang es erstmals, das komplette Gerippe eines Jungtieres des Sauriers *Iguanodon* zusammenzusetzen.

Die »Schreckenskammer« im Museum für Geologie und Paläontologie der Universität Münster: Hier werden die über 1000 Dinosaurier-knochen aus dem Dinoloch bei Brilon im Sauerland aufbewahrt.

DAS KAPITEL DINOSAURIER IST NOCH NICHT GESCHLOSSEN

Die Kenntnis des Landlebens während der Kreidezeit in Deutschland verdanken wir wesentlich den Dinosauriern. Sie lebten auf flachen Schwemmländern, in die Flüsse ihre Sedimentfracht transportierten und Tierkadaver und Pflanzenreste bedeckten oder in Spalten spülten, die so zu Fossilien werden konnten. So erhielten sich Knochen von Dinosauriern und Flugsauriern, aber auch deren Begleitfauna, wie Schildkröten, Krokodile, verschiedenen Insekten und Pflanzenreste (siehe dazu Seite 110 »Blütezeit der Pflanzen«). Von anderen Fundorten außerhalb Deutschlands kennen wir kleine Vertreter der kreidezeitlichen Säugetiere, die ein verstecktes Dasein auf dem Boden führten, auch Frösche, Salamander, Schlangen und Eidechsen.

Die Echsen, die Dinosaurier eingeschlossen, gehören zur Gruppe der Amnioten. Bei dieser Gruppe lassen sich vier Typen von Schädelstrukturen unterscheiden, darunter die der Archosaurier, zu denen u. a. die Krokodile, Vögel und die Dinosaurier gehören. In der Trias entwickelten sich aus diesen Archosauriern die Dinosaurier. Das auffälligste Merkmal dieser Entwicklung: Die Körperhaltung der Reptilien änderte sich, sie gingen von der kriechenden zur »aufrechten Haltung« über. Die Archosaurier spalteten sich in zwei Gruppen, die eine in Richtung Krokodile, die andere in Richtung Dinos und Vögel. Bei diesem, zugegeben, sehr gerafften Ausflug in die Entwicklungsgeschichte der Riesenechsen, muss auf ein wichtiges Unterscheidungsmerkmal der zwei Hauptgruppen von Dinosauriern hingewiesen werden. Die Paläontologie unterteilt sie in »Saurischia«, das sind die Echsenbecken-Dinosaurier, und »Ornithischia«, das sind Vogelbecken-Dinosaurier. Erstere waren Fleischfresser und die

Seine riesigen Beinknochen hatten eine Menge Körpergewicht zu tragen, wenn *Iguanodon* durch die Sümpfe der Unterkreidezeit stapfte.

Er lebte auf großem Fuße und stapfte damit durch die sumpfigen Ebenen. Der *Iguanodon*-Fuß wurde von Wissenschaftlern bei der spektakulären Grabung in Brilon/Sauerland entdeckt.

zweite Gruppe Pflanzenfresser. Wenn es zutrifft, dass die Vögel Nachfahren der Dinosaurier sind und somit diese Gruppe der Riesen-Reptilien nicht mit Ende der Kreidezeit ausgestorben wäre, so klingt es merkwürdig, dass die Vögel von den Echsenbecken-Dinosauriern und nicht von den Vogelbecken-Dinosauriern abstammen. Das jedenfalls ist der Stand der Forschung! Doch nun zur Kreidezeit.

GODZILLA KEHRT ZURÜCK: T. REX FEIERT SEINEN LEINWANDERFOLG

Den Höhepunkt ihrer Evolution erreichten die Dinosaurier in den letzten 20 Millionen Jahren vor ihrem Aussterben, also in der Oberkreide. Von den bis heute belegten etwa 290 Dinosauriergattungen existierten zu diesem Zeitpunkt noch etwa 112, so sagt es zumindest der Fossilbericht. Die »Stars« der größten Landraubtiere aller Zeiten traten in der Kreidezeit auf, darunter *Tyrannosaurus rex*. Der bis zu 6 Meter große, 15 Meter lange und 8 Tonnen schwere Koloss erspielte in Steven Spielbergs Film »Jurassic Park« diesen Giganten eine ungeahnte Popularität ein. Spielberg hat ihm die Rolle des Killers zugedacht, was die Frage aufwirft, was wir heute eigentlich genau über die kreidezeitlichen Dinosaurier wissen? Von *Tyrannosaurus* sind fast 22 komplette Skelette ausgegraben worden; doch Paläontologen mahnen zur Vorsicht, allein aus dem Körperbau auf die Lebensweise zu schließen. Der Gelehrtenstreit darüber, ob *Tyrannosaurus* seine Beute überwiegend selbst tötete oder ein Aasfresser war, ist noch nicht beendet. Wir wissen nicht genau, welche ökologischen Nischen dieser größte Raubdinosaurier, der bisher durch Fossilien bekannt geworden ist, besetzte. Der Aussage eines amerikanischen Sachbuches lässt sich allerdings zustimmen: »Für uns ist es ein Glück, dass wir *Tyrannosaurus rex* kennen und dass wir ihn erforschen und uns schaudern machen dürfen. Am meisten müssen wir uns aber glücklich schätzen, dass er tot ist.« Die Masse kreidezeitlicher Dinosaurier sind in den USA ausgegraben worden, was aber nicht gleichzeitig heißen muss, dass Deutschland eine dinosaurierfreie Zone ist. Vor unserer Haustür sind in den vergangenen Jahren die Spuren und auch die Knochen der Riesenechsen entdeckt worden. Zwar war ein *Tyrannosaurus* nicht darunter, doch die Dinos aus der deutschen Kreide waren nicht ohne!

SAURIERFÄHRTEN IN NIEDERSACHSEN

Die Spurensuche führt nach Münchehagen in Niedersachsen. Als die Kreidezeit begann, stapften hier Gruppen von sogenannten elefantenfüßigen Dinosauriern durch eine schlammig-feuchte Wattenlandschaft. Wenn die örtliche Feuerwehr 1980 nicht eine Übung im Steinbruch des Münchehagener Ortsteiles Rehburg-Loccum durchgeführt hätte, wären die 140 Millionen Jahre alten Fährten gar nicht entdeckt worden. Da naturgemäß bei derartigen Übungen viel Wasser unter hohem Druck verspritzt wird, spülten die Feuerwehrleute die Füllungen aus den kreidezeitlichen Fußstap-

Seine »Sägezähne«, die dem des Leguan gleichen, verraten ihn: den »Leguanzähnigen«. Gemeint ist *Iguanodon* aus dem Saurierloch in Brilon.

fen der ebenen Steinbruchsohle, dem versteinerten Boden der als »deutscher Wealden« bezeichneten Schichtenfolge der tiefen Unterkreide. Der Bochumer Paläontologe Mutterlose ordnet die mehr als 256 Fußabdrücke in den »Wealden 3« der Bückeberg-Formation des Berrias ein.

Am Übergang vom Jura zur Kreide gab es eine Phase deutlicher Erdbewegungen. Die in diesem Zusammenhang absinkenden Meeresbecken verwandelten sich in Sümpfe und Marschen. Durch die Niederungen mäandrierten Flüsse und mündeten im Bereich des heutigen Nordwestdeutschland in Binnenseen. In diesen von Wasser und Inseln geprägten Landschaften zu Beginn der Kreidezeit zogen Herden von pflanzenfressenden Dinosauriern, wahrscheinlich Vertreter der Gattung *Iguanodon* auf der Suche nach Nahrung umher. Schachtelhalme mit ihrem aufragenden Blätterwerk werden, nach dem britischen Paläontologen Kennedy, ihre Hauptnahrung gewesen sein. Doch auch räuberische Einzelgänger, vermutlich der dem späteren *Tyrannosaurus* ähnlich sehende *Megalosaurus*, waren in Niedersachsen unterwegs, wie die Fährten im Steinbruch bei Münchehagen aussagen. Dass auf diesen überlieferten Flächen des Berrias Fährten

Wenn in Deutschland nach Dinosauriern gegraben wird, sind meistens keine zusammenhängende Gerippe zu finden. Vielmehr bedeutet »Ausgraben« das Zerbröseln größerer Gesteinsbrocken. Die Aufmerksamkeit gebührt jedem noch so kleinen Stück Schildkröten-, Krokodilpanzer oder Dinosaurierzahn.

Schildkrötenfossilien aus der Oberkreide sind schon eine Rarität. Abgebildet sind Knochen einer Meeresschildkröte.

von Pflanzen und Fleisch fressenden Dinosauriern gemeinsam vorhanden sind, sowie die große Anzahl der Fährten insgesamt heben den deutschen Fundort auch gegenüber ähnlichen vor allem in den USA hervor. Offensichtlich sind die Tiere hier von West nach Ost gelaufen. 30 Meter misst die längste Lebensspur der Riesenechsen. Bei Bückeburg wurden 1879 und 1880 bereits Dinospuren entdeckt. In den Obernkirchener Steinbrüchen der Bückeberge in Niedersachsen wird ein Sandstein abgebaut, dessen Herkunft genau wie der Sandstein in Münchehagen bis in die Bückeberg-Formation des Ober-Berrias der Unterkreide zurückzuverfolgen ist. Vor rund 140 Millionen Jahren zogen durch die riesige feuchte Senke ebenfalls Gruppen von Dinosauriern. Auch aus diesem Steinbruch sind ihre Fährten überliefert. Sie stammen sowohl von zweibeinig laufenden Pflanzenfressern als auch von Raubdinosauriern, die Krallenabdrücke ihrer Zehen hinterließen.

Das war kurz bevor im belgischen Bernissart 29 Skelette von *Iguanodon* ausgegraben wurden. Diesem pflanzenfressenden Riesen galt die ganze Aufmerksamkeit, als 1978 in einer devonischen Karstspalte ebenfalls Knochen vom *Iguanodon* von Fossiliensammlern aufgelesen wurden.

KROKODILE LAUERTEN DINOS AUF: DAS SAURIERLOCH IN BRILON

1978 geriet das beschauliche Sauerlandstädtchen Brilon in die Schlagzeilen der Tagespresse. Im Ortsteil Nehden, der Paläontologen in anderen Zusammenhängen ein Begriff ist, suchten Sammler im Steinbruch Henke nach Fossilien. In der Annahme, ein großes Stück versteinertes Holz gefunden zu haben, wollten die Sammler ihre Vermutung durch Geowissenschaftler der Universität Münster bestätigen lassen. Die diagnostizierten: Es handelt sich nicht um Holz, sondern um einen Knochen, der aufgrund seiner Größe nur einem Saurier zugeordnet werden konnte. Zu diesem Zeitpunkt war nicht klar, welch spektakuläre Folgen dieser Zufallsfund haben sollte. Erst ein zweiter Zufall im Zusammenhang mit einer wissenschaftlichen Untersuchung der Fundstelle setzte Grabungskampagnen in Gang, die bis 1982 andauerten. Die entscheidende Rolle spielte ein Zahn, der die Zuordnung des entsprechenden Tieres ermöglichte: Bei der ersten Grabung 1978 fanden die Paläontologen einen Backenzahn mit geriffelten Kanten, der dem eines Leguans gleicht. Solche Zähne kannte die Wissenschaft seit 1825. Damals entdeckte der Arzt Gideon Mantell in Süd-England Saurierknochen und -zähne. Die Zähne wiesen eben dieses Muster auf und er nannte den Dino »*Iguanodon*«, den »Leguanzahn«. Für Deutschland stellte der Zahn den ersten Fund von *Iguanodon* dar, denn bisher war er hierzulande »nur« durch seine Fährten aufgefallen. Über seine Gestalt war die Wissenschaft seit den Funden im Kohlebergwerk von Bernissart in Belgien, in gut 350 Meter Tiefe, informiert. Hier im Nachbarland in einer unterkreidezeitlichen tonigen Matrix steckten Knochen von 30 Exemplaren, deren vollständigste Gerippe im Naturhistorischen Museum in Brüssel als Herde aufgestellt sind. In Brilon bargen zwischen 1979 und 1982 die Ausgräber 1.400 *Iguanodon*-Knochen und erbrachten damit den Beweis, dass diese Tiere an der Wende Berrias/Valangin auch durch Deutschland stapften. Die Knochen waren in eine tonige Spaltenfüllung eingebettet, die in einer Länge von 150 Metern, einer Breite von 35 Metern und einer maximalen Mächtigkeit von 20 Metern vorlag.

Mehrere Bohrungen waren notwendig, um die Mächtigkeit der Spaltenfüllung und ihre Stratigraphie zu erkunden. Die Bedingungen für die Ausgräber gestalteten sich schwierig, denn die hellgrauen bis schwarzen Tone waren ausgetrocknet steinhart, im feuchten Zustand aber zäh und klebrig. Knochenreste von Dinosauriern lagen nur in den hellen Tonschichten. In einem zehn mal zehn Meter großen Bereich arbeiteten sich die Paläontologen drei Meter tief nach unten. Auf mehreren Ebenen verteilt lagen die Einzelknochen eines fast kompletten Jungtieres, der eigentlichen Sensation der Grabung. Junge Tiere in dieser Komplexität waren bisher in Europa nicht gefunden worden. Doch die Nehden-Grabung sollte noch weitere Überraschungen bereit halten. Skelett-Teile von 15 Individuen, darunter Oberkieferfragmente, Zähne, Rückenwirbel mit Dornfortsätzen und verknöcherten Sehnen, Oberschenkelknochen, Schulterblätter, Schädelfragmente, Hand- und Unterarmknochen, stammten von zwei *Iguanodon*-Arten. *Iguanodon bernissartensis* war größer als *Iguanodon atherfieldensis*.

Grabungsleiter Dr. Klaus-Peter Lanser vom Westfälischen Museum für Naturkunde in Münster zeigt dem Autor die Ausmaße der unterkreidezeitlichen Tonlinse im Rheinischen Schiefergebirge, die Reste von Dinosauriern und ihrer Begleitfauna enthält. Die Grabung war bei Erscheinen des Buches noch nicht abgeschlossen.

Der britische Paläontologe Norman untersuchte die Nehdener Funde. Aufgrund seiner Befunde besitzen wir heute ein ziemlich genaues Bild vom Aussehen des *Iguanodon*. Der lange Hals- und Schwanzbereich waren an ihm auffällig. Immerhin besaß dieser Pflanzenfresser 86 Wirbel, wovon 50 auf die Schwanzregion und 11 auf den Hals entfielen. Der lange Schwanz diente als Balanceorgan und konnte als gefährliche Waffe benutzt werden. Seine Körperhaltung war horizontal. An den Rückenwirbeln trug er bis zu einen Meter lange Rippen. Der Schädel war im Verhältnis zur Körperlänge klein und doch massig ausgebildet. Die erwachsenen Tiere liefen auf langen, kräftigen Hinterbeinen und kurzen schwächeren Vorderbeinen. Von den Jungtieren nimmt man an, dass sie vorzugsweise nur auf den Hinterbeinen liefen.

Wie kamen nun die *Iguanodon*-Gerippe und Knochen anderer Wirbeltiere in diese Spalte? Die Forschung kann diese Frage noch nicht endgültig beantworten. Eine wahrscheinliche Hypothese geht von einem absinkenden Vorlandsbereich südlich der Meeresküste aus, in dem die Massenkalksenke von Brilon-Nehden die Niederung des trägen Unterlaufes eines Flusses und ihn begleitender Teiche gebildet haben mag (nach Hölder, 1987). Der karstige Untergrund im devonischen Massenkalk nahm das langsam strömende Wasser auf, das Pflanzen- und Knochenreste mit sich führte und begrub.

Die beiden *Iguanodon*-Arten lebten natürlich nicht allein in der Senke. Auch die Zeugnisse ihrer Mitbewohner steckten im Tonschlamm der Karstspalte. Krokodile und Schildkröten liebten den Sumpf, Fische schwammen in den Binnengewässern und große Raubdinosaurier machten Jagd auf die pflanzenfressenden Artgenossen. Zwei vereinzelte Nachweise, vermutlich von *Megalosaurus*, befanden sich im Fundgut von Brilon. Vertreten war auch ein huhngroßer Dino der Gattung *Hypsilophodon*.

In üppiger Vegetation mit Blumenpalmfarnen spielten die Säugetiere noch eine untergeordnete Rolle. Dominiert wurde das Bild von den Riesen, zu denen auch die beiden in Nehden nachgewiesenen *Iguanodon*-Arten gehörten, aber auch Wasserkäfer, Schmetterlinge und Libellen fanden ihren Platz im kreidezeitlichen Ökosystem. So sorgten die Winzigen und die Riesen für eine Sensation.

Auch bei misslicher Wetterlage kann gegraben werden. Im Grabungszelt geht die Fahndung nach Dinosauriern weiter, übrigens der jüngsten Ausgrabung kreidezeitlicher Dinosaurier in Deutschland.

Aus dem Bereich von Hannover stammt dieser Unterkiefer eines Flugsauriers.

FLUGSAURIER IM RHEINISCHEN SCHIEFERGEBIRGE

Paläontologe Peter Lanser von der paläontologischen Bodendenkmalpflege des Landschaftsverbandes Westfalen-Lippe liebt diesen Grabungsort im rechtsrheinischen Teil des Rheinischen Schiefergebirges vor allen Dingen wegen seiner Abgeschiedenheit. In dem aufgelassenen Steinbruch gräbt er mit seinem Team bisher unbehelligt von Fossilienräubern ein Unterkreidevorkommen von sandigen Tonen aus, in dem Knochen und Zähne von Wirbeltieren stecken. Es ist die aktuellste Grabung auf kreidezeitliche Dinosaurier, die im Moment in Deutschland stattfindet und sie war noch nicht beendet, als dieses Buch fertig gestellt wurde. Das genaue Ende ist auch noch nicht abzusehen, so vielversprechend scheint der Grabungsort nach den ersten Funden zu sein.

Es sind ähnliche Bedingungen wie in Brilon-Nehden. In diesem Bruch, dessen genauer Standort aus Sicherheitsgründen verständlicherweise noch nicht benannt werden

Das gesamte Areal vor dem Grabungszelt gilt als verdächtig. Die unterkreidezeitliche Tonlinse misst an der Oberfläche circa 35 mal 30 Meter und erfordert noch eine Menge Arbeit der Ausgräber, zumal sie Bröckchen für Bröckchen untersuchen müssen.

soll, bauten die Betreiber Kalkstein in obermitteldevonischen Riffkalken ab. In den Klüften des Kalkes arbeitete Regenwasser Spalten zu Klüften und Höhlen aus und schon zu Beginn der Kreidezeit hatte die Erosion, die in diesem Fall »Verkarstung« genannt wird, bereits große Ausmaße angenommen. In dieses Karstloch geriet unter noch nicht vollständig geklärten Umständen die tonig-sandige Füllung und mit ihr Überreste von Tieren, so viel Peter Lanser jetzt schon sagen kann, von Pflanzen fressenden Dinos und von kleinen und großen Raubsauriern.

In welche Stufe genau diese unterkreidezeitliche Füllung des Karstloches zu datieren ist, kann zu diesem Zeitpunkt noch nicht genau gesagt werden. Auf jeden Fall liegt die Wahrheit irgendwo zwischen Berrias und Apt, also einem Zeitraum zwischen 140 und 115 Millionen Jahren. Die Landschaft des aktuellen Saurievorkommens lag zur Unterkreidezeit im südlichen Vorland des Niedersächsischen Beckens, dem Rheinischen Schiefergebirge. Das Aussehen dieser Senke wurde von in Richtung Meer mäandrierenden Flüssen bestimmt, die große Mengen Sand und anderes Sediment transportierten und ablagerten. Durch diesen flachen und feuchten Landstrich, in dem sich kleinere und größere Binnenseen bildeten, zogen Herden von pflanzenfressenden Sauriern, gefolgt von einzelgängerischen Raubdinos, belauert von den in den Binnengewässern hausenden Krokodilen. Über dem Geschehen kreisten mächtige an Vögel erinnernde Wesen, geflügelte Echsen, Flugsaurier, deren Nachweis Lanser schon bei der Prospektion, der Erstbegehung und -Untersuchung des Grabungsareals erbringen konnte. Er fand den Wirbel eines solchen Flugsauriers, wie der Dinoexperte Rupert Wild vom Museum für Paläontologie in Stuttgart nach einer ersten Untersuchung des Fundes bestätigte.

Ähnlich wie im Fall von Brilon-Nehden machte ein Hobbysammler auf die aktuelle Fundstelle aufmerksam. Er hatte im Radio ein Interview mit Peter Lanser gehört, der über den spektakulären Fund eines jurazeitlichen Raubsaurierunterkiefers bei Minden berichtete und sich dabei der »merkwürdigen« Zähne erinnerte, die er auf der Suche nach Mineralien mitgenommen hatte. Er zeigte sie Lanser und der ahnte, dass ein neuer Dinosaurierfundort entdeckt worden war. Die Zähne stammten eindeutig vom *Iguanodon*, dem »Leguanzahn«.

Reptilien nehmen mit der Nahrung gewisse Mengen von Geröll auf, die bei der Zerkleinerung der Nahrung im Magen helfen. Diese Magensteine (Gastrolithen) konnten im Zusammenhang mit Saurierfunden geborgen werden. Auch rezente Reptilien versorgen sich mit Magensteinen um die Zerkleinerung der Nahrung zu unterstützen.

Die Prospektierung der Fläche führte gleich zu weiteren Funden von Knochen, Zähnen und Teilen von Schildkröten und Krokodilen. Durch das großzügige Entgegenkommen des Steinbruchbesitzers konnte mit Beginn des Jahres 2002 die wissenschaftliche Grabung aufgenommen werden. Geophysiker der Universität Münster ermittelten die Größe des Vorkommens: Die Karsthohlraumfüllung erstreckt sich über 35 mal 30 Meter an der Oberfläche und rund 5 Meter in der Tiefe.

Bröckchen für Bröckchen der tonigen Matrix wird nun von den Ausgräbern auf Fossilreste untersucht. Den Abraum schaffen sie auf flache Halden und lassen sie abregnen, um ihn dann noch einmal einer genauen Untersuchung zu unterziehen. Größere zusammenhängende Knochenkomplexe sind bisher noch nicht gefunden worden. Lanser vermutet sie etwa in der Mitte der Füllung, die von den Rändern leicht zu einem tiefer gelegenen Mittelpunkt abfällt. Fundkonzentrationen sind immer am Fuß von größeren Kalksteinbrocken zu beobachten, die die tonige Matrix durchsetzen. Möglicherweise stammen diese Brocken vom Dach des Hohlraumes, das irgendwann eingestürzt ist. Bisher sind die Funde eher klein bis winzig, doch lassen sie durchaus Aussagen über die Tiere zu, deren Schicksal in der Hohlraumfüllung besiegelt wurde.

Bisher sind sicher identifizierbare Zähne und Krallenzehen von *Iguanodon* darunter, auch Krallen und Zähne von kleinen Raubsauriern und Zähne von großen Raubsauriern, die Ausmaße eines *Megalosaurus* gehabt haben müssen, eines entfernten Verwandten des *T-Rex*. Panzerteile von Schildkröten und Krokodilen weisen auf die Tiere hin, die mit den Dinosauriern diesen Lebensraum mindestens zeitweise teilten. Der Wirbel des Flugsauriers, dessen Gattung noch ermittelt werden muss, bildet den vorläufigen Höhepunkt der wissenschaftlichen Untersuchung der unterkreidezeitlichen Karsthohlraumfüllung.

DIE MAGENSTEINE VON BADDECKENSTEDT

Ungefähr 30 Kilometer südöstlich von Hannover wurden im Steinbruch Baddeckenstedt kalkhaltige Gesteine der Oberkreide abgebaut. Paläontologen interessieren sich für diesen Aufschluss, weil er ein rund 70 Meter mächtiges, durchgehendes Profil vom tiefen Unter-Cenoman bis in das untere Mittel-Turon erschließt. 1988 entdeckte man eine Gerölllinse mit abgerundeten Gesteinen unterschiedlicher Art und Herkunft. In der Wand erstreckte sich diese Linse etwas über einen Meter und war rund 10 Zentimeter dick. Über und zwischen den Geröllen fanden die Wissenschaftler bei eingehender Untersuchung zahlreiche, aber schlecht erhaltene Wirbeltierknochen und Wirbelreste. Dieser Fundzusammenhang ließ vermuten, dass es sich bei den Geröllen um Magensteine (Gastrolithen) eines Reptils handeln könnte.

Nicht nur von fossilen Tieren, sondern auch von modernen Wirbeltieren, hier besonders von Krokodilen, Vögeln und Robben ist bekannt, dass sie mit der Nahrung gewisse Mengen von Geröllen aufnehmen, die bei der Zerkleinerung der Nahrung im Magen helfen. Diese Magensteine könnten noch eine weitere Funktion gehabt haben: Sie halfen Tieren, die amphibisch lebten, im Wasser durch diesen »Ballast« die Balance zu halten. Von Saurierfundstellen sind Magensteine bekannt geworden, die sowohl von Dinosauriern als auch von Schwimmsauriern stammen.

Es gibt unterschiedliche Theorien über die kreidezeitlichen Magensteine von Baddeckenstedt. Da die im Zusammenhang mit den Geröllen gefundenen Knochen keine nähere Identifikation des Tieres ermöglichen, nehmen die Paläontologen an, dass die Magensteine zu einem großen, vielleicht amphibisch lebenden Reptil gehören könnten. Möglich wäre auch, dass der Kadaver eines Dinosauriers, also eines auf dem Land lebenden Reptils, ins Wasser geriet und dort mit seinen Magensteinen auf den Grund sank.

Die Paläontologen versuchten erst einmal die Art der Gerölle und ihre Herkunft zu klären. Das Herkunftsgebiet macht paläogeographisch die Existenz einer Harzinsel bereits im Cenoman wahrscheinlich. Rund 300 Objekte mit einem Gesamtgewicht von 3,7 bis 4 Kilogramm sind in Baddeckenstedt geborgen worden. Das Durchschnittsgewicht der einzelnen Magensteine betrug 10 Gramm. Von einem rezenten 4, 71 Meter langen Nilkrokodil weiß man, dass es Magensteine mit einem Gesamtgewicht von 4,7 Kilogramm mit sich führte. Die 253 Magensteine eines Plesiosauriers aus der Oberkreide von South Dakota ergaben ein Gesamtgewicht von 8,2 Kilogramm.

Die erste Annahme, bei dem kreidezeitlichen Tier aus Baddeckenstedt handele es sich um ein Krokodil oder um einen Plesiosaurier, also eine Meeresechse, ist wenig wahrscheinlich. Von einem Krokodil hätte man unter den Fossilien Reste von Panzerplatten finden müssen. Knochen und Wirbel lassen vermuten, dass es sich um ein Reptil von beachtlicher Größe handeln muss. Darum ist der verdriftete Kadaver eines Landsauriers schon denkbar. Kadaver von Delphinen und Walen, also von rezenten Tieren vergleichbarer Größe, treiben oft mehrere Wochen an der Meeresoberfläche, bevor sie absinken.

SAURIER UND KROKODILE – ZUM STAND DER ERMITTLUNGEN

Genaue Kenntnisse über kreidezeitliche Dinosaurier besitzt die paläontologische Forschung nur über die beiden in Brilon-Nehden gefundenen *Iguanodon*-Arten. Die wenigen und fragmentarisch überlieferten Knochen von Raubsauriern, die in Brilon und in der aktuellen Fundstelle, ebenfalls im Massenkalk des Rheinischen Schiefergebirges, geborgen werden konnten, entziehen sich bisher einer genauen Zuordnung. Norman vergleicht den einen Knochenrest des theropoden Sauriers aus Brilon mit Funden aus Bernissart und gelangt zur Feststellung, dass es sich um eine »isolierte Phalange (Finger- oder Zehenknochen) von *Megalosaurus dunkeri*« handeln könnte. *Megalosaurus* heißt übersetzt »Große Echse« und durch Funde von anderen Orten weiß man, dass es sich um einen neun Meter langen Theropoden der Familie der Megalosauridae handelt. Als Theropoden bezeichnet die Paläontologie die meistens auf zwei Beinen laufenden Saurischier (Echsenbeckendinosaurier) von variabler Körpergröße mit »Raubtierfuß«.

In Brilon-Nehden deuten einige wenige Knochen auf Vertreter der Hypsilophodontiden hin, die zu einer Familie Pflanzen fressender, sehr flinker oftmals nur huhngroßer Kleindinosaurier gehörten.

Als 1946 die Norddeutsche Kreditbank in Bremen restauriert wurde, entdeckte man den 50 Zentimeter langen Schädel des Krokodils *Goniopholis*. Das Baumaterial stammte aus Obernkirchen bei Hannover und war bei Steinmetzen sehr beliebt.

Durch Vergleiche mit den Funden von Bernissart in Belgien kann der britische Paläontologe David B. Norman, der die Funde von Brilon-Nehden bearbeitete, auch Rückschlüsse auf die im Sauerland gefundenen Krokodil- und Schildkrötenreste ziehen. Die Krokodile gehören zur Gattung *Goniopholis*. Dieses Krokodil besaß 23 gedrungene, leicht gekrümmte und fein längs geriefte Zähne auf jedem Kieferast in einem bis zu 0,7 Meter langen Schädel. Rücken- und Bauchseite waren gepanzert, die Oberfläche mit grubenartiger Skulptur versehen.

An den Ufern lauerten Krokodile auf Beute. Sie griffen auch schon mal einen Dinosaurier an, wenn er an die Tränke kam. Dieser Krokodilschädel stammt aus der Unterkreide.

Diesen Schildkrötenschädel entdeckte der Präparator Hilpert auf einer Halde im Aufschluss an Longinusturm im Münsterland.

Der Flugsaurierwirbel aus der aktuellen Grabung in einer Massenkalkspalte lohnt einen genaueren Blick auf die Pterosaurier, wie die Flugsaurier bezeichnet werden. Mit den Dinosauriern sind die Reptilien nicht direkt verwandt, weil sie mit Hilfe lederartiger Flügel die Lüfte eroberten. Sie waren mit bis zu 15 Metern Spannweite die größten Flugtiere aller

Zeiten und sind mit 40 Gattungen seit der oberen Trias bekannt. Ihre größte Verbreitung und Vielfalt erreichten sie allerdings vom oberen Jura bis zum Ende der Kreidezeit; da starben sie mit ihren Verwandten, den Dinosauriern aus.

EXKURS ÜBER EINEN FLUG-SAURIERWIRBEL AUS DEM RHEINISCHEN SCHIEFERGEBIRGE

George Cuvier, Vater der Wirbeltierpaläontologie, erkannte 1809 in dem Skelett eines ausgestorbenen Reptils einen Saurier, der über eine ausspannbare Flughaut verfügte. Er nannte ihn *Pterodactylus*, was soviel wie »Flugfinger« heißt. Die ersten fossilen Gerippe der Flugsaurier aus dem Jura verglichen die Forscher mit Fledermäusen.

Bis in die jüngste Triaszeit reichen die Fossilien der Flugsaurier zurück. Sie beherrschten mit ihren enormen Flügelspannweiten mindestens 140 Millionen Jahre lang den Luftraum der Erde, bis sie am Ende der Kreidezeit mit den Dinosauriern und zahlreichen anderen Tiergruppen ausstarben. Die Vögel besetzten die frei gewordene ökologische Nische. Niemals hat also ein Mensch diese Flugkünstler durch die Lüfte gleiten sehen, denn mehr als sechzig Millionen Jahre trennten die »Drachen« vom ersten Auftreten menschenähnlicher Wesen.

Der bisherige Fossilbericht erlaubt zum Teil detaillierte Kenntnisse über die »fliegenden Drachen«, die den Höhepunkt ihrer Entwicklung während der Kreidezeit erlebten. Flugsaurier erreichten eine große Formenvielfalt, dennoch lag ihrem Skelett ein genereller Bauplan zugrunde. Auffällig waren die zu Flugarmen veränderten vorderen Gliedmaßen. Anders als bei den Vögeln und später bei den Fledermäusen ist nur ein Finger der Hand extrem verlängert, und zwar der vierte Finger, während der fünfte fehlt und die ersten drei kurz blieben. Jedes Glied des vierten Fingers muss ein enormes Längenwachstum erfahren haben. Zwischen dem ersten Flugfingerglied und der ihr entsprechenden Mittelhand war eine Beugung möglich, die es den Flugsauriern ermöglichte, in Ruhestellung die Flügel zusammenzufalten.

Flugsaurier waren, so zeigt der Bau des Skelettes, zum Fliegen geschaffen, ein Prototyp für das Leben im Luftraum. Besonders während der Kreidezeit entwickelten sich sehr große Arten, die ohne spezielle Anpassung des Knochenbaues gar nicht in der Lage gewesen wären, am Boden ihr eigenes Körpergewicht zu tragen. Sie standen auf vier Füßen, wie Spurenfossilien belegen. Die Flugfinger wurden so zurückgeschlagen, dass die Last des Vorderkörpers auf den drei kleinen frei beweglichen Fingern der Hände ruhte. Schädelfunde lassen den Schluss zu, dass der Geruchssinn dürftig, das Sehvermögen aber hervorragend gewesen sein muss.

Der Fossilbericht erlaubt es, Flugsaurier in zwei Gruppen aufzuteilen. Das sind die erstmals in der höheren Trias auftretenden Rhamphorhynchoidea (Langschwanz-Flugsaurier) und die erstmals im Oberjura auftretenden Pterodactyloidea (Kurzschwanz-Flugsaurier). Letztere erlebten in der Kreidezeit ihre Blüte und brachten besonders in der Oberkreide gigantische, allerdings zahnlose Formen hervor.

Lebensraum und Ernährungsweise sind ebenfalls aus den Fossilberichten zu rekonstruieren. Die meisten Flugsaurierfossilien wurden in marinen Ablagerungen gefunden. Darum ist anzunehmen, dass sich die fliegenden Drachen vorzugsweise in der Nähe von Meeresküsten aufhielten, weil Fisch die Hauptnahrung der kreidezeitlichen Arten war. Bei einigen Skeletten waren in der Umgebung Reste von Fischmahlzeiten erhalten. Die Jagd auf Fische, die im Flug mit dem Schnabel aufgegriffen wurden, setzt hervorragende Flugkünste voraus. Die Kopfhaltung der Kreidezeit-Flugsaurier dürfen wir uns ähnlich wie die der Pelikane vorstellen. Sie besaßen, ebenfalls wie die Pelikane, einen großen Kehlsack. Während einige Flugsaurierarten über spezielle Gebisse verfügten, waren die Exemplare aus der jüngeren Kreidezeit völlig zahnlos.

Der kreidezeitliche *Pteranodon* überflog die Meeresoberfläche und durchpflügte mit seinem Unterkiefer die Wasseroberfläche. Seit der Unterkreide ist bei den fliegenden Sauriern die Entwicklung eines Knochenkammes auf dem Hinterhaupt zu beobachten. Er könnte mehrere Funktionen gehabt haben, nämlich zur Stabilisierung des Tieres während solch waghalsiger Flugmanöver, und/oder als Steuer gedient haben. Diese zum Teil bizarren Knochenkämme werden auch als Sexual- und Artsignal in Betracht gezogen. Messungen im Windkanal mit Pteranodon-Modellen bei sieben Meter Spannweite und einem Körpergewicht von 15 Kilogramm haben ergeben, dass die Luftakrobaten auf eine Fluggeschwindigkeit von 15 Metern pro Sekunde kamen. Das bedeutet, ein Flügelschlag pro Sekunde könnte ihnen den Start vom Boden ermöglicht haben. Die größte bekannte Spannweite eines kreidezeitlichen Flugsauriers wird mit 15,5 Metern gemessen und gehört zur Gattung *Quetzalcoatlus*, der seinen Namen nach der mexikanischen Gottheit, »der gefiederten Schlange«, trägt, da er in Mexiko gefunden wurde.

Die Zuordnung der Flugsaurier innerhalb der Wirbeltiere wird eifrig diskutiert. Aufgrund ihres Knochenbaues sind sie mit Dinosauriern und Krokodilen verwandt. Da die fliegenden Drachen über Körperbehaarung verfügten, stellten die Paläontologen die These auf, dass Flugsaurier warmblütig waren, wie es auch von einigen Dinosauriergattungen für sehr wahrscheinlich gehalten wird. Diese wissenschaftliche Diskussion ist noch nicht beendet.

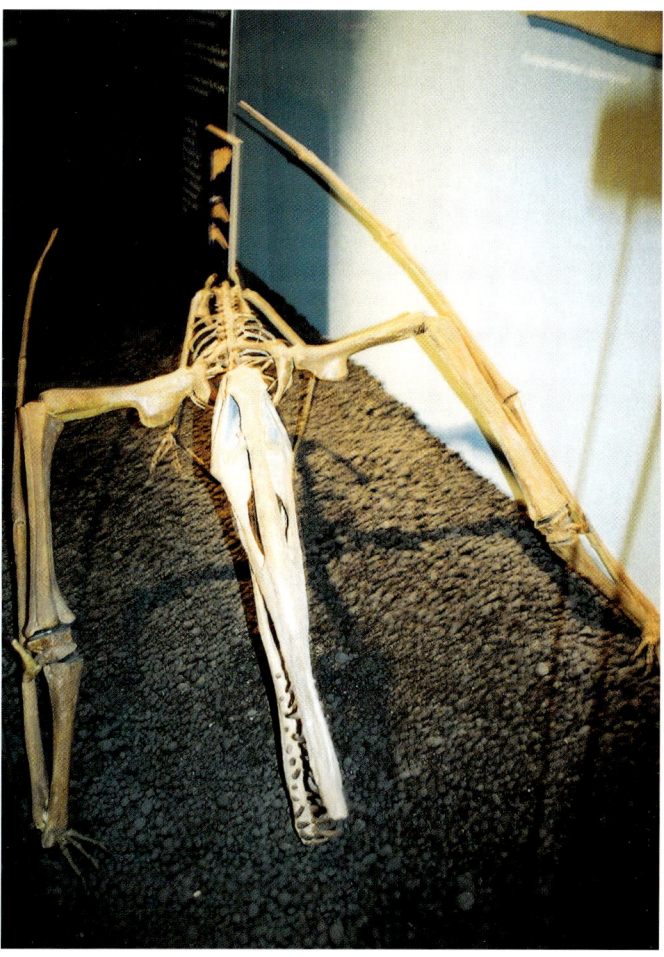

Die Könige der Lüfte: Der Flugsaurier *Pteranodon* beherrschte während der Kreidezeit den Luftraum.

Interessant erscheint eine weitere Hypothese, die davon ausgeht, dass die Behaarung der Flugsaurier von weißer Farbe war, der Tarnfarbe, der sich auch Möwen und Albatrosse bedienen, um ihre Beutefische nicht durch eine dunkle Körpersilhouette zu vertreiben.

Im Katalog einer Kreidefossilienausstellung finden sich folgende poetische Sätze zu den Flugsauriern:

»Als in der abflauenden Abendbrise, irgendwann vor 65 Millionen Jahren, das letzte dieser großartigen Geschöpfe zum allerletzten Mal ruhig nach Hause glitt, war niemand da, seinen stillen Vorbeiflug zu bewundern. Für diesen sanften Giganten gab es kein Morgen mehr, nie wieder sollte er seine weiten Schwingen in der Wärme der aufgehenden Sonne ausbreiten, nie wieder sein Schrei über der See verhallen.« Derartige Spannweiten wurden von fliegenden Lebewesen niemals wieder erreicht. Das Computerzeitalter versetzt uns in die Lage, eine ungefähre Vorstellung von den kreidezeitlichen Reptilien zu erhalten.

SPURENSUCHE – LEBEN IN DEN KREIDEMEEREN

Wer »zu tief in die Kreide gerät«, der steckt in einer finanziellen Krise. Nicht in diesem übertragenen Sinn, sondern im Sinne des Wortes »in die Kreide geraten« kann man an zahlreichen Stellen in Deutschland. In diesem Buch alle Aufschlüsse mit marinen Sedimenten der Kreidezeit aufzuzählen, wäre ein unmögliches, aber auch ein unsinniges Unterfangen. Denn vermutlich sind während der Zeit der Drucklegung schon einige Aufschlüsse verfallen, überwachsen oder zugekippt worden. Das Kapitel beschränkt sich auf die geologischen Stätten des Zeitalters der großen Meeresüberflutungen, die für die paläontologische Forschung wichtig oder als Bodendenkmäler erhalten sind, beziehungsweise als aktive Steinbrüche in Kreidesedimenten Einblicke in die einzelnen Stufen jener Zeit erlauben. Die unterschiedlichsten Meereslebensräume mit interessanten Lebensgemeinschaften der Kreidezeit sind zu beobachten. Dabei führt die Reise von Nord nach Süd; sie beginnt mit zwei bemerkenswerten Inseln und endet in den Alpen.

DIE KREIDEFELSEN VON RÜGEN – DAS ELDORADO DER KREIDEFORSCHER

In Reisebeschreibungen erhielt Rügen die Bezeichnung »Insel der Kreide«, Dichter haben sie besungen, Caspar David Friedrich sie wohl am eindrucksvollsten gemalt. Der Geologe Carl Georg von Raumer führte 1815 für die letzte Epoche des Erdmittelalters den Namen Kreidezeit ein und die weiße Küste stand bei der Namensgebung Pate. Seit dem 18. Jahrhundert wird der weiche Kreidekalkstein auf Rügen abgebaut. Mit dem industriellen Abbau der Kreide beginnt auch die paläontologische Erforschung, denn ihr Pionier Friedrich von Hagenow betrieb eine Kreideschlämmerei und bekam durch diese Tätigkeit unmittelbaren Zugang zu den Fossilien. Dass heute die Aufschlüsse von Rügen den Rang als am besten bearbeitetes Oberkreidevorkommen der Welt einnehmen, ist das Verdienst des Institutes für Geologische Wissenschaften an der Ernst-Moritz-Arndt-Universität in Greifswald.

Auf der Ostseeinsel liegt unter eiszeitlichen Sedimenten fast ausnahmslos Schreibkreide. Auf den östlichen und nördlichen Kliffabschnitten der Halbinsel Jasmund schneidet die Ostsee diese Vorkommen an. Den besten Überblick bekommt man von der Seeseite aus: Wer mit dem Schiff an der Jasmunder Küste vorbeifährt, sieht die bis zu 120 Meter aufragenden Kreidekomplexe, die mit Abschnitten von eiszeitlichen Sanden, Schluffen, Kiesen und Geschiebemergeln abwechseln. Die Paläontologen versahen sie von Saßnitz aus nach Norden mit fortlaufenden Nummern. Die Kreidekomplexe tragen römische und die eiszeitlichen Streifen arabische Zahlen. Zwischen Sassnitz und Königsstuhl werden 25 Kreidekomplexe am Kliffabschnitt von Jasmund unterschieden: Von Sassnitz (Komplex I) bis Königsstuhl (Komplex XXIII), zwischen Königsstuhl und Hanken Ufer (Komplex XXV). Sie bieten bei genauerem Hinsehen ein unruhiges Bild, denn sie fallen in der Regel mit etwa 30 bis 80 Grad nach Südwesten ein, sind schroff bis steil gestellt, aufgeschoben, gefaltet und zum Teil überkippt.

Nach jüngsten Erkenntnissen bildet der Aufschluss einen langwirkenden Prozess der Bruchdeformation ab, der nicht nur einem einzigen Ereignis oder Zeitniveau zugeordnet werden kann.

Über die leitende Belemniten-Gattung *Belemnella* lässt sich die Rügener Schreibkreide stratigraphisch einordnen. Die Sedimente gelangten in einem Zeitraum von 70 Millionen Jahren zwischen dem höchsten unteren bis höchsten

»Gefurchter Hohlfalter« heißt dieser Schwamm aus dem Campan, der sich mit seinem Wurzelwerk tief ins weiche Sediment krallt.

Rügens weiße Küste begrenzt den kleinsten deutschen Nationalpark auf der Halbinsel Jasmund. Wasser von Land und die Ostsee nagen an den Kreidefelsen. Vor allem im Winter stürzen immer wieder Brocken ins Meer. Dabei werden auch Fossilien ausgewaschen, die von Strandwanderern gefunden werden können.

oberen Unter-Maastricht zur Ablagerung. Eine gewisse lithologische Gliederung ist in der homogen anmutenden Schreibkreide auch über die horizontale, lagenweise Anordnung von Feuerstein-Konkretionen möglich. Der durchschnittliche Abstand zwischen den Feuersteinbändern beträgt 2,3 Meter.

Zur Zeit der Sedimentation lag das Gebiet auf etwa 40 Grad nördlicher Paläobreite, in einem langgestreckten Schelfmeer,

das durch Becken und Schwellen gegliedert war. Dieses Meer erstreckte sich von Nordwesteuropa bis weit nach Osteuropa hinein und stand über mehrere Meeresstraßen mit der Tethys im Süden und den borealen Meeren des Nordens in Verbindung. Die nächsten Festlandsgebiete lagen im heutigen Schonen; der Harz ragte als Insel aus dem Oberkreidemeer.

Dieser Lebensraum war zu bestimmten Zeiten äußerst produktiv. Aus dem Fossilbericht sind die Lebensgemein-

Nicht nur die Paläontologen der Universität Greifswald interessieren sich für die Kreidesedimente des Campan auf Rügen. Caspar David Friedrich ließ sich inspirieren und malte vor allem dieses Motiv.

schaften der Küstenregion (litoral), der Bereich oberhalb der Hochwasserlinie (supralitoral) abzulesen. Der Grund des Meeres lag unter der Sturmwellenbasis, bekam aber noch einen Rest Licht ab. Dieser Umstand wird durch eine große Anzahl an Augenknoten tragenden Muschelkrebsen belegt. Im gut durchlüfteten Bodenwasser tummelte sich auf dem Meeresboden (Benthos) eine vielfältige Lebensgemeinschaft von Schwämmen (Porifera), Moostierchen (Bryozoen), irre-

gulären und regulären Seeigeln (Echinoidea), Kammerlingen (Foraminiferen), auf dem Sediment liegenden Muscheln (Bivalvia) und einigen nicht mit dem Stiel verankerten Armfüßern (Brachiopoda). Für reichhaltige Nahrung in der Wassersäule sorgten Kalkflagellaten, die gesteinsbildenden Coccolithophorida und Dinoflagellaten, allesamt pflanzliche Einzeller, neben Foraminiferen und Radiolarien, winzigen tierischen Einzellern.

Aus den untermeerischen Kreidesedimenten Helgolands stammt dieser Steinkern von *Hoplites*.

In dieser Wassersäule (Nekton) lebten, als Fossilien nachweisbar, Belemniten, Ammoniten und Nautiliden, Fische und Meeresreptilien.

Die Mehrzahl der Fossilien liegt als Körperfossilien in Calciterhaltung oder als Feuerstein-Steinkerne vor. In der aktuellen Bearbeitung führen die Paläontologen der Uni Greifswald, Reich und Frenzel, 671 Gattungen und Untergattungen, respektive 1356 Arten und Unterarten an. 44 Exemplare sind nicht sicher zuzuordnen.

KREIDEAMMONITEN WERDEN AUF HELGOLAND ZU SOUVENIRS

Die einzige Hochseeinsel der Bundesrepublik liegt rund 50 Kilometer von Sankt Peter-Ording auf Eiderstedt und 65 Kilometer von Cuxhaven entfernt in der offenen Nordsee. Bei der Anfahrt mit dem Fährschiff tauchen die oft besungenen roten Felsen des Mittleren Buntsandsteins plötzlich

aus der grauen Weite auf. Der gesamte Inselraum verdankt seine Heraushebung der kissenartigen Anreicherung von Salzmassen, die im jüngeren Abschnitt des Perm aus eingedunsteten Meeren entstanden waren und ganz Nordwestdeutschland unterlagern. Dieses Salzkissen drückte in einer Art aufwärtsgerichteter Fließbewegung die überlagernde Schichtenfolge des Erdmittelalters etwa 3000 Meter weit über seinen eigenen »subsalinaren« Untergrund empor. In Segeberg und Lüneburg entstanden gleichzeitig Salzstöcke, die als »Diapire« ihr Deckgebirge nach starker Heraushebung und Verformung noch durchstoßen haben.

Sedimente der Kreide sind auf Helgoland nur unter Wasserbedeckung (submarin) vorhanden und schon im vergangenen Jahrhundert, vor allem durch das Geologisch-Paläontologische Institut der Universität Hamburg sehr intensiv erforscht worden. Schichten der Unterkreide überlagern den höheren Muschelkalk (Trias). Ober-Trias und Jura fehlen vollständig.

Weiche, tonige und mergelige Schichten der Unterkreide bilden gemeinsam mit den Mergeln des Oberen Muschelkalks die nordöstlich von Helgoland verlaufende Rinne, das

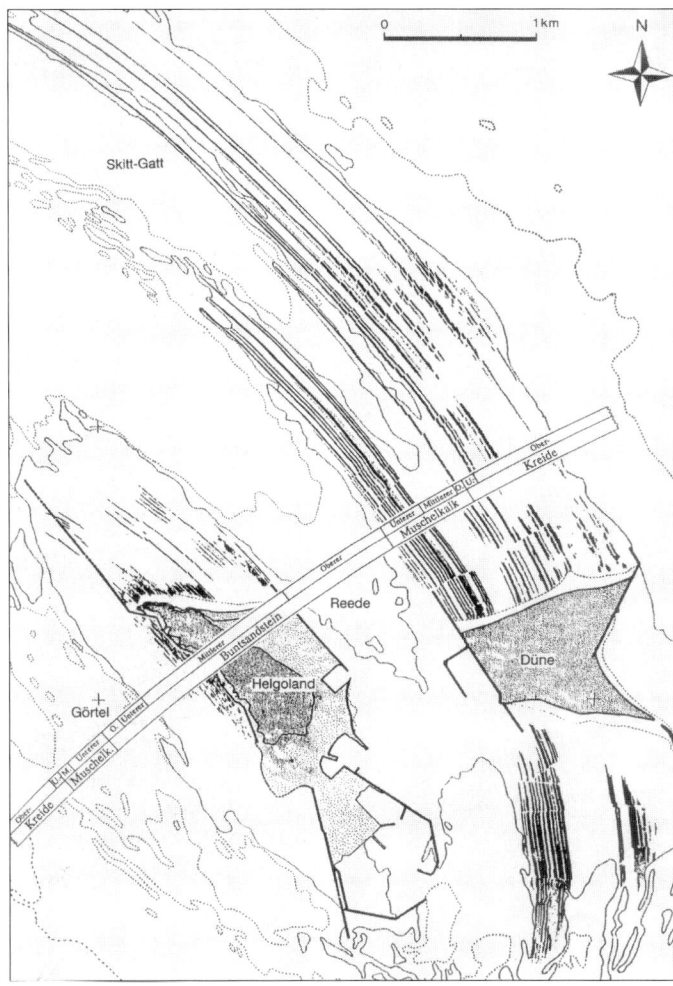

Aus einer Luftbild-Unterlage übertragene Karte des Inselkomplexes Helgoland mit Verlauf der untermeerischen Klippenzüge und der größeren Verwerfungen. Auf der Karte ist zu erkennen, dass besonders am Nordstrand der Düne nach grober See im Winter Fossilien an Land gespült werden.

GLÜCK BRINGENDE KATZENPFOTEN

In den Ablagerungen aus Valangin und Hauterive kommen die plumpen Rostren der Belemnitengattung *Acroteuthis* vor. Die darüber folgenden, tonig ausgebildeten Schichten sind reich an Ammoniten. Hier stellen die verschiedenen Arten der Gattung *Simbirskites* wichtige Leitfossilien. Besondere Ammonitenformen sind die uhrfederartig in offener Spirale aufgerollten heteromorphen Crioceratiten der Unterkreide. Einzelne, meist in schwarzem Calciumphosphat erhaltene Steinkerne von Kammern dieser Crioceratiten sind die auch bei Inselbesuchern als »Glücksbringer« beliebten Helgoländer »Katzenpfoten«. Aus der Unterkreide stammen die sehr häufigen Rostren des Belemniten *Hibolites jaculoides* und die schneckenartig gewundenen Röhren des Kalkröhrenwurms *Rotularia*. Darüber hinaus sind zahlreiche, oft faustgroße, austernverwandte Muscheln der Gattung *Aetostreon* vertreten, die bei ihrer auf Wattsubstraten an einzelnen Hartkörpern festgehefteten Lebensweise häufig andere Organismenschalen abformten. Über handgroße, flachgewölbte Klappen der Muschel *Camptonectes* sowie die kleineren Phosphorit-Steinkerne von *Thracia* ergänzen die Fossilgemeinschaft. Häufig finden sich pyritisierte oder verkieselte Holzreste mit den Sedimentausfüllungen der Wohnhöhlen von Bohrmuscheln des Hauterive-Meeres. Mitunter sind auch die Steinkerne der holzbohrenden Bohrmuscheln selbst in den fossilisierten Treibholzstücken zu finden, die größtenteils zu den auch heute noch lebenden Gattungen *Martesia* und *Turnus* gehören.

Die Schichten des Barrême sind ebenfalls als dunkle graue und grünliche Tone, teilweise als schwach bituminöse Blättertone entwickelt. Die einzelnen Zonen dieser Stufe sind durch sehr zahlreiche Rostren aller Belemnitenarten der Gattungen *Oxyteuthis* und *Aulacoteuthis* dokumentiert. Aber auch die Leitammoniten aus der Gruppe *Crioceratites* sind aus dieser Stufe reichhaltig vertreten.

so genannte Skitt-Gatt. Die rund 45 Meter mächtige Schichtenfolge ist zwar relativ geringmächtig und lückenhaft, aber vom Valangin bis Alb vertreten. Durch die reichen Fossil-Vorkommen konnte die Schichtenfolge nach den verschiedenen Leitfossilien detailliert gegliedert werden. Die meisten Fossilien, die besonders nach den Winterstürmen in großer Zahl auf dem Nordstrand der so genannten Düne zu finden sind, kommen aus den Sedimenten der Unterkreide. Einige sind in die Tourismuswerbung eingegangen, zum Beispiel die Helgoländer »Katzenpfoten«, Gehäusesegmente vor allem der Ammonitengattung *Crioceratites*. Es ist nicht einfach, auf Helgoland Fossilien zu finden, denn diese werden nur zu bestimmten Zeiten angespült. Doch der Handel hält für Interessierte stets bestimmte Stücke bereit.

DER HELGOLÄNDER TÖCK

Nach einer Schichtlücke im tieferen Unter-Apt ist im hohen Unter-Apt Helgolands der im Niedersächsischen Becken ebenfalls weit verbreitete Fischschiefer als 1 Meter mächtige Lage entwickelt. Dieses bituminöse, feingeschichtete Sediment entstammt einem sauerstoffarmen Ablagerungsmilieu, das die Verwesung abgestorbener Organismen stark verlangsamte. Daher sind zum Beispiel häufig Exemplare des Schnabelfisches *Belonostomus* noch vollständig mit Schuppenkleid erhalten. Das schwarzgraue Sediment mit schlieri-

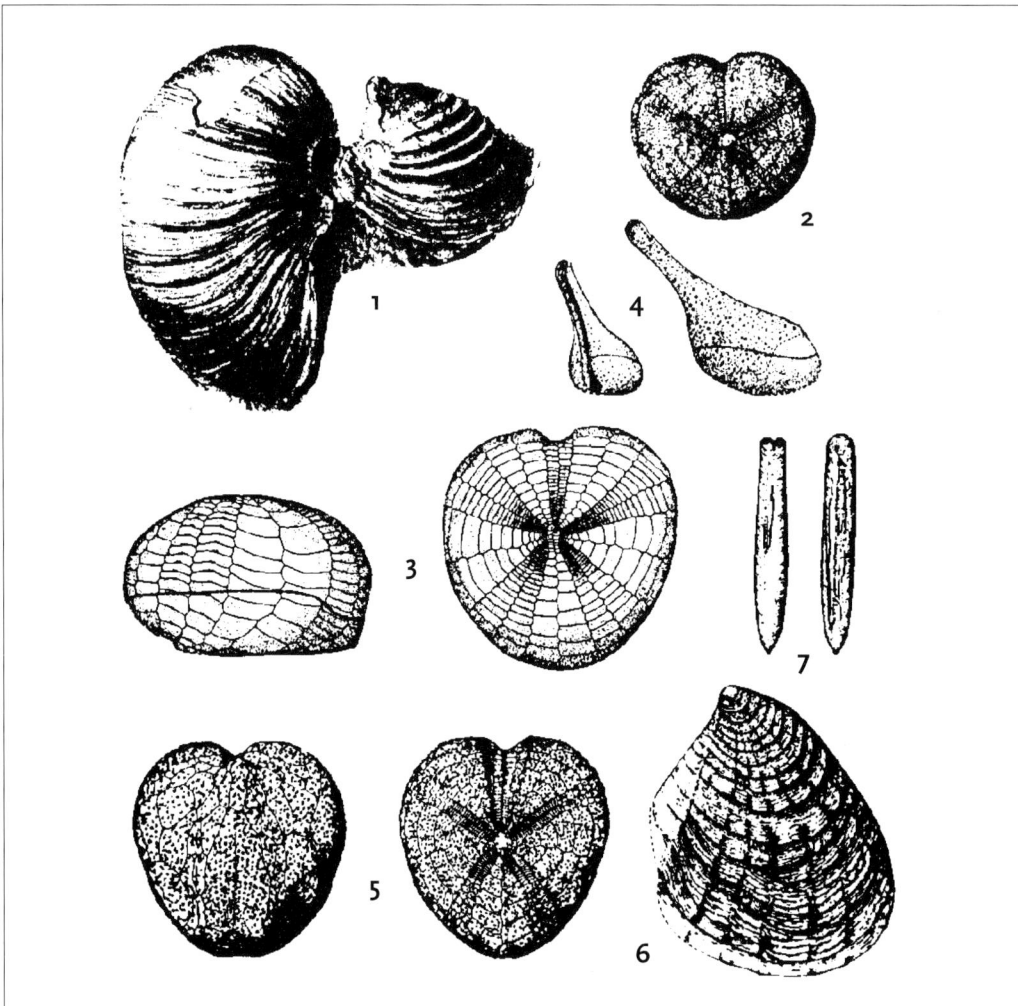

Inzwischen gehören sie zu den Klassikern, die Fossilienzeichnungen des Richtprofils von Lägerdorf-Kronsmoor-Hemmoor (LKH) aus der Arbeit von Schulz, Ernst und Weitschat. Die Linie neben den einzelnen Fossilien entspricht 1 cm. Fossilien des Coniac:

1. *Inoceramus involutus,*
2. *Micraster cayeusi,*
3. *Cardiaster aequituberculatus,*
4. *Hagenowia rostrata,*
5. *Micraster bucailli,*
6. *Inoceramus fasciculatus,*
7. *Gonioteuthis westfalica praewestfalica.*

gen, hellen Bereichen auf den Schichtflächen wird von den Helgoländern »Töck« genannt, was im Dialekt soviel wie »Nebel« bedeutet. Es enthält neben der Fischfauna zahlreiche pyritisierte Ammoniten, die meisten durch überlagernde Sedimente millimeterdünn gepresst. »Pyritisiert« heißt, die ursprüngliche Kalkschale wurde im Laufe der Zeit in Pyrit, das ist Schwefelkies, umgewandelt. Hier ist unter anderen die Gattung *Ancyloceras* mit spazierstockähnlicher Einkrümmung der Wohnkammer in mehreren Arten vertreten.

Über dem »Töck« folgen im Ober-Apt etwa 2 Meter gelbe und rote Kalkmergel mit vielen Belemniten der Art *Neohibolites ewaldi,* die namengebend ist für die regionale Bezeichnung dieser Schichten als »ewaldi-Kreide«. Diese enthält auch verschiedene dünnschalige Muscheln und kleine Brachiopoden.

Nach einer weiteren Schichtlücke folgt im Mittel- und Ober-Alb eine bis 1,50 Meter mächtige, harte, geröll- und fossilreiche Kalkbank, die bei extremen Niedrigwasserständen über den Meeresspiegel aufragt und häufig in Form von

Brandungsgeröllen auf dem Dünenstrand vertreten ist. Die zahlreichen kleinen Rostren des Belemniten *Neohibolites minimus* sind namengebend für die sogenannte »minimus-Kreide«. Durch verschiedene Funde von Ammonitenarten der Gattung *Hoplites* ist die zeitliche Einstufung in das Mittel- und Ober-Alb gesichert. Außerdem treten hier neben Brachiopoden charakteristische Muscheln wie *Birostrine sulcata* auf.

FOSSILIEN ALS STRANDGUT

Die mit rötlichen und gelblichen Kalklagen einsetzende Oberkreide bildet mit nahezu 260 Meter Gesamtmächtigkeit den äußeren, östlichen Klippenbogen (Krid-Brunn) nördlich der Düne. Die Kenntnis der Schichtenfolge und Zonengliederung der fast durchweg als Schreibkreide-Kalk ausgebil-

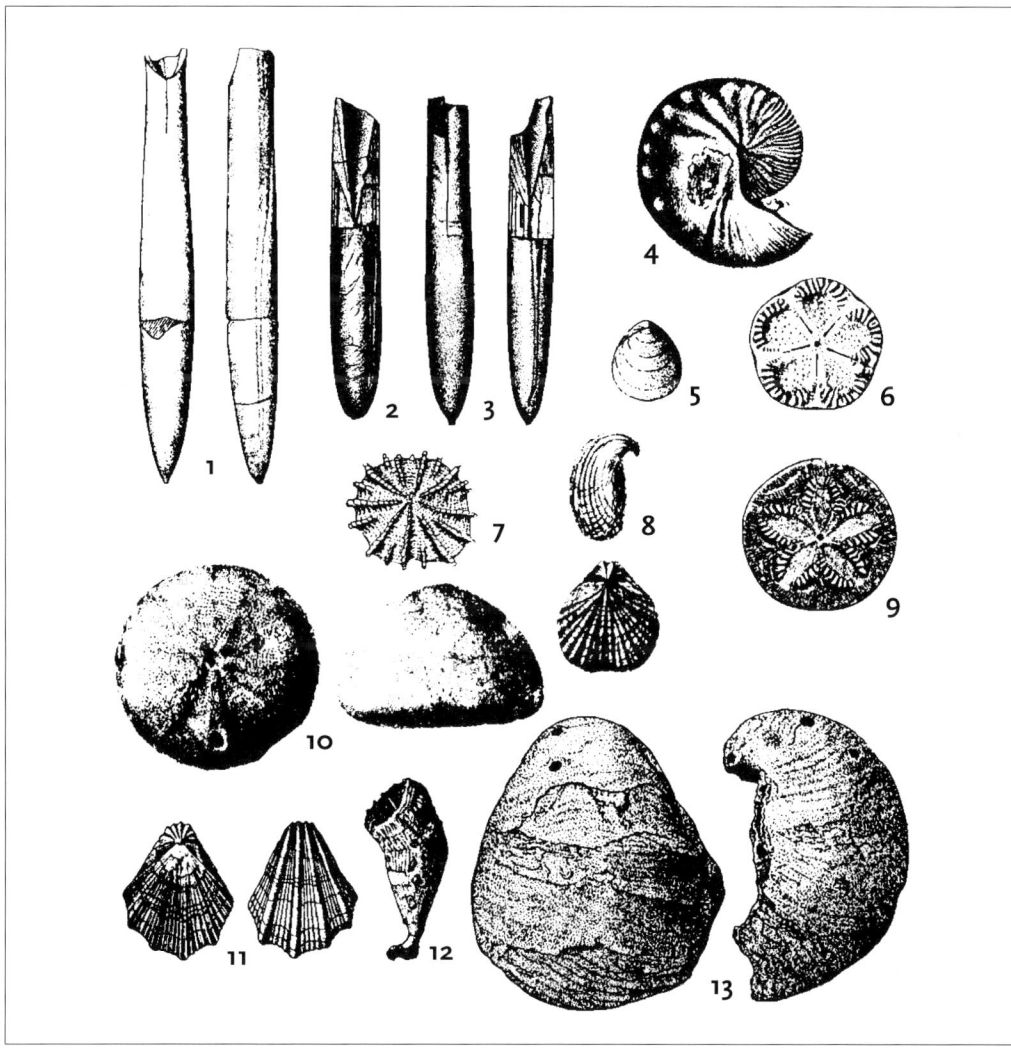

Fossilien des Maastricht aus dem LKH-Richtprofil:

1. *Belemnella lanceolata*,
2. *Belemnella obtusa*,
3. *Belemnella sumensis*,
4. *Hoploscaphites constrictus*,
5. *Carneithyris subcardinalis*,
6. *Isselicrinus buchii* (x5),
7. *Isocrania costata* (x4),
8. *Trigonosemus pulchellus* (x2),
9. *Austinocrinus bicoronatus* (x4),
10. *Galerites abbreviatus*,
11. *Neithea sexcostata*,
12. *Parasmilia excavata*,
13. *Pycnodonte vesicularis*.

deten Oberkreide ist bisher trotz zahlreicher Fossilfunde aus Strandgeröllen weit geringer als die der Unterkreide. Erst in den vergangenen Jahren wurde im Rahmen eines internationalen Forschungsprojektes erstmals mit der taucherischen Aufnahme des Profils und der Bergung horizontierter Probenserien vom Meersgrund begonnen. Durch Fossilfunde in Geröllen sind aber bereits eindeutig alle Stufen der Oberkreide Helgolands belegt, obwohl die Zonenfolge – wohl durch den salzstocknahen Ablagerungsbereich bedingt – lückenhaft ausgebildet sein dürfte. Die untere Oberkreide ist vor allem durch Belemniten und Muscheln belegt. Die älteste Oberkreide, das Cenoman, besteht aus ca. 1 Meter mächtigen, roten, fossilarmen Kalkmergeln.

Das Turon ist in seinen unteren, hellen Kalklagen durch Muscheln der Inoceramen-Formengruppe um *Mytiloides labiatus* charakterisiert, die nach neueren Untersuchungen auch in einer dunkelgrauen, feinschichtigen und bituminösen Lage eines ehemaligen Faulschlammes als Leitformen auftreten. Das Mittel-Turon ist als Folge weißer Kalke

entwickelt, in der die Feuersteinverbreitung der Helgoländer Oberkreide einsetzt. Hier kommt neben grauen Feuersteinen auch eine bisher nur von Helgoland bekannt gewordene braunrote Varietät vor. Diese konnte aufgrund ihrer Einschlüsse an irregulären Seeigeln dem Turon zugeordnet werden.

Das Coniac ist durch zweiklappig erhaltene Exemplare des *Volviceramus involutus* belegt. Seinen höchsten Lagen entspricht das Einsetzen der Belemniten-Entwicklungsreihe, die mit *Gonioteuthis westfalica* beginnt und sich in das Santon mit *Gonioteuthis granulata* fortsetzt. Für oberes Santon sprechen außerdem Erstfunde von einzelnen Kelchplatten der freischwimmenden Seelilie *Marsupites* sowie des stark spezialisierten Seeigels *Hagenowia*.

Die Ausbildung des Campan ist durch weitere Belemniten-Leitarten der *Gonioteuthis*-Reihe sowie vorherrschend durch die Seeigel der Gattungen *Offaster*, *Echinocorys* und *Galerites* belegt. Zahlreiche, meist irreguläre Seeigel aus diesen Schichten sind nur in Feuerstein-Erhaltung bekannt.

DIE SCHREIBKREIDE VON LKH

Mit den Profilen der Schreibkreidegruben Lägerdorf, Kronsmoor und Hemmoor (LKH-Profil) etwa 50 Kilometer nordwestlich von Hamburg steht für den norddeutschen Raum ein nahezu vollständiges Richtprofil der höheren Oberkreide zur Verfügung. Die 520 Meter mächtige Abfolge umfasst Schichten vom Mittel-Coniac bis oberes Ober-Maastricht. Es enthält keine nennenswerten Schichtlücken und ist durchgehend in Schreibkreide-Fazies entwickelt. Eigentlich liegt die Kreide hier unter rund 1000 Meter Bedeckung. Sie wurde jedoch durch den lang gestreckten Salzdiapir, von »Langhorst-Krempe-Hemmoor-Bevern« angehoben und etwas schräg gestellt. Neben dem Profil von Helgoland, das untermeerisch zugänglich ist, repräsentiert das LKH-Profil paläogeographisch die küstenfernsten Ablagerungsbedingungen des nordeuropäischen Kreidemeeres.

Durch die regelmäßig die Schreibkreide durchziehenden Feuersteinlagen war eine detaillierte lithostratigraphische Gliederung des gesamten Profils und damit eine exakte Horizontierung des Fossilmaterials möglich. Die fast reinen Kalke entstammen einer landfernen Hochseeregion, einem Flachmeer, das zeitweise die Festländer überflutete. Zerfallene Coccolithophoriden, Foraminiferen und Algenrasen bauen das Gestein auf. Einflüsse des Festlandes sind nicht auszumachen.

Wichtig für die Lithostratigraphie sind Mergeleinschaltungen, Grabganglagen und Feuersteinbänder, die Hinweise auf unterschiedliche Lebensbedingungen des Oberkreidemeeres geben. So sind die Mergellagen, die vom Mittel-Coniac bis Mittel-Santon zu beobachten sind, Zeugen mangelnden Austausches von Boden- und Oberflächenwässern, der durch die Oxidation organischer Substanz zu einem Ansteigen des CO_2-Drucks am Meeresboden führte. Durch komplizierte chemische Vorgänge kam es zu einer Konzen-

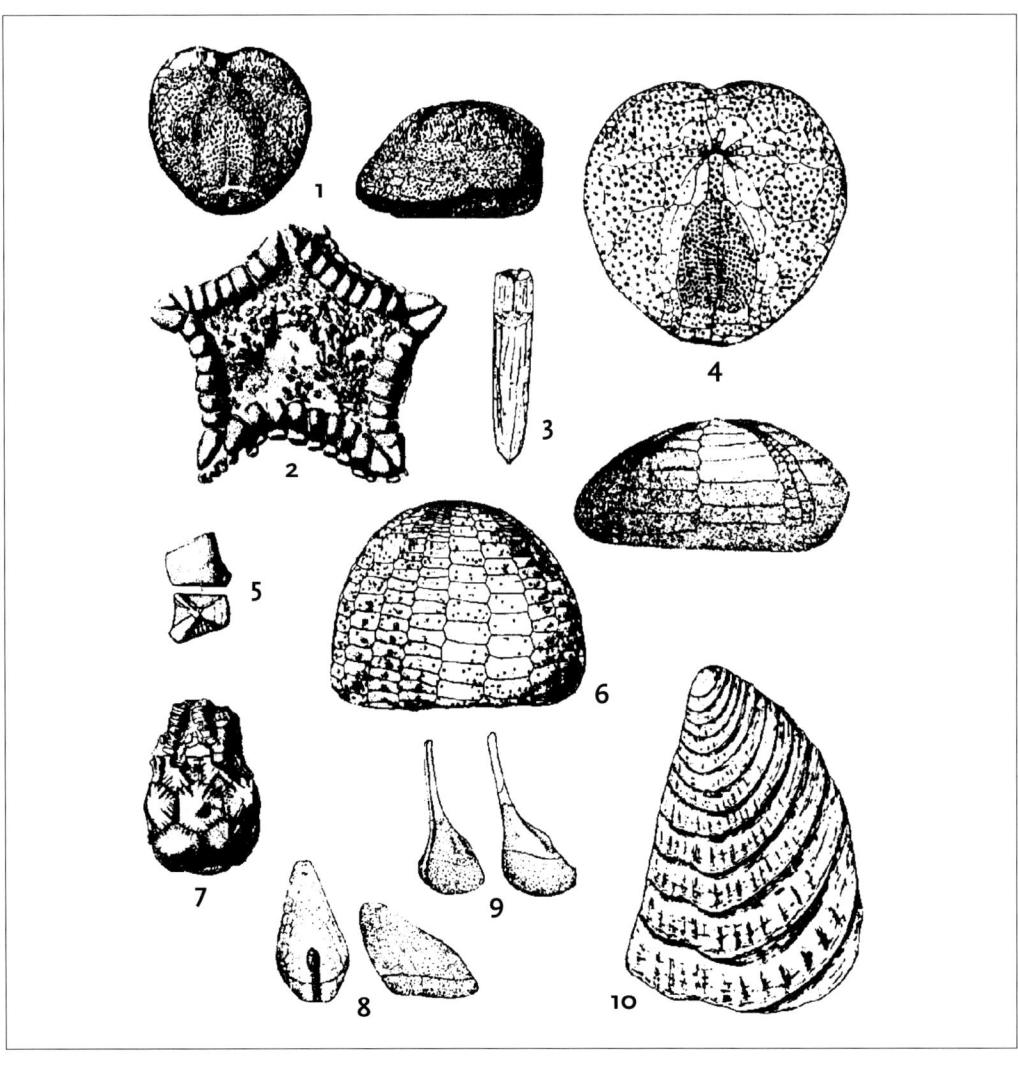

Fossilien des Santon aus dem LKH-Richtprofil:

1. *Micraster coranguinum*,
2. *Metopaster parkinsoni*,
3. *Gonioteuthis westfalica*,
4. *Micraster rogalae*,
5. *Uintacrinus socialis* (x2),
6. *Echinocorys scutata*,
7. *Marsupites testudinarius*,
8. *Infulaster infulasteroides*,
9. *Hagenowia anterior*,
10. *Inoceramus pachti*.

Fossilien des Campan aus dem LKH-Richtprofil:
 1. *Bostrychoceras polyplocum*,
 2. *Isomicraster stolleyi*,
 3. *Galerites roemeri*,
 4. *Austinocrinus rothpletzi* (x3,5),
 5. *Trachyscaphites spiniger*,
 6. *Echinocorys subglobosa*,
 7. *Belemnitella mucronata*,
 8. *Echinocorys conica*,
 9. *Gonioteuthis quadrata*,
 10. *Micraster schroederi*,
 11. *Offaster pilula*,
 12. *Galeola senonensis*,
 13. *Galeola papillosa*.

tration der in der normalen Schreibkreide fein verteilten nicht-karbonatischen Komponenten. Die Mergeleinschaltungen sind das Ergebnis dieser Konzentration.

Die Verursacher der Grabganganlagen waren vermutlich Krebse der Gattung *Thalassinoides*, die sowohl in den tieferen Profilteilen als im Unter-Maastricht auftraten. Sie bildeten 0,2 bis 1 Meter mächtige Bänke blau bis blauschwarz gefleckter Kreide. Diese Bänder sind fossilreich und deuten auf eine Hartgrund-Entwicklung des Meeresbodens hin.

Wichtige Marker für das LKH-Profil sind die regelmäßig auftretenden Feuersteinlagen. Sie unterscheiden sich in Farbe und Größe und erreichen ein erstes Maximum im tiefen Unter-Campan, ein zweites im tiefen Ober-Maastricht. Hier treten bisweilen Feuersteinbänke von einem halben Meter Mächtigkeit auf.

Betrachtern fallen sie schon von weitem als dunkle Bänder auf; ein Phänomen, das auch auf Rügen zu beobachten ist.

DER SALZSTOCK HEBT SICH

Bewegungen des unterlagernden Salzstockes und Eigenschwankungen des Meeresspiegels veränderten Wassertiefe und Temperatur des küstenfernen Beckens im borealen Schreibkreidemeer. Die größten Wassertiefen sind für das Coniac und Unter-Santon mit 200 Meter Tiefe angenommen. Wohl im Mittel-Santon hob sich der Salzstock und es ist mit geringerer Wassertiefe zu rechnen. Die häufige Ausbildung von Grabganglagen spricht für eine Reduzierung der Sedimentationsgeschwindigkeit.

An der Wende Santon/Campan kommt es zu einem kräftigen Aufstieg des Salzstockes und in der Folge zu einer von der übrigen Schreibkreide abweichenden »Grobfazies«: Das Gestein ist überwiegend von Inoceramenschalen aufgebaut. Durch die Verringerung der Wassertiefe, bedingt durch den Aufstieg des Salzstockes, fanden die Inoceramen günstige

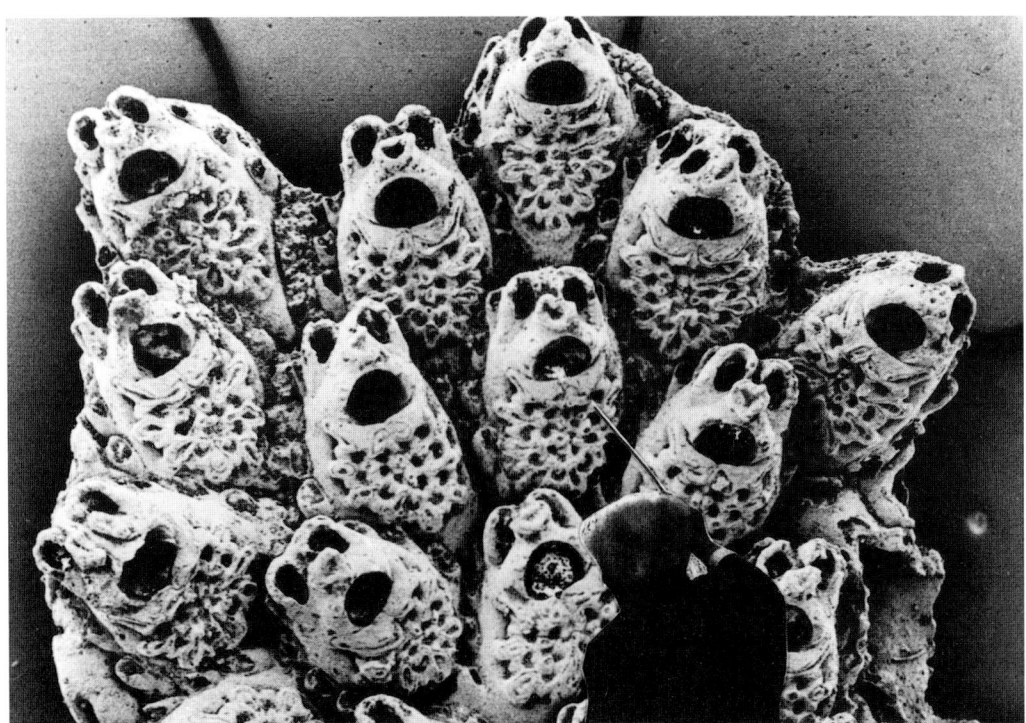

Ein idealer Lebensraum für Bryozoen (Moostierchen) waren die so genannten Hartgründe im Küstenbereich des europäischen Oberkreide-Meeres. Prof. Dr. Ehrhardt Voigt trug die umfangreichste Moostierchensammlung der Welt zusammen. Das berühmteste Stück ist der »Hamburger Bryozoen Kammerchor«, eine Moostierchenkolonie, die an singende Knaben erinnert. Die Hamburger Paläontologen haben vor die Fossilien einen Dirigenten montiert. Sage da noch einer, Paläontologen hätten keinen Humor.

Lebensbedingungen. In den weiteren Schichtenfolgen verlieren die grobschaligen Muscheln an Dominanz. An ihre Stelle treten Seeigel und zunehmend Moostierchen.

Die lückenlose Schichtenfolge des LKH-Profils eignete sich besonders gut für die Untersuchung der stammesgeschichtlichen Entwicklung bestimmter Gattungen, wie zum Beispiel für die Belemnitengattungen *Gonioteuthis* und *Belemnella*, aber auch für die inarticulaten (schlosslosen) Brachiopoden der Gattung *Isocrania* und die Seeigel-Gattung *Galerites*. Diese Untersuchungen lieferten wichtige Erkenntnisse für die Stratigraphie des Profils und ließen einen Abgleich mit den lithologischen Komponenten zu, die wiederum die jeweiligen Lebensbedingungen im Oberkreidemeer anzeigen. Für die stammesgeschichtliche Untersuchung der Isocranien wurden streng nach Horizonten rund 3000 Klappen aus 90 Großproben entnommen!

Trotz der relativen Fossilarmut konnten im Laufe der Jahrzehnte vor allem durch die Paläontologen der Universität Hamburg wichtige Makrofossilien geborgen werden. Kennzeichnend für die Lebenswelt des Coniac-Meeres sind zum Beispiel die ersten Vertreter der *Gonioteuthis*-Entwicklungsreihe, *Gonioteuthis westfalica praewestfalica*. Unter den Inoceramen finden sich *I. involutus* und *I. fasciculatus*. Typische Coniac-Fossilien sind die Seeigel *Cardiaster aequituberculatus*, *Hagenowia rostrata* und *Micraster bucalli*.

Im Santon ändert sich das Bild. Nun treten die Seeigel *Micraster coranguinum*, *Metopaster parkinsoni*, *Micraster rogalae*, *Echinocorys scutata*, *Infulaster infulasteroides* und *Hagenowia anterior* verstärkt auf. Freischwimmende Seelilien, wie *Marsupites testudinarius* und *Uintacrinus socialis*, kommen neben nahezu vollständigen Exemplaren von Seesternen, wie *Metopaster parkinsoni* und *M. undulatus* vor.

Die nicht planspiral eingerollten Ammoniten *Bostrychoceras polyplocum* und *Trachyscaphites spiniger* sind seltene Funde des Campan in den Aufschlüssen von Lägerdorf. Häufiger dagegen sind die irregulären Seeigel der Gattungen *Galerites*, *Echinocorys* und *Micraster*, ebenso Belemniten *Belemnitella mucronata* und *Gonioteuthis quadrata*.

Als Leitfossil des Maastricht ist *Hoploscaphites constrictus* im LKH-Profil sehr selten, häufiger wieder Belemniten der Gattung *Belemnella*. Einzelkelche der Koralle *Parasmilia excavata*, freischwimmende Seelilien *Isselicrinus buchii* und *Austinocrinus bicoronatus*, Muscheln wie *Neithea sexcostata* und *Pycnodonte vesicularis*, Brachiopoden der Gattung *Isocrania* und Seeigel der Gattung *Galerites* bestimmen das Meeresleben der hohen Oberkreide.

DIE SANDE VON BAD BENTHEIM

Unter dem Emsland, einem Gebiet südwestlich von Bremen, wird Erdöl gefunden und gefördert. Immerhin liegt in diesem Gebiet das größte Erdölvorkommen in Deutschland. Wichtiges Speichergestein ist unter anderen der Bentheimer

Seeigel der Unterkreide sind im Aufschluss Vöhrum zerdrückt zu finden. Dennoch zeigen sie ihre Formensprache im Ton, wie dieser *Hemiaster*.

Sandstein, der als Bentheimer Höhenrücken in die ansonsten flache norddeutsche Landschaft hineinragt. Der erdölführende Sandstein bildet eine West-Ost streichende, etwa 10 Kilometer lange Aufwölbung, deren Scheitel bis 540 Meter über NN aufsteigt. Die größte Mächtigkeit des Bentheimer Sandsteins von 60 Metern wird durch das Schloss Bentheim im Herzen des Städtchens Bad Bentheim »gekrönt«. Unterhalb des Schlosses klärt ein kleines Sandsteinmuseum über die geologischen Verhältnisse auf und der einzige, bis vor wenigen Jahren noch aktive Steinbruch, wurde in ein geologisches Freilichtmuseum umgewandelt.

Dieses von Gezeiten und Flusssystemen geprägte Sandablagerungsgebiet entstand in der Unterkreide, etwa zur Wende Unter-/Ober-Valangin. Von der ostholländischen Triasplattform lieferten Flüsse aus Nordwesten während Tiefstandsphasen des Meeres ihre Sedimentfracht in die Täler. Ein solches Tal mit mehreren Kilometern Breite bestand zur Unterkreidezeit bei Bad Bentheim. Sandbänke füllten das Tal auf. Während einer valanginzeitlichen Meeresüberflutung wurden alle Täler und Flächen überflutet und auf die Sande wirkten die Gesetze der Gezeiten. In Aufschlüssen um Bad Bentheim können die Spuren von Ebbe und Flut auf den Schichtflächen der schräggeschichteten Sande abgelesen werden.

Die Sandflächen bildeten je nach Wasserbedeckung die unterschiedlichsten Lebensräume für Sedimentbewohner wie Krebse und Würmer, deren Spuren im Bentheimer Sandstein gefunden werden.

Der Bentheimer Sandstein war ein beliebter Werkstein für Bildhauer. Ein romanisches Kruzifix im Hof des Schlosses Bentheim ist eben aus diesem Material geschaffen.

PERLMUTTAMMONITEN – DIE SCHÖNEN VON VÖHRUM

Faunengemeinschaften des Brack- und Süßwassers und eines küstennah gelegenen, von Flussläufen durchzogenen Festlandes, neben reinen Meeresfaunen charakterisieren die unterkretazischen Lebensräume, die sich aus den in Deutschland überlieferten Ablagerungen und den darin enthaltenen Fossilien rekonstruieren lassen. Faunistisch und floristisch lassen sich für Berrias und Valangin sowohl eine boreale als eine tethyale Bioprovinz klar unterscheiden. Im Hauterive ist die Unterscheidung nicht mehr so scharf, während sich im Barrême der Provinzialismus wieder verschärft. Während des Apt ist eine großräumige Meerestransgression zu beobachten, die im darauf folgenden Alb Faunen des tieferen und geringer tiefen Meeres aufweist, also auf schwankende Meeresspiegelstände hindeutet.

Ein wichtiger Unterkreideaufschluss für Europa liefert Ammonitenfaunen aus dem Apt und dem Alb. Der rund 30 Kilometer östlich von Hannover gelegene Aufschluss Vöhrum bietet einen einmaligen Einblick in den Grenz-

Die Tongrube Vöhrum liefert noch weitere interessante Ammonitenarten der Unterkreide. *Hypacanthoplites claraton* trägt zusätzlich zu den Rippen noch Knoten auf dem Gehäuse.

bereich zwischen Apt und Alb der hohen Unterkreide. Augenscheinlich beliebt durch seine Ammoniten in Perlmutterhaltung hat er jedoch paläontologisch viel mehr zu bieten, wie Paläontologen (Mutterlose, Bornemann, Luppold, Owen, Ruffell, Weiss und Wray) 2003 aufzeigten. Diese Studie beschreibt das Profil neu und diskutiert die Ammonitenlinie *Callizoniceras – Leymeriella* detailliert.

Die Stratigraphie konnte durch Untersuchungen der bodenbewohnenden und schwimmenden Foraminiferen, der mikroskopisch kleinen kalkigen Nannofossilien und der Muschelkrebse weiter verfeinert werden. Wichtig für die Gliederung der Sedimente von Vöhrum ist eine dünne Lage vulkanischer Asche.

In der so genannten Neuen Grube in Vöhrum sind etwa 17 Meter dunkle Tonsteine aufgeschlossen, in denen sich als Anhaltspunkte für die Stratigraphie Lagen mit knolligen Tonkörpern (Konkretionen) und zwei Tuffhorizonte befinden. Die Gesamtmächtigkeit von Apt und Alb in dieser Gegend erreicht eine Mächtigkeit von 600 Metern, davon allein das späte Apt und frühe Alb ungefähr 300 Meter.

Eine Augenweide sind die perlmuttschaligen Ammoniten vor allem der Gattungen *Leymeriella* und *Hypacanthoplites*. Weniger häufig im Fundgut sind Schnecken, Seeigel und Korallen, auffällig oft dagegen die verfestigten Grabgänge von Sedimentbewohnern.

SCHWAMMFAUNEN VON HANNOVER

In den Kreidegruben Alemannia in Höver, Germania in Misburg und Teutonia ist fast das gesamte Spektrum des Campan in Schreibkreidefazies zum Teil sehr fossilreich aufgeschlossen. Unter der Lehrter Westmulde, in der die genannten Aufschlüsse liegen, kam es im Santon/Campan-Grenzbereich zur Aktivierung der Salzstrukturen, das heißt zur Hebung des Salzstockes und der damit verbundenen

Neben den Ammoniten findet man in Vöhrum auch andere Vertreter der unterkreidezeitlichen Meereswelt, etwa die Schnecken *Rapana gracillum* (Bild links) und *Scalavio dupiana*, wie die Ammoniten in Schalenerhaltung.

Einsenkung der Randsenken. Die Randsenken nahmen zur Zeit des Campan große Massen von Sedimenten des vordringenden Kreidemeeres auf. Im unteren Mittel-Campan werden die größten Wassertiefen der norddeutschen Oberkreide verzeichnet. Die Paläontologen Abu Maaruf, Ernst und Khosrhovschahian merken 1975 dazu an: »Wegen der besonderen strukturellen Position in der sekundären Randsenke des Lehrter Diapirs (steilwandige Salzkörper, die durch das Deckgebirge aus der Tiefe nach oben aufdringen) ist das Campan bei Hannover sehr mächtig ausgebildet. Weiterhin lässt es sich wegen seines Fossilreichtums biostratigraphisch viel detaillierter gliedern als die Lägerdorfer Schreibkreide und wird als geeignetes Campan-Richtprofil angesehen.«

Faszinierend sind die reichhaltigen Schwammfaunen des höheren Unter-Campan in der Grube Alemannia in Höver. Schrammen schreibt über die Aufschlüsse in Höver und Misburg: »… vereinigen sich zum Bilde einer mesozoischen Spongienfauna, welche auf Erden nicht ihresgleichen hat.«

Die Formenvielfalt, die den Besuchern der Grube Alemannia in Höver begegnet, ist enorm: schüssel-, becher- und knospenförmige Arten sind in den weichen Kalken zum Teil sehr gut erhalten. Ähnlich wie bei den Korallen wird bei den Schwämmen das nahrungsspendende Wasser mit Hilfe sogenannter Kragengeißelzellen von außen nach innen durch die Becherwand bewegt. Diese Zellen gehören der Innenschicht an, die sich kompliziert mit der äußeren verzahnen kann, und bilden als Zelltyp bereits eine Einzellergruppe, von der die Schwämme wahrscheinlich abstammen. Das übrige Zellgewebe der Schwämme wird von einem zarten Skelett aus Hornsubstanz, Kalk oder Kieselsäure gestützt. Es kann aus losen Nadeln oder auch aus einem Gitterbau von höchster Zierlichkeit bestehen, dessen Konstruktion und Formenspiel sich von Gattung zu Gattung unterscheidet.

In den Gruben bei Hannover sind Oberkreidesedimente des Campan aufgeschlossen. Die Schwämme gehören mit zu den häufigsten Fossilien. Der »gefurchte Hohlfalter« der Gattung *Coeloptychium* zählt zu den schönsten. Er wird auch »Sonnenschirmschwamm« genannt, wobei der Schirm auf einem schmalen Stiel bei den bekannten Arten seine »Hohlfalten« variiert.

»SCHWAMMIGE« SCHÖNHEITEN

Diese Konstruktion und Formenvielfalt offenbart sich besonders an den hervorragend präparierten Schwämmen des Campan von Coesfeld im Münsterland, die heute in der geologisch-paläontologischen Sammlung des Ruhrlandmuseums in Essen ausgestellt sind.

In der fossilreichen Kreidegrube Alemannia von Höver stellen die Schwämme den Löwenanteil unter den Versteinerungen. Der Arbeitskreis Paläontologie in Hannover veröffentlicht in seinen Mitteilungen regelmäßig neue Schwammfunde. Leider gibt es keine aktuelle Bearbeitung der fossilen kreidezeitlichen Schwammfauna. Die Schwämme werden nach derzeitigem Stand des Wissens in vier Klassen, mehrere Ordnungen und zahlreiche Unterordnungen gegliedert. Die

Selten findet man sie in solch guter Erhaltung. Dieser Tellerschwamm aus dem Campan von Lägerdorf bei Hamburg ist zudem hervorragend präpariert.

So ausgezeichnet präpariert sind Schwämme selten. Das Ruhrlandmuseum in Essen verwahrt eine komplette Sammlung dieser fossilen Meerestiere, die ästhetische Formen entwickelten.

Unterscheidung erfolgt nach Ausbildung und Material des Skelettmaterials, der sogenannten Skleren und nach der äußeren Form.

Schwämme gibt es seit dem Kambrium und haben sich bis in unsere Zeit erhalten. Das Maximum ihrer Entwicklung erreichten sie jedoch während der Oberkreide. Sie besiedelten so ziemlich alle Bereiche der Meere, vom Gezeiten- und Flachwasserbereich bis in große Tiefen. Größere Formen »krallten« sich mit einem Wurzelgeflecht in das Sediment, andere bildeten Überzüge auf Hartkörpern am Meeresboden.

Einer der populärsten Schwämme der Oberkreide, der auch in Höver gar nicht mal selten zu finden ist, trägt den Namen »gefurchter Hohlfalter«, *Coeloptychium sulciferum*. Er wird auch »Sonnenschirmschwamm« genannt, wobei der Schirm auf einem schmalen Stiel bei den bekannten Arten seine »Hohlfalten« variiert.

Außer durch die Schwämme sind die Oberkreideaufschlüsse von Hannover-Misburg und Höver auch bekannt für ihre reichhaltigen Seeigelvorkommen. Hier dominieren die irregulären Gattungen, die auch zur Stratigraphie des Campan herangezogen werden können. Auffällig ist der große *Echinocorys subglobosa*, eine der häufigsten Arten ist hier *Echinocorys conica*. Raritäten bilden die regulären Arten wie *Phymosoma ornatissimum* und die Arten der Gattung *Salenia*.

Todesgemeinschaft aus dem Meer der Oberkreide: Der irreguläre Seeigel *Echinocorys subglobosa*, der reguläre Seeigel *Phymosoma ornatissimum* und der Belemnit *Belemnitella mucronata*.

BISSSPUREN – EIN HARTES LEBEN FÜR BELEMNITEN

Ein interessantes Licht auf das Leben im borealen Oberkreidemeer werfen die Bearbeitungen einiger »erratischer« Gerölle und der Korallenfauna mit ihrer Anpassung an die Weichböden der Oberkreide. Im Sprenggut der Grube Teutonia in Hannover-Misburg fanden Paläontologen im Mergel des Campan zwei »Fremdlinge«: Ein Kali-Syenit-Geröll und ein Stück Ölschiefer. Bei genauer Untersuchung stellte sich heraus, dass auf beiden Seiten des Ölschiefers fossile Lebensspuren zu sehen waren. Ein komplettes Szenario ließ sich entwickeln: Ein Teil der Spuren wurden als *Gnathichnus pentax* identifiziert, Weidespuren eines irregulären Seeigels. Die Seeigel hatten offensichtlich den Algenfilm abgeweidet, der sich unter Meeresbedeckung auf dem Ölschiefer gebildet hatte. Da *Gnathichnus pentax* ein Bewohner des Campan-Meeres war, muss das Stück Ölschiefer von der Küste in die kreidezeitliche Meeresgegend von Hannover-Misburg verdriftet sein.

Auf dem Ölschiefer waren noch weitere Lebensspuren zu erkennen. Bissspuren von Fischen, die beim Zubeißen und Abgleiten der Zähne entstanden sind. Die Fische müssen versucht haben, mehrfach zuzubeißen und die Attacken galten offensichtlich den weidenden Seeigeln. Ähnliche Biss-

muster auf Seeigeln der borealen Oberkreide sind gar nicht selten.

Die Paläontologen stellten sich natürlich auch die Frage, wie das Stück Ölschiefer ins Meer geraten ist und stellten eine These auf. Von der Südküste des Campan-Meeres muss ein Baumstamm ins Meer gedriftet sein, an dessen Wurzelwerk Gestein aus dem Boden klebte. Das Kali-Syenit-Geröll wird dagegen als Gastrolith, als Magenstein eines Großreptils gedeutet.

In den Campanaufschlüssen von Hannover sind Einzelkelche von Korallen zu finden. Die Korallenfauna ist nicht sehr artenreich und wird von der Gattung *Parasmilia* dominiert. Korallen benötigen festen Untergrund, auf dem sie sich festsetzen können. Auf den feinkörnigen Weichböden des Campan-Meeres mussten Korallen bestimmte Strategien entwickeln, um Anheftungsmöglichkeiten zu finden. Sie nutzten daher Hartteile lebender oder abgestorbener Organismen, zum Beispiel Belemnitengehäuse. Die häufig zu beobachtenden Wachstumsanomalien von *Parasmilia*, etwa einen »Knick« im Winkel von 90 Grad, sind offensichtlich durch die Vorliebe für Belemnitengehäuse zu erklären. Hatte sich eine Korallenlarve auf dem Gehäuse festgesetzt, konnte bei fortschreitendem Wachstum der Belemnit das Übergewicht bekommen und mit der Koralle auf die Seite rollen. *Parasmilia* richtete sich wieder auf, in dem sie ihre Wachstumsrichtung änderte. Es besteht allerdings auch die

Die Fischfunde aus dem Campan des Münsterlandes bilden eine seltene Ausnahme. Fischzähne gehören dagegen zum häufigen Fundgut aus Sedimenten der Kreide. Abgebildet sind Zähne eines Rochen.

Möglichkeit, dass die »Knicke« Strömungsrichtungen anzeigen.

Die Belemniten selbst liefern weitere Hinweise auf den »Lebensalltag« im Campan-Meer. Sie waren beliebte Beute von räuberischen Fischen und Schwimmsauriern. Rainer Amme vom Arbeitskreis Paläontologie in Hannover dokumentiert alle »pathologischen« Belemniten aus diesem Bereich, die gerade in Höver in einer gewissen Häufigkeit gefunden werden. Es sind Belemniten, die wegen der Bissverletzungen durch Fische oder Saurier ihr reguläres Wachstum veränderten.

DAS KREIDEFENSTER IM TEUTOBURGER WALD

Am nordöstlichen Rand des Münsterländer Kreidebeckens, genauer bei Halle/Westfalen im Teutoburger Wald, öffnen die Gesteinsschichten das Fenster in einen Abschnitt der Erdgeschichte, der vor rund 144 Millionen Jahren begann und vor rund 87 Millionen Jahren endete. Die Mächtigkeit

der Kreide-Sedimente erreichen 900 Meter und erstrecken sich vom Berrias der Unterkreide bis ins Coniac der Oberkreide. Ulrich Kaplan, der neben anderen Wissenschaftlern an der stratigraphischen Erfassung der Kreideablagerungen mitgearbeitet hat, bietet im Raum Halle eine Exkursion an, die Aufschlüsse im genannten Zeitabschnitt zeigt.

Dazu gehören Obertagebauten von Bergwerken, die die Kohleflöze der sogenannten »Wealden-Kohle« des Berrias ausbeuteten. Dazu gehört auch der Osning-Sandstein, der einen großen Zeitraum der Unterkreide vom Valangin bis ins Unter-Alb repräsentiert, der Flammenmergel des Ober-Alb und die Gesteinsfolgen der Oberkreide vom Unter-Cenoman bis ins Mittel-Coniac.

Diese mächtigen Ablagerungsfolgen spiegeln die weltweit zu beobachtende Ausweitung des Kreidemeeres beispielhaft wieder. So bildete sich die »Wealden-Kohle« aus dem dichten Pflanzenwuchs in einer Landschaft, die durch küstennahe Flusssysteme gekennzeichnet war. Fünf unterkreidezeitliche Kohlenflöze in diesem Raum führten zu einem Bergbauboom im 19. Jahrhundert. Der Osning-Sandstein wiederum repräsentiert küstennahe Ablagerungen, verursacht durch eine Deltaschüttung vom Münsterländer Festland in das Rheinische Becken. Im Ober-Alb versank das

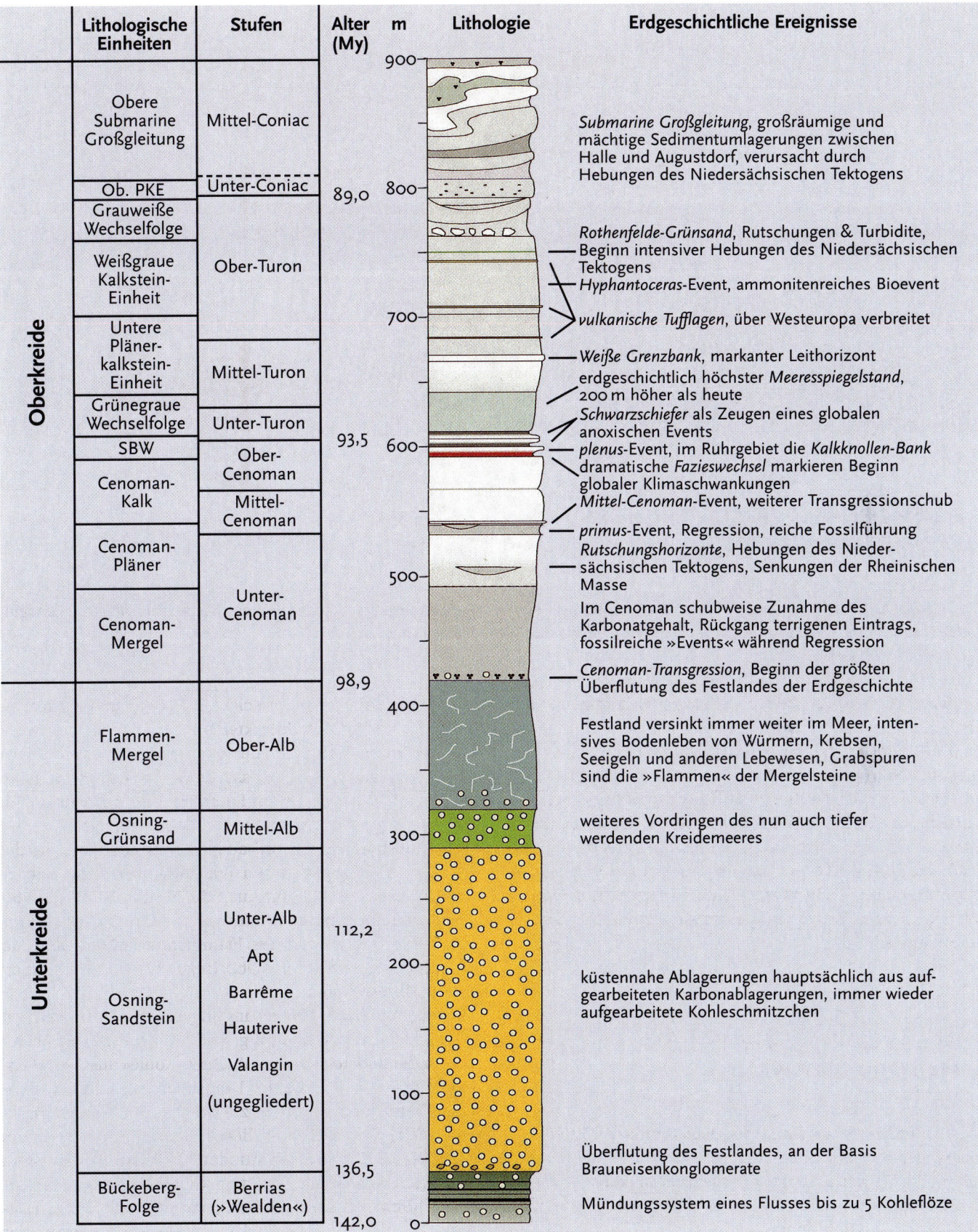

Lithologische Einheiten	Stufen	Alter (My)	m	Lithologie	Erdgeschichtliche Ereignisse

Oberkreide

Obere Submarine Großgleitung	Mittel-Coniac				*Submarine Großgleitung*, großräumige und mächtige Sedimentumlagerungen zwischen Halle und Augustdorf, verursacht durch Hebungen des Niedersächsischen Tektogens
Ob. PKE	Unter-Coniac	89,0			
Grauweiße Wechselfolge					*Rothenfelde-Grünsand*, Rutschungen & Turbidite, Beginn intensiver Hebungen des Niedersächsischen Tektogens
Weißgraue Kalkstein-Einheit	Ober-Turon				*Hyphantoceras*-Event, ammonitenreiches Bioevent
					vulkanische Tufflagen, über Westeuropa verbreitet
Untere Plänerkalkstein-Einheit	Mittel-Turon				*Weiße Grenzbank*, markanter Leithorizont, erdgeschichtlich höchster *Meeresspiegelstand*, 200 m höher als heute
Grünegraue Wechselfolge	Unter-Turon				*Schwarzschiefer* als Zeugen eines globalen anoxischen Events
SBW	Ober-Cenoman	93,5			*plenus*-Event, im Ruhrgebiet die *Kalkknollen-Bank*, dramatische *Fazieswechsel* markieren Beginn globaler Klimaschwankungen
Cenoman-Kalk	Mittel-Cenoman				*Mittel-Cenoman*-Event, weiterer Transgressionsschub
Cenoman-Pläner					*primus*-Event, Regression, reiche Fossilführung
	Unter-Cenoman				*Rutschungshorizonte*, Hebungen des Niedersächsischen Tektogens, Senkungen der Rheinischen Masse
Cenoman-Mergel					Im Cenoman schubweise Zunahme des Karbonatgehalt, Rückgang terrigenen Eintrags, fossilreiche »Events« während Regression
		98,9			*Cenoman-Transgression*, Beginn der größten Überflutung des Festlandes der Erdgeschichte

Unterkreide

Flammen-Mergel	Ober-Alb				Festland versinkt immer weiter im Meer, intensives Bodenleben von Würmern, Krebsen, Seeigeln und anderen Lebewesen, Grabspuren sind die »Flammen« der Mergelsteine
Osning-Grünsand	Mittel-Alb				weiteres Vordringen des nun auch tiefer werdenden Kreidemeeres
	Unter-Alb	112,2			
Osning-Sandstein	Apt				küstennahe Ablagerungen hauptsächlich aus aufgearbeiteten Karbonablagerungen, immer wieder aufgearbeitete Kohleschmitzchen
	Barrême				
	Hauterive				
	Valangin				
	(ungegliedert)				
		136,5			Überflutung des Festlandes, an der Basis Brauneisenkonglomerate
Bückeberg-Folge	Berrias (»Wealden«)	142,0			Mündungssystem eines Flusses bis zu 5 Kohleflöze

Festland im immer weiter vordringenden Meer, eine Zeit, die durch den »Flammenmergel« im Raum Halle belegt ist. Seinen Namen hat dieses Gestein durch das intensive Bodenleben (Bioturbation). Bewohner des Meeresbodens durchwühlten das Sediment so stark, dass die Spuren dieser Tätigkeit für das »geflammte« Aussehen sorgten. Mergel-Lagen und Mergelkalk-Lagen weisen einen hohen Anteil an Kieselsäure auf, die von den Nadeln der Schwämme stammen, die sich offensichtlich in dem wenig bewegten Wasser wohl fühlten.

Die Ausweitung des Meeres setzte sich in der tiefen Oberkreide fort. Es brandete an die Gesteine des Devons und Karbons im Rheinischen Schiefergebirge. Im tiefen Mittel-Turon erreichte das Kreidemeer den höchsten Meeresspiegelstand der gesamten Erdgeschichte. Im Exkursionsgebiet, das Kaplan beschreibt, liegt die Verbindungssohle der Steinbrüche Dieckmann und Foerth, zweier außerordentlich bedeutender Kreide-Aufschlüsse, genau auf diesem Niveau.

KONTINENTALE VERSCHIEBUNGEN IM TEUTOBURGER WALD

Kaplan fasst die Ereignisse in seinem Exkursionsführer zusammen: »Doch die Ausbreitung des Kreidemeeres vollzog sich nicht kontinuierlich. Phasen einer raschen Ausbreitung, einhergehend mit einem deutlichen Anstieg des Meeresspiegels (Transgression), folgten wiederum Rückzüge des Meeres mit einem Absinken des Meeresspiegels (Regressionen). Dieser Wechsel hinterließ Spuren in den Gesteinsfolgen.« Große Transgressionen begannen in der Regel mit der Aufarbeitung des Untergrundes. Es bildeten sich zuerst so genannte Transgressionshorizonte wie zum Beispiel im Osning-Sandstein oder grünsandige, also glaukonitische Horizonte an der Basis des Cenomans.

Geringfügige Meeresspiegel-Schwankungen hinterließen in den Plänerkalken der Oberkreide zwar diskrete Spuren, doch sie führten zu deutlichen Änderungen der Faunen. Bei regressiven Abschnitten etwa nahm die Faunendichte deutlich zu. Während der wieder einsetzenden transgressiven Schübe wanderten neue Faunenelemente ein. Diese kurzfristigen erdgeschichtlichen Ereignisse, »Events« genannt, ergaben vorzügliche und weit verbreitete Leithorizonte. Andere Events sind vulkanische Aschenlagen (Tuff) im Turon oder dramatische Fazieswechsel zwischen Cenoman-Kalk und der so genannten »Schwarzbunten Wechselfolge«.

Ein grundlegender Wechsel der Ablagerungsbedingungen im Exkursionsgebiet begann am Ende des Turons, bedingt durch plattentektonische Ereignisse. Die intensiven Hebungsvorgänge führten zu submarinen Großgleitungen im Gebiet zwischen Halle/Westfalen und Augustdorf. Sie stellen den Beginn der Verfüllung des Münsterländer Kreidebeckens dar, die letztendlich im Ober-Campan abgeschlossen war.

Die ersten Anzeichen für tektonische Bewegungen sind bereits im Cenoman zu beobachten. Die Grenze zwischen der Niedersächsischen- und der Münsterland-Scholle ist die Osning-Störungszone zwischen Detmold und Ibbenbüren. An dieser steilstehenden, tiefen Bruchzone der Erdkruste bewegten sich während der späten Oberkreidezeit die beiden Schollen aufeinander zu und lösten dabei seitliche Verschiebungen im Untergrund der Störungszone aus. Als Folge davon wurde die Niedersächsische Scholle angehoben, randlich gefaltet und in südliche Richtung auf die Münsterland-Scholle aufgeschoben. Die im Teutoburger Wald steil bis überkippt lagernden Oberkreide-Schichten zeugen von diesen Schollenverschiebungen.

Diese tektonischen Vorgänge kann man nicht isoliert betrachten. Vielmehr sind sie in großräumige, ja globale Vorgänge eingebunden. Es waren die Geburtswehen der Alpen. Im Nordwesten drifteten die Nordamerikanische Platte und die Europäische Kontinentalplatte auseinander. Im Süden kollidierte die Adriatische Platte mit der Europäischen Kontinentalplatte und bewirkte so den Beginn der Auffaltung der Alpen. Beide Ereignisse sind in den Aufschlüssen Nordwestdeutschlands und besonders deutlich in den Aufschlüssen des Teutoburger Waldes abzulesen.

LÖCHER IM MEERESGRUND – DAS RÄTSEL VON HALLE

In einigen Abschnitten dieses Gebietes wurden durch die unvorstellbare Kraft dieser Schollenbewegungen die Schichten der Oberkreide steil aufgerichtet und sogar überkippt, wie in den Aufschlüssen der Steinbrüche Dieckmann und Foerth eindrucksvoll zu beobachten. In diesen beiden Steinbrüchen ist zur Zeit durch fortschreitende Abbautätigkeit ein Profil vom hohen Unter-Cenoman bis ins tiefe Mittel-Turon aufgeschlossen.

In der Zeit zwischen 1994 und 1998 fand an der südlichen Wand des Aufschlusses im Steinbruch Dieckmann eine paläontologische Ausgrabung mit Aufsehen erregenden Ergebnissen statt. Im »*Puzosia* Event I« des Ober-Cenoman markiert ein schnelles Vordringen und wieder Zurückziehen des Kreidemeeres einen kurzzeitigen Zyklus, der sich weltweit in entsprechenden Aufschlüssen verfolgen lässt. An der Basis dieses Events spürte der Paläontologe Cajus Diedrich Kolke – das sind Vertiefungen – auf dem ehemaligen Meeresboden auf, die sich durch auf den Boden gesunkene Gehäuse von Großammoniten gebildet hatten.

Die Situation an der Fundstelle kann man sich im Ober-Cenoman etwa so vorstellen: Der Aufschluss lag zwischen dem kreidezeitlichen Nordseebecken und dem Münsterländer Becken. Das Relief des Meeresbodens wurde während dieser Zeit von Schwellen (rückenartigen Erhebungen) und Senken gestaltet. In der Vortiefe eines Schwellenrandes kam es am Hang zu den schon genannten Kolkbildungen. Diese Situation kann man heute im Aufschluss als stark überkippte etwa 50 Meter hohe und 300 Meter lange Wand betrachten. Auffällig auf den ersten Blick sind die riesigen Grabgänge von Krebsen und an einigen Stellen sind noch Vertiefungen der ausgegrabenen Kolke zu sehen. Diedrich und sein Team gruben an dieser Wand 170 Kolke aus. Zum Fundmaterial gehörten nicht nur die Verursacher dieser Vertiefungen, 128 Exemplare des Ammoniten *Puzosia dibley*, sondern vielfältige Zeugen einer reichhaltigen Meeresfauna.

In der Zeit der Kolkbildungen lässt sich ein weiteres weltweit zu verfolgendes Ereignis festmachen, das die Paläontologen den »Oceanic Anoxic Event II« (OAE) nennen. Es dauerte etwa 0,9 Millionen Jahre vom hohen Ober-Cenoman bis in das tiefe Turon. Im Aufschluss Dieckmann ist es vollständig aufgeschlossen und aufgrund der Vielfarbigkeit seiner Gesteine gut zu sehen. Geläufiger ist die Bezeichnung »Schwarzbunte Wechselfolge« für diesen Event. Zu unterscheiden sind deutlich die Schwarzschiefer, aber auch rötliche und grünliche Kalke.

Einige Abschnitte der Schwarzbunten Wechselfolge des Turon von Lengerich sind »bioturbat«, das heißt, sie sind von Sedimentbewohnern durchwühlt.

Paläontologen sehen in diesem Ereignis die Folge eines weltweit zu beobachtenden Anstiegs des Meeresspiegels. Sauerstoffarme Auftriebswässer führten zuerst zum Aussterben von Foraminiferenarten in tieferen Bereichen, später auch im Flachwasser. Offensichtlich sind die Schwarzschiefer Zeugen kälterer Meeresströmungen. Im Verlauf des kurzzeitigen Vordringens und Zurückziehens des Meeres sind deutlich unterschiedliche Temperaturen wirksam gewesen.

In erster Linie sind neben den Grabgängen von *Thalassionides* die Kolke, die unter Wasser durch die Großammoniten der Gattung *Puzosia* erzeugt wurden, von großer Bedeutung für die Erforschung der Kreidezeit. Die Paläontologen gruben 170 Kolke mit 128 Exemplaren des Ammoniten *Puzosia dibley*, aus.

Wohl eine der bedeutendsten Fundstellen der Kreidezeit liegt im Teutoburger Wald bei Halle/Westfalen. Im Steinbruch Dieckmann ist ein Profil aufgeschlossen, das vom Cenoman bis ins Turon reicht. Eine Wand des Bruches ist inzwischen als Bodendenkmal ausgewiesen. Über mehrere Quadratmeter erstrecken sich die Y- und T-förmig verzweigten, zwischen zwei und fünf Zentimeter breiten Grabgänge von *Thalassionides*, einer am Meeresboden lebenden Krebsart.

Die helleren Gesteine sind während wärmerer Klimate entstanden. Über eine Meeresverbindung standen das kreidezeitliche Borealmeer und die südliche Tethys in Verbindung, und Arten aus dem Süden wanderten in die Vortiefe am Südrand des Münsterländer Beckens ein, darunter der Ammonit *Puzosia dibley*.

Zusammenfassend liegt die Vermutung nahe, dass während einer transgressiven Phase eine einfache Form von *Puzosisa dibley* in den südlichen Teil des Borealmeeres einwanderte. In dem neuen Lebensraum entwickelten sich Varianten, wie an der unterschiedlichen Skulptierung der Gehäuse zu erkennen ist.

KOLKE BILDEN FOSSILFALLEN

Diese Ammoniten lebten im unteren Bereich der Wassersäule und erreichten Durchmesser von rund einem halben Meter. Starben die Tiere, sanken die Gehäuse zu Boden und bildeten wassergefüllt einen Strömungswiderstand, so dass das umliegende Sediment weggespült wurde und ein Kolk entstand. Die Großammonitenkolke bildeten Fossilfallen. Während der Grabung bargen die Paläontologen im Umfeld der Gehäuse eine arten- und individuenreiche Fauna. Das Spektrum spiegeln Zahlen wieder: 993 Muscheln, 319 Steinkerne von Schnecken, 548 Reste von Seeigeln, Zähne und Schuppen von Fischen, die 14 Spezies zugeordnet werden konnten, Wirbel- und Schädelreste cenomaner Meeresreptilien. Darunter war ein *Dolichosaurus longicollis*, ein bis zu 1,2 Meter langer, sehr schlanker, schlangenartiger Waran, der im Bereich der Küste des borealen Nordseebeckens seine Beute jagte. Das Schädelfragment eines *Mosasaurus* belegt auch die Anwesenheit von großen Schwimmsauriern. Zum Teil in die Wohnkammern der Großammoniten eingespült konnten Gehäuse oder Gehäusereste der Ammonitengattungen *Hamites*, *Scaphites*, *Eutrephoceras* und *Metoicoceras* nachgewiesen werden. In den Wohnkammern suchten auch Krebsarten Zuflucht.

Beeindruckend sind neben den Kolken die Gangbauten von Krebsen, die mit ihren Grabgängen riesige Muster auf dem Meeresboden anlegten. Die Y- und T-förmig verzweigten, zwischen zwei und fünf Zentimetern breiten Gänge, ziehen sich zum Teil über mehrere Quadratmeter hin. Oftmals sind die Gangbauten an die Ammonitenkolke gebunden, weil die Krebse in den Sedimentfallen Kleintiere erbeuten konnten. So waren die Kolke wahre Speisekammern für die Krebstiere. Sie schleppten Beutetiere in die Gänge und benutzten die Gehäuse dieser Tiere zur Wandverstärkung. Am auffälligsten sind die Bauten von *Thalassinoides*. Das Phänomen dieser Großammoniten-Kolke darf für die Oberkreide als einzigartig bezeichnet werden. Der Aufschluss in Halle ist von internationaler Bedeutung.

IM GEOLOGISCHEN GARTEN IN BOCHUM

Durch die Aktivitäten des Steinkohlebergbaus sind im Ruhrgebiet einige Aufschlüsse erhalten, die das Vordringen des borealen Kreidemeeres in südliche Richtung anschaulich machen. Der »Geologische Garten in Bochum« ist so ein Fall. In diesem ehemaligen Steinbruch stellten Bochumer Zechen für den Eigenbedarf Ziegel her. Hier sind der karbonische Dickebanksandstein und mehrere Flöze aufgeschlossen.

Während des Cenoman, des untersten Abschnitts der Oberkreide, überflutete das Kreidemeer während seiner südlichsten Ausdehnung die inzwischen durch Faltung schräg gestellten Schichtpakete des Karbon. Karbon und Kreide sind durch eine scharfe Grenzfläche getrennt, die für das gesamte Ruhrgebiet kennzeichnend ist. Messerscharf, könnte man sagen, wurde das Karbongebirge von der Gewalt des Meereseinbruches, der von Norden erfolgte, abgeschnitten. Die scharfe Grenzfläche nennt der Geologe »Transgressionsfläche«. Wellen hobelten das alte Gebirge glatt, das während der Oberkarbonzeit im Verlauf der variszischen Gebirgsbildung geneigt wurde. Auf diesen steil gestellten Boden lagerte das Kreidemeer seine Sedimentfracht fast waagerecht auf. Der Geologe fasst zusammen und spricht von einer »Transgressiven Diskordanzfläche«.

Der Abtragungsschutt des Meereseinbruchs ist durch die Trümmerbreccie, die aus Knöllchen von Toneisenstein (Bohnerz), faust- bis kopfgroßen Sandsteinbrocken und Schiefertonstücken des Karbongebirges besteht, gekennzeichnet. In den Sandsteinbrocken sind Löcher von Bohrmuscheln der Kreidezeit zu sehen.

Das Kreidesediment darüber hat im verwitterten Zustand eine grünlich-graue, im frischen Bruch aber eine grüne Farbe. Der sandige Mergelstein ist ganz erfüllt von kleinen dunkelgrünen Körnchen, dem Glaukonit. Dieses wasserhaltige Aluminium-Eisen-Silikat bildete sich weit gehend nur in Meerwasser, folglich ist das kreidezeitliche Sediment urzeitliche Meeresablagerung.

Die Cenoman-Ablagerungen in der Fazies des Essener-Grünsandes überlieferten zahlreiche Bewohner des Meeres, das vor rund 100 Millionen Jahren das Ruhrgebiet erreichte. Darunter befand sich der Ammonit *Schloenbachia varians*, der Nautilid *Nautilus cenomanensis*, von den Brachiopoden Rhynchonelliden und Terebratuliden und die Auster *Ostrea* sp.

Am Ausgangspunkt unseres Rundganges lässt sich noch eine Besonderheit des Meereseinbruchs ablesen, die ebenfalls die Bedeutung des Aufschlusses unterstreicht. In Richtung Nordosten steigen die Karbonsandsteine an, so dass über dem Dickebanksandstein kein Kreidedeckgebirge mehr zu finden ist.

Der Sandstein hat damals, als das Meer heranrückte, als Klippe aus dem Wasser herausgeragt. Dicke Brocken umranden im Ablagerungshorizont die Klippe kranzförmig. Da das Gefälle nicht groß war, rollte sie die Brandung ein kurzes Stück und schliff sie ab. In die runden, vom Wasser geschliffenen Karbonsandsteine bohrten sich Bohrmuscheln, sicheres Anzeichen für die Anwesenheit des Meeres.

Hohlraumausfüllungen von Krebsgängen im Sediment. Die Y-förmige Abzweigung und das Stück rechts daneben stammen aus der *Callianassa*-Wand im Steinbruch Dieckmann, Teutoburger Wald. Rechts außen besteht die Gangfüllung aus Grünsand des Turon bei Klieve/Westfalen; die Gangfüllung oben stammt von gangbauenden Meereslebewesen des Coniac.

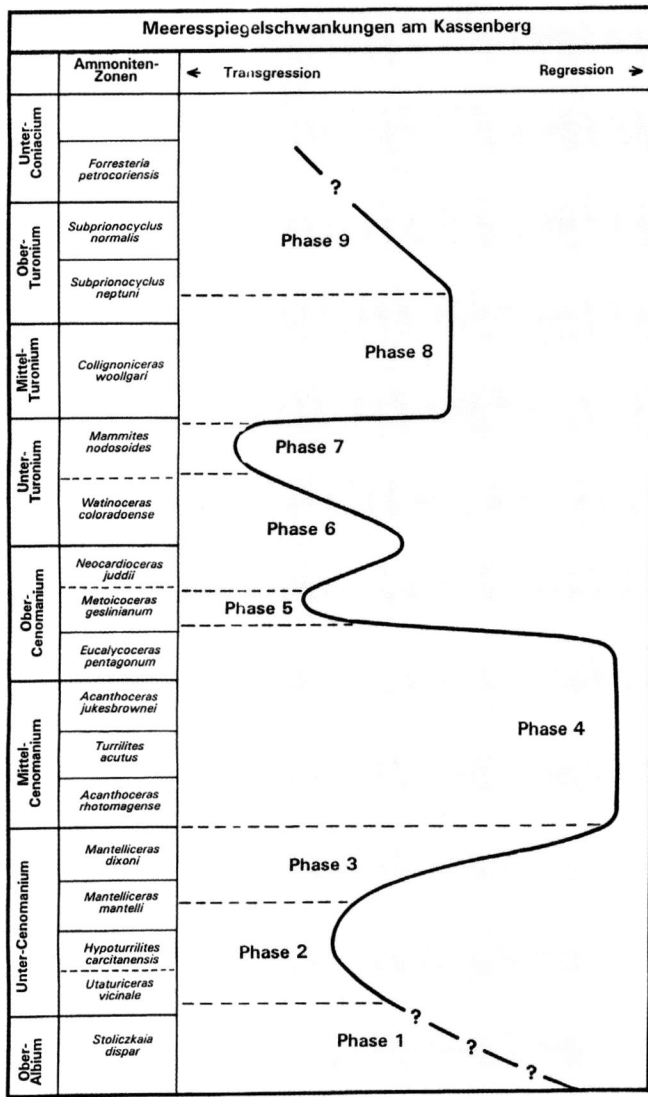

Der Kassenberg bei Mühlheim a. d. Ruhr zeigt in einmaliger Weise das Auf und Ab des kreidezeitlichen Meeres. Sämtliche auf dieser stratigraphischen Zeichnung dargestellten Phasen des Meeresspiegelsteigens und -sinkens sind am Kassenberg abzulesen.

DER KASSENBERG DOKUMENTIERT DAS AUF UND AB DER MEERE

Meeresspiegelschwankungen der Kreidezeit und damit die ausgedehntesten Überflutungen der Erdgeschichte sind am Kassenberg wie in einem Buch nachzulesen. Als sich im Alb der Unterkreide die Meere weltweit ausdehnten, erfasste diese Phase auch das westliche Ruhrgebiet. Gegen die varizisch gefaltete oberkarbonische Gesteinsabfolge (Namur C,

Sprockhöveler Schichten im Liegenden und Hangenden der Flöze Neuflöz 1 und 2) brandete das Kreidemeer mit großer Kraft. Die folgenden Ereignisse von wiederholtem Steigen und Sinken des Meeresspiegels sind am Kassenberg in acht Phasen dokumentiert.

Aus den meisten Phasen der Meeresbewegungen der Oberkreide liegen wertvolle Fossilien vor, die die Lebensgemeinschaften des Meeres vor 100 Millionen Jahren dokumentieren. Der Kassenberg ist Typlokalität für bislang 15 Gattungen und 87 Arten. Der erste Direktor des Ruhrland-Museums in Essen, Ernst Kahrs, sammelte seit 1910 regelmäßig am Kassenberg.

Kassenberg-Fossilien befinden sich auch in zahlreichen anderen Museumssammlungen, aber der Essener Bestand spielt auch heute noch für die Erforschung der Oberkreide eine wesentliche Rolle. Längst sind nicht alle Fragen beantwortet, die von den Ablagerungsverhältnissen aufgeworfen sind. Aber das, was die Geologie darüber weiß, ist spannend wie eine Kriminalstory.

ERSTER AKT

Durch Vulkanausbrüche und aufsteigendes Magma wölbten sich die mittelozeanischen Rücken und verdrängten Wasser. Klimaschwankungen ließen die Polarkappen abschmelzen und wieder anwachsen, die Meere gerieten in Bewegung. Die Geologen nennen diesen Zeitabschnitt, dessen Folgen sich auch im westlichen Ruhrgebiet bemerkbar machten, das Alb. Während eines Zeitraumes, der vom Alb bis in den nächst folgenden Kreideabschnitt, das Cenoman, reichte, wanderte die Küstenlinie von Nord nach Süd über das inzwischen von der Abtragung eingerumpfte Variszische Gebirge. Am Kassenberg würde sich einem Menschen, wenn er das Geschehen hätte beobachten können, ein dramatisches Bild geboten haben. Erste Wellen leckten an der Sandsteinklippe, die aus der kreidezeitlichen Landschaft aufragte. Aus den Wellen wurde harte Brandung, die unter Donnergetöse an den Felsen schlug und sie in einen Schleier aus Gischt hüllte.

Das unerbittliche Meer fand Angriffsflächen, wusch vorhandene Klüfte und Risse aus, so dass mit der Zeit tiefe Rinnen und Kolke entstanden. In die Brandung stürzten losgebrochene Sandsteinbrocken, die von den Wellen in der Brandungszone hin und her geworfen wurden. Sie wirkten auf dem Boden wie grobes Schmirgelpapier und rissen Strudeltöpfe auf, die bis zu eineinhalb Meter in die Tiefe reichten. Wenn die Gerölle stumpf geworden waren, warf sie das Meer in eine Tonsteinsenke. Das Gestein bildete dort im Laufe von Jahrmillionen ein Konglomerat, das mit einer Mäch-

Interessant sind am Kassenberg die Klippentaschen, die vom Meer ausgewaschen wurden und sich mit abgestorbenen Gehäusen von Meerestieren füllten. Dieses nachempfundene Schaubild zeigt eine solche Tasche während des Unter-Cenoman.

tigkeit von ein bis eineinhalb Metern heute noch zu sehen ist, den so genannten Strandwall. Aus diesem ersten Akt des Meereseinbruchs sind keine Fossilien überliefert, weder aus dem Strandwall noch aus den Kolken.

ZWEITER AKT

Im zweiten Akt versank der Kassenberg und verwandelte sich in eine Untiefe vor der Kreidemeerküste. Auf der nun untermeerischen Sandsteinkuppe bauten Korallen ihre Kolonien, lebten Schwämme, Bryozoen (Moostierchen), Brachiopoden (zweiklappige »Arm«füßer) und Muscheln. Pflanzenfressende Schnecken weideten auf dem Algenrasen des Felsbodens und die räuberischen Verwandten, *Pleurotomarien* vor allem, taten sich an Schwämmen und Korallen gütlich. Darüber, im freien Wasser, teilten sich Ammoniten, *Nautilus*-Verwandte und Haie den Lebensraum.

Als Kahrs in diesem Abschnitt sammelte, war er angetan von den filigran erhaltenen Skeletten der Moostierchen und der Korallen. Selbst die feinen Schalen junger Brachiopoden waren nicht zerschlagen. Das Meer hatte sich zu diesem Zeitpunkt beruhigt. Die Wassertemperatur muss mindestens 20 Grad betragen haben, sonst hätten Korallen keine Lebenschance gehabt. Korallen geben auch einen Hinweis auf die Wassertiefe, die höchstens 60 Meter betragen haben kann, sonst hätten sich die Koloniebildner nicht wohl gefühlt.

In den Hohlräumen zwischen den Geröllen des Strandwalls sammelten sich die Hartteile abgestorbener Riffbewohner. Kahrs führte für die Lebensgemeinschaft den Begriff »Klippenfazies« ein und nannte das Material, das eine fleischrosa bis braune Färbung hatte, den »Rotkalk«.

Die entdeckten Ammonitengehäuse verteilten sich auf die Zwickelfüllungen: *Schloenbachia* zumeist ungefähr 60 Zentimeter über der Strandwallbasis; *Hyphoplites, Sciponoceras* und *Anisoceras* circa einen Meter darüber.

Die Strudeltöpfe waren Fallen für die kreidezeitlichen Meeresbewohner am Kassenberg. Einige dieser Vertiefungen waren fast nur mit Korallen, andere mit Schnecken gefüllt. Sie überlieferten die artenreichste Fauna der nordwestdeutschen Oberkreide. Der zweite Akt im Meeresdrama ging im untersten Cenoman über die Urzeitbühne.

DRITTER UND VIERTER AKT

Dritter und vierter Akt standen im Zeichen fallenden Meeresspiegels. Am Kassenberg toste wieder einmal die Brandung und riss die Sedimentfüllung aus den Kolken heraus. Sollten die Rotkalkgerölle, die auf Schacht Bismarck IX in Gelsenkirchen oder in der Baugrube eines Essener Hochhauses gefunden wurden, aus dieser bewegten Zeit stammen?

Der Wasserspiegel fiel weiter. Unbarmherzig brannte die Sonne und sorgte für starke Verdunstung. Brauneisenstein wurde während dieses Temperaturanstieges ausgeschieden und legte sich über die Sedimentoberfläche. Diese Zeitspanne ist nicht durch Fossilien belegt. Erst im Ober-Cenoman kehrte das Meer zurück und sorgte für neues, reiches Leben an und auf der Kassenberg-Klippe.

FÜNFTER AKT

Wir erleben den 5. Akt in dieser spannungsreichen Aufführung, die zwar von Wiederholungen grundsätzlichen Geschehens lebt, aber immer wieder neue Akteure auf die Bühne bringt.

Mit dem erneuten Anrennen des Meeres gegen die karbonischen Klippen kamen die stacheltragenden Seeigel. Sie mussten sich tief in den Felsen bohren, um von der Brandung nicht fortgespült zu werden. Die Wellen schafften auch

das Fragment eines Lias-Ammoniten von einer anderen Küstenregion an den Kassenberg. Dort blieb es liegen, bis es zu Beginn unseres Jahrhunderts von Forschern entdeckt und geborgen wurde.

Als das Meer den Kassenberg überspült hatte, die Wassertiefe zunahm und Beruhigung eintrat, ließen sich Austern und Schnecken nieder, vor allem aber massenhaft Brachiopoden. Ammoniten und Nautiliden waren seltener geworden, dafür jagten im freien Wasser Belemniten, Haie und Rochen. In den offenen Kolken konnten ihre Reste im glaukonitführenden Mergelschlamm wieder entdeckt werden. Geologen nennen diese Schicht den »*plenus*-Mergel«.

SECHSTER AKT

An der Wende Cenoman/Turon kam es zu einem kurzzeitigen Rückzug des Meeres. Wieder wuschen Ebbe und Flut in diesem 6. Akt die Kolke aus. Im Unter-Turon kehrte das Meer wieder zurück und erreichte in dem beschriebenen Auf und Ab seine maximale Phase. Die Kraft der wiederholten Meereseinbrüche hatte die Klippen rundgeschliffen, die Kolke wurden wiederum mit Sediment gefüllt. Auf den Sandsteinflächen, die unter Wasser geraten waren, siedelte sich die fein verästelte Koralle *Synhelia gibbosa* an. Eine Muschelgattung, die aus den Flachmeeren der Tethys zuwanderte, die Rudisten, breitete sich am Kassenberg aus. Im Sediment die-

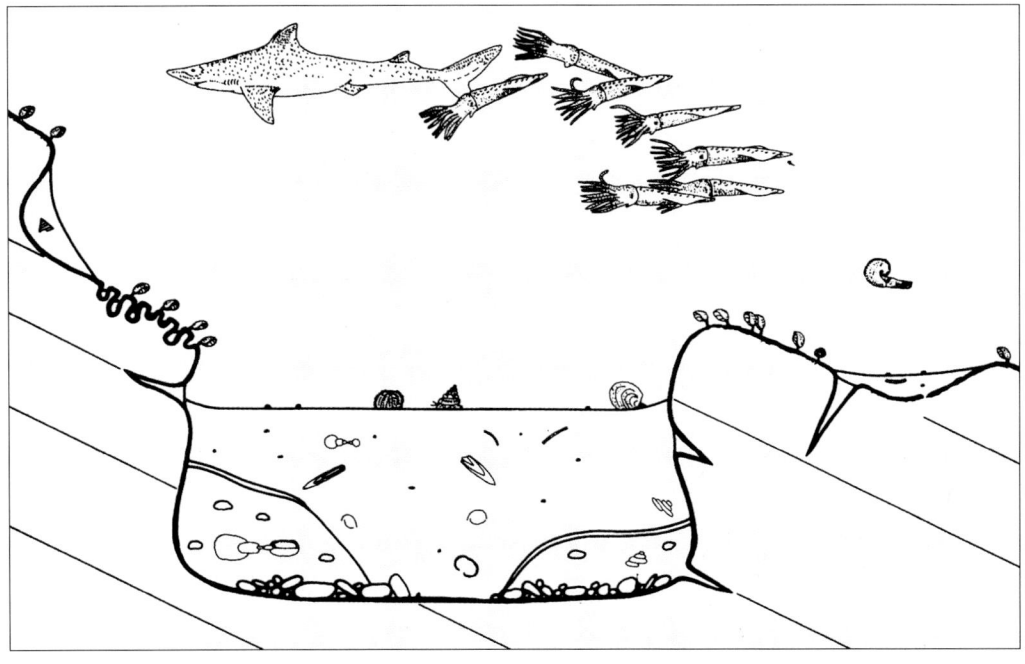

Dieses Lebensbild versucht, die Situation während der Phase 5 nachzuempfinden, die im Ober-Cenoman spielt.

Sie bildeten Riffe wie die Korallen, waren aber dennoch Muscheln, »Pferdeschweifmuscheln«. In Sedimenten des Turon am Kassenberg kommen sie vor. Sie sind an den Außenwänden zusammengewachsen.

Bohrmuscheln sind uns auch von heutigen Stränden bekannt. Diese Kalkröhren zeugen von ihrer bohrenden Tätigkeit schon vor rund 100 Millionen Jahren.

ser Zeit finden sich zahlreich die kalkigen Siphonalröhren der Bohrmuschel *Gastrochaena amphisbaena*. Der Inocerame *Mytiloides labiatus* gehörte zu den Klippenbewohnern und vereinzelt auch der Ammonit *Mammites nodosoides*, beides Leitfossilien für das untere Turon.

Im vorletzten Akt, in dem der Meeresspiegel wieder fiel, vermischte sich das warme Wasser der oberen Meeresschichten mit kalten Tiefenströmungen, die Phosphate mit sich führten. Ammoniten, Schnecken, Schwämme und große Mengen Haifischkot phosphoreszierten im Sediment. Diese artenreiche Fauna konnte wesentlich in Steinkernerhaltung geborgen werden. Das gesamte mittlere und obere Turon wird in den Phosphorit-Horizonten des Kassenberges dokumentiert.

Die Krebse, die im Mergelschlamm ihre Wohnhöhlen gebaut hatten, wurden im letzten Akt des Kassenberg-Meeresdramas von glaukonitischen Sanden vertrieben. Dickschalige Austern und andere Muschelarten, Brachiopoden und Schwämme siedelten sich in dieser Zeit an. Auch großwüchsige Ammoniten waren nicht selten.

Durch das ständige Anrennen des Meeres im Verlauf von mehreren Millionen Jahren wurde die Kassenberg-Klippe abgetragen. Ablagerungen der folgenden Kreidezeitstufen sind in Mülheim nicht mehr erhalten. Ulrike Stottrop und Udo Scheer, beide Geologen am Ruhrland-Museum, zogen die Bilanz. Der Kassenberg ist Typlokalität für 8 Gattungen,

Austerngehäuse mit Bissspuren von Krebsen: Das Leben im Meer der Kreidezeit hatte eine neue Qualität bekommen, denn gerade die Krebse mit ihren Zangen waren in der Lage, Gehäuse zu knacken.

Als schrecklichste Räuber der kreidezeitlichen Unterwasserwelt gelten die Plesiosaurier, die mehr als 15 Meter lang werden konnten. Das Lebensbild zeigt einen *Plesiosaurus* in Aktion auf der Jagd nach Ammoniten. Im Hintergrund ist ein Belemnitenschwarm zu sehen, der noch einmal davon gekommen ist.

20 Arten, Unterarten und Varietäten von Schwämmen; 1 Gattung und 2 Arten Korallen; 2 Arten Armfüßer (Brachiopoden); 4 Gattungen und 16 Arten Moostierchen (Bryozoen); 1 Gattung und 23 Arten Röhrenwürmer (Serpuliden); 11 Arten Muscheln; 11 Arten Schnecken; 8 Arten Ammoniten und 2 Arten Seelilien. Mehrere dieser Gattungen und Arten sind nur vom Kassenberg bekannt.

Die Karbonklippe in Mülheim an der Ruhr war ein Glücksfall für die paläontologische Forschung.

SCHÄTZE IN DER BRANDUNG

Der Haarstrang bildet die Grenze zwischen den unterkarbonischen und devonischen Ablagerungen des Sauerlandes und den Sedimenten des oberkreidezeitlichen Meeresbeckens im Münsterland. Wer aus dem Ruhrgebiet kommend von West nach Ost über Dortmund auf den Autobahnen 40 und 44 reist, bewegt sich auf dem deutlich erkennbaren Höhenrücken des Haarstranges.

Der südliche Abhang dieser Route wendet sich dem Sauerland zu, während die nördliche Seite fließend ins Münsterland übergeht.

Der Haarstrang begrenzt das münsterländische Kreidebecken. Wir fahren auf Spurensuche an der Küste entlang. In mehreren Aufschlüssen sind die Vorgänge des Meereseinbruches von vor rund 100 Millionen Jahren zu beobachten, haben die Meerestiere, die mit den Fluten kamen, ihre Relikte hinterlassen.

Östlich von Unna, zwischen den Dörfern Frömern und Ostbüren liegen linker Hand der Straße drei alte Steinbrüche in einem Wäldchen. Die Aufschlüsse sind von den Geologen mit »Frömern I–III« gekennzeichnet. Zwei Vorgänge sind hier zu beobachten, die man ähnlich im Geologischen Garten in

Bochum und im Aufschluss am Kassenberg in Mülheim sehen kann.

Bei seinem Vorstoß überrannte das oberkreidezeitliche Meer im Cenoman das karbonische Gebirge und arbeitete es auf. Senken und Klippen des Karbon-Gebirges nahmen die Sedimente des Meeres in unterschiedlicher Mächtigkeit auf. Während in den Senken das Cenoman vollständig entwickelt ist, ist in den Klippentaschen die Schichtenfolge lückenhaft. Das Normalprofil in den Senken zeigt an seiner Basis konglomeratisches Gestein, darüber eisenhaltige und mit Glaukonit durchsetzte Sandsteine. Es folgen mit dem grünen Mineral Glaukonit durchsetzte karbonatische Sedimente, wie Sandmergelstein und Sandkalkstein. Die gesamte Formation gehört zum »Bochumer Grünsand«. Die im Hangenden darüber anstehenden hornsteinführenden Kalksteine, arenitischen Kalkmergelsteine und die Kalkknollenbank stellt die untere »Mergel-Kalk-Formation« dar. Die darüber liegenden Mergelsteine mit der Muschel *Mytiloides (Inoceramus) labiatus* gehören bereits ins Unter-Turon.

Die küstennahen Cenoman-Schichtenfolgen sind unterschiedlich in ihrer Mächtigkeit und in ihrem Fossilgehalt. Während im gesamten südlichen Ruhrgebiet die Fazies des Essener und Bochumer Grünsandes vertreten sind, beobachten wir nach Osten immer stärker rein karbonatische Sedimente. Im Raum Unna kann die Mächtigkeit bis zu fünf Metern betragen; nach Osten nimmt sie zu und erreicht am Möhnesee Mächtigkeiten bis zu 25 Metern.

QUERSCHNITT DURCH EINE KLIPPENTASCHE

Stieß die Brandung auf Klippen oder Schwellen, wusch sie Kolke im karbonischen Untergrund aus und lagerte in den Klippentaschen von den Wellen herausgebrochene Sandsteinbrocken und kreidezeitliche Sedimente ab.

Im Querschnitt einer Klippentasche in der nordwestlichen Ecke des Steinbruches Frömern I bezeugen Ammoniten die frühzeitige Überflutung zu Zeiten des Unter-Cenoman. Vollständige Exemplare von Kopffüßern sind selten, meistens sind es gut erhaltene Bruchstücke der im bewegten Flachmeer zerstörten Ammonitengehäuse. Die Ammoniten, die mit der ersten Überflutungsphase kamen, sanken nach ihrem Absterben auf den Grund und wurden hier von späteren Überflutungswellen wieder aufgenommen und umgelagert. Darum ist das umgebende Sediment oft jünger als die Fossilien. Diese Cephalopoden ermöglichen die stratigraphische Aufteilung der oberkreidezeitlichen Basisschichten am Südrand des Ruhrgebietes und des Haarstranges.

Hiss hat einige Ammoniten aus den Klippen in Frömern beschrieben, zum Beispiel *Sciponoceras baculoides*. Er fand ein Bruchstück dieser Art von 15 Millimetern Länge, das einen ovalen Querschnitt mit einer Einschnürung besitzt. Es ist aus dem tiefsten und oberen Cenoman bekannt.

Schloenbachia varians varians stellt eine der am häufigsten in unserem beschriebenen Gebiet vorkommenden Ammoniten-Unterarten dar. Ihre Hauptverbreitung hat die Gattung im Unter- und Mittel-Cenoman Nordwesteuropas, im Ober-Cenoman ist sie seltener anzutreffen.

Die Variationsbreite reicht von kräftigen Knoten auf der Flankenseite bis zu fast glatten Formen. Es sind aber auch vermittelnde Exemplare bekannt.

Ein weiterer Cephalopode aus den Klippen von Frömern ist *Mantelliceras lateretuberculatum*. Mit *Mantelliceras saxbii* wird von Martin Hiss, der diesen Aufschluss bearbeitet hat, ein weiterer Ammonit aus den Klippensedimenten von Frömern beschrieben.

HAIFISCHZÄHNE IM STEINBRUCH VON WESTENDORF

Kaplan, der einige Oberkreide-Aufschlüsse in Westfalen bearbeitet hat, veröffentlichte 1992 die wissenschaftliche Aufnahme des Westendorfer Steinbruches, die uns nun eine genaue Kenntnis der Ablagerungsverhältnisse gibt.

Sie bildeten ein großes Formenspektrum aus und gelten als verfressene Räuber der Kreidemeere. Die Seeigel, wie hier *Sternotaxis*, waren teilweise Schwammfresser.

Muscheln aus dem Formenkreis der Inoceramen kamen in so großen Mengen im Oberkreidemeer vor, dass sie abwertend »Kreideunkraut« genannt werden. Sie haben große Bedeutung für die stratigraphische Abfolge der Kreideschichten.

Die Schichten fallen hier allgemein mit nur zwei bis drei Grad nach Norden zum Muldenzentrum der Münsterschen Kreidebucht ein, so dass sie dem Betrachter fast waagerecht zu liegen scheinen. Immerhin misst die Aufschlusswand 120 Meter in der Länge und türmt sich 18 Meter auf.

So, als hätten sie nur einige Jahre am Strand gelegen: Die Muscheln Pecten-Familie fand man im Essener Grünsand in hervorragender Erhaltung.

Die anstehenden grauen Mergel und Mergelkalke sind der Teil eines Ablagerungsraumes, der sich vom Ruhrgebiet aus in östliche Richtung immer weiter von der ehemaligen Küstenlinie entfernte. Während des Unter-Turons wurde in nicht allzu großer Entfernung von der Küste diese 18 Meter mächtige Folge von Mergel, Kalkmergel und Kalkstein als »grüngraue Wechselfolge« des hohen Ober-Cenoman und des Unter-Turon abgelagert.

An der Basis des Profils, die von einem hohen Schuttkegel fast vollständig verdeckt wird, liegt die so genannte Kalkknollen-Dachbank. In ihr findet man wenig gerundete Gerölle; dazu treten gehäuft zerbrochene Schalen der Muschelgattung Inoceramus auf.

Die folgenden zwei Meter stecken voller Inoceramen-Schill und sind als Sediment des Unter-Turon-Meeres von bodenbewohnenden Lebewesen durchwühlt worden, wohl von Chondrites, Planulites und auch von Thalassinoides.

Der dritte Abschnitt der Wand zeigt eine Wechsellagerung dicker Mergel-, seltener Kalkmergellagen und Kalkknollenhorizonte.

In der vierten, karbonatreichen Abfolge fallen brotlaibförmige Kalkknollen auf, die bis zu 30 Zentimeter dick sind. Zu sehen sind auch glaukonithaltige Mergellagen. Die graugrüne Wechselfolge im fünften Komplex der Wand entspricht dem »Bochumer Grünsand«.

Das Top des Profils wird aus härteren Kalken gebildet, die unter dem Wurzelwerk der Büsche versteckt sind. In diesem Bereich fand ein Sammler Haifischzähne in gutem Erhaltungszustand. Die von Kaplan beschriebene Kalkknollenbank am Fuß des Profils gehört noch ins Ober-Cenoman und enthält neben *Inoceramus pictus* auch den Belemniten *Actinocamax plenus*.

Verwitterung setzt dem Profil zu, weshalb nur noch unterturonische »obere labiatus Schichten« zu sehen sind, während die Basis der Wand unter einer Halde aus Verwitterungsschutt liegt.

WAHRE RIESEN UNTER DEN AUSTERN

Die Inoceramen waren mächtige flachschalige Muscheln, die einfach, wie heutige Austern, auf dem Meeresboden lagen. Es gibt Arten, die eine Klappenlänge von 120 Zentimetern erreichten. Die Zahl der Arten ging in der oberen Kreide drastisch zurück, viele erreichten das Maastricht, aber keine dessen Ende.

Bei der Bestimmung verlassen sich die Paläontologen nicht nur auf äußere Merkmale, sondern mehr noch auf innere Schalenmerkmale, wie Muskulatur und Ligamentstrukturen, die allerdings bei Kreidefossilien nicht immer hinreichend erhalten sind. Für die Beurteilung von Inoceramenschalen sind Schale und Klappenform, der Neigungswinkel der Schale, die Beschaffenheit der vorderen und hinteren Flügel, die Lage, Vorwölbung und Schrägstellung des Wirbelschnabels, Bestandteile und Variationen der Ornamente, sowie das Schloss und die Ligamenteindrücke wichtig. Tatsache ist, dass es zahlreiche Zwischenformen mit Merkmalen verschiedener Taxa gibt.

Neben den Inoceramen sind die Muscheln *Nuculana* sp. und *Spondylus* sp. zu finden. Die Brachiopoden *Orbirhynchia cuvierii, Gibbithyris semiglobosa, G. subrotunda, Terebratulina statula, Monteclarella* sp. *und Kingena* cf. *elegans* gehörten zur Lebenswelt der unterturonischen küstennahen Gewässer.

Seeigel sind insgesamt nicht häufig, trotzdem mit interessanten, seltenen und sehr kleinen Exemplaren vertreten. Von *Conulus subrotundus* zum Beispiel konnte bisher nur ein Stück gefunden werden. Irreguläre Echiniden werden in Westendorf vor allem durch *Discoides minima*, aber auch durch *Hemiaster nasatulus* und *Cardiaster truncatus* vertreten. Von regulären Echiniden sind nur Einzelfunde zu vermelden: *Phymosoma* sp. *Salenocidaris granulosa und Phalacrocidaris mercey.*

Auf mögliche Wassererwärmung weist die Solitärkoralle *Parasmilia centralis* hin. *Cretoxyrhina mantelli* aus West-endorf ist mit den rezenten Herings- und Makrelenhaien verwandt.

Folgende Ammoniten sind für den Aufschluss Westendorf belegt: *Mammites nodosoides, Lewesiceras peramplum, Pseudaspidoceras* sp., *Cibolaites* sp., *Eutrephoceras sharpei, Pseudoxybeloceras multinodosum, Sciponoceras bohemicum.*

Für die Fauna des Unter-Turon im Aufschluss Westendorf gilt insgesamt, dass sie von der Profilbasis bis zum Grenzbereich von Unter- und Mittel-Turon zunimmt, im Bochumer Grünsand wieder zurück geht und im Bürener Konglomerat wieder zunimmt.

FOSSILE FISCHE

Seit dem Mittelalter bauten die Menschen die Plattenkalke von Sendenhorst und den Baumberger Sandstein im Zentrum des Münsterländer Kreidebeckens ab. Berühmte Baumeister des Barock, wie Johann Conrad Schlaun, liebten dieses Material und schufen nicht nur im Münsterland berühmte Gebäude aus diesem Material. Darum wundert es nicht, dass ausgerechnet der Bildhauer Franz Brabender bei der Spaltung eines Blocks den ersten fossilen Fisch aus dieser Region entdeckte, der dokumentiert ist. Dieser Fisch löste bei Brabenders Versuch, ihn zu verkaufen, politische Verwicklungen mit den Niederlanden aus. Seit 1500, als die Sandsteine und Plattenkalke mit der Hand in zahlreichen Gruben der Gegend abgebaut wurden, liegen 200 bis 300 Fischfunde vor, während in den vergangenen 40 Jahren die Funde aufgrund des hoch technisierten Abbaus versiegten.

Aus dem Campan der Baumberge im Münsterland stammt die weltberühmte Fischfauna der Oberkreide: Der »Fliegende Fisch«, *Cheirothrix guestphalicus.*

Der »Laternenfisch« *Sardinius cordieri*.

Offensichtlich aus dem Tiefseebereich stammt der leuchtsardinenähnliche Fisch *Enchodus gracilis*

Die Haie werden durch den Hundshai *Paratriakis decheni* vertreten.

Rochen lebten im Oberkreidemeer, hier der Geigenrochen
Rhinobatus tesselatus.

Der Paläontologe Wolfgang Riegraf räumt den fossilen kreidezeitlichen Fischen aus dem Münsterland Weltgeltung ein: »Kreidezeitliche fossile Fischfaunen mit einer vergleichbaren Qualität der Erhaltung und entsprechender überregionaler Bedeutung führen nur noch die Oberkreide-Plattenkalke des Libanon.« Die Faunen von Sendenhorst und aus den Baumbergen überliefern keine Arten des Flachmeeres, sondern nur ausgesprochene Hochsee- bis Tiefwasserformen. Darunter sind sogar Fische, die mit Leuchtorganen ausgestattet gewesen sein können.

Ein großer halbmondähnlicher Bogen kennzeichnet auf der geologischen Karte das Gebiet der Plattenkalke von Sendenhorst im Osten und Südosten von Münster und den Baumbergen. Sie gehören den höheren Vorhelm-Schichten des Ober-Campan an und sind demnach 80 bis 85 Millionen Jahre alt. Der Baumberger Sandstein dagegen gehört zu den jüngeren Baumberger Schichten, den jüngsten Kreideschichten Westfalens. Am Fuß des Longinusturmes auf dem Westenberg werden sie noch in großem Stil abgebaut. Im Haldenmaterial konnte in den vergangenen Jahren der vollständig erhaltene Schädel einer Meeresschildkröte entdeckt werden.

Während des Ober-Campan lag der Beckumer Raum am unteren westlichen Hang der Vorosning-Senke. Erdbeben lösten Rutschungen der Sedimente von untermeerischen Rücken in tiefere Gebiete aus. Diese Schlamm- und Trübeströme, Turbidite genannt, kündeten das nahende Ende der Meeresüberflutung im Münsterländer Kreidebecken an. In den Schlammlawinen starben nicht nur Tiere des Meeresbodens, sondern auch die in der Wassersäule lebenden Fische. In den in großer Geschwindigkeit dahinrasenden Lawinen wurden die Fische so schnell und vollständig begraben, dass sie im Sediment wühlenden und Aas fressenden Bodenbewohnern entgingen. Durch die hermetische Versiegelung zeigen sie nicht einmal die typische Rückgratkrümmung,

die einige Zeit nach dem Tod durch die Leichenstarre eintritt. Ihre vorzügliche Erhaltung wird zudem dadurch unterstrichen, dass der feine Kalk- und Tonschlamm jedes Detail des Fischkörpers abgoss.

Berühmte Paläontologen beschäftigten sich mit den seltenen und wertvollen Fischfossilien, darunter Georg August Goldfuss, Friedrich Adolf Roemer, Clemens August Schlüter und Georg Graf zu Münster. Die wichtigste wissenschaftliche Arbeit zum Thema schrieb der Schweizer Louis Jean Agassiz. Fische aus dem Baumberger Sandstein und dem Sendenhorster Plattenkalk befinden sich in paläontologischen Sammlungen der Museen in München, Bonn, Paris und London. Die umfangreichste Sammlung von Fischen, Krebsen und Pflanzen aus diesem Gebiet präsentiert das Geologisch-Paläontologische Museum der Westfälischen Wilhelms-Universität von Münster.

GEFÜRCHTETE JÄGER: DIE SAURIER DER MEERE

Fressen und gefressen werden, hinter dieser Abfolge verbergen sich weitreichende Folgen für die Evolution der Lebewesen. Wenn man daraufhin das marine Leben der Kreidezeit betrachtet, fällt die große Expansion moderner Typen mariner Raubtiere auf. Während es im Paläozoikum noch keine großen Gliederfüßler (Arthropden) mit Scheren zum Zerquetschen gab, waren die mesozoischen Krabben in der Lage, mit ihren Scheren Muschelschalen und Schneckengehäuse zu knacken. Kreidezeitliche Schnecken ihrerseits bohrten Muschelschalen an. Fische mit kräftigen Gebissen dezimierten die Molluskenfauna. So nimmt Stanley an, dass der Niedergang der Brachiopoden und der gestielten See-

lilien wahrscheinlich auf die Entwicklung der modern anmutenden Räuber zurückzuführen ist.

Die größten Räuber des Kreidemeeres waren alles andere als »modern«. Es waren die schwimmenden Reptilien, wie Ichthyosaurier und Plesiosaurier etwa. Als schrecklichster Räuber der kreidezeitlichen Unterwasserwelt gelten jedoch die »Maasechsen«, die Mosasaurier, gewaltige marine Eidechsen, die mehr als 15 Meter lang werden konnten. »Maasechse« heißt dieser Saurier, weil ein besonders großes Exemplar in der Kreidegrube des St. Pietersberges an der Maas bei Maastricht gefunden wurde. Selten sind in deutschen Aufschlüssen komplette Skelette dieser Meeresreptilien gefunden worden, eher schon Zähne, Schädelreste und Fragmente des übrigen Knochengerüstes.

Aus dem oberen Cenoman des Teutoburger Waldes werden Teile eines zerfallenen Schädels des Ichthyosauriers *Platypterygius* beschrieben. Zähne und Reste des Kiefers aus einem Aufschluss in der Nähe von Dörenthe lassen auf eine Gesamtlänge des Reptils von 4 bis 6 Metern schließen.

Ichthyosaurier stammen von Landbewohnern ab und waren einseitig dem Leben im Meer angepasst; aus ihren Gliedmaßen hatten sich Flossen entwickelt. Mit den lang gestreckten Schädeln und den mit spitzen Zähnen besetzten Kiefern durchstreiften sie den Bewuchs am Meeresboden nach Schalentieren. Bei *Platypterygius* aus dem Teutoburger Wald saß der Schädel auf einem lang gestreckten Rumpf. Durch die drei Fingerstrahlen der vorderen Flossen war eine bessere Steuerung und Balancierung des Körpers möglich.

Plesiosaurier der Gattung *Polyptichodon* gehören zur Oberfamilie Pliosaurier. Komplette Skelette aus deutschen Aufschlüssen fehlen auch hier. Ihre Anwesenheit in den kreidezeitlichen Meeren wies man aber durch Zähne und Knochenfragmente nach, z. B. aus der Kreide von Regensburg, Kelheim und Langelsheim im Harz und aus Aufschlüssen bei Salzgitter. Teile des Schädels, Zähne, Wirbel, Rippen und Extremitätenknochen aus dem turonischen Grünsand von Anröchte in Westfalen werden in einer neueren Untersuchung von 2000 der Gattung *Polyptichodon* zugeordnet.

Die Lebenswelt der Fische von Sendenhorst im Geologisch-Paläontologischen Museum der Uni Münster.

Spuren hinterließen die Krebse der Gattung *Callianassa* zuhauf im Sediment. Dass auch die Verursacher dieser Spuren gefunden wurden, zumal sechs an der Zahl im selben Grabgang steckend, darf man schon als Rarität bezeichnen. Diese gehören zur Gattung *Protocallianassa faujasi* und stammen aus Dülmen im Münsterland.

Die Plesiosaurier vom Pliosaurus-Typ waren im Gegensatz zu den Exemplaren des Plesiosaurustyp die besseren Schwimmer. Ihre hydrodynamisch günstige Körperform und die vorteilhafte Entwicklung der Schwimmwerkzeuge machte sie zu effektiven Räubern. Der Plesiosaurustyp dagegen war mit seinem langgestreckten Körper und seinem langen Hals ein relativ unbeholfener Schwimmer. Ein relativ vollständiges Exemplar der Gattung *Brancosaurus brancai* aus der Unterkreide von Gronau in Westfalen wird im Geologisch-Paläontologischen Institut und Museum der Universität Münster verwahrt und derzeit neu bearbeitet.

DER GOLF VON REGENSBURG

In der Oberkreidezeit drang das Meer von Süden in den Golf von Regensburg ein. Grünsandsteine, Mergel und feine kieselige Kalksandsteine sind die Sedimente, die dieses Vordringen des Südmeeres, der Tethys, heute bezeugen. Die als »Regensburger Kreide« in der Literatur bekannten Ablagerungen wurde erstmals 1868 vom wohl bedeutendsten bayerischen Geologen, Carl Wilhelm von Gümbel aufgenommen, gegliedert und benannt. Über Weißjura setzen 5 bis 16 Meter mächtige obercenomane kalkige Grünsande ein. Es folgt an der Wende vom Cenoman zum Turon 4 bis 8 Meter dicker glaukonitischer, dunkelgrüner Eibrunner Mergel, der direkt unter der Cenoman/Turon-Grenze stark von Sedimentbewohnern durchwühlt ist und eine Ammonitenfauna enthält. Die Rheinhausener Schichten mit 15 bis 25 Meter Mächtigkeit stammen bereits aus dem Unter-Turon. Sie enthalten zahlreiche Schwammnadeln. Starke Durchwühlung weist auf ein reges Leben im Sediment hin. Darauf folgt ebenfalls aus dem Unter-Turon der bis zu 20 Meter mächtige Knollensandstein.

Im Mittel-Turon ist in den Sedimenten ein erneuter Vorstoß des Meeres bis über Bayreuth hinaus zu verzeichnen. Er setzt mit einer Grobsand- und Geröll-Lage ein, dem sogenannten Hornsandstein, auf den die Eisbuckel-Schichten mit kieseligen Mergelkalken und ein sehr fossilreicher, auffällig grüner, etwa eineinhalb Meter mächtiger Glaukonitmergel die Eisbuckel-Schichten von den sandfreien Mergelkalken der Pulverturm-Schichten trennt. Eine große Sandschüttung vom Böhmischen Massiv sorgte für den bis zu 40 Meter mächtigen kalkigen Großberger Sandstein mit einer Muschel- und Bryozoen-Fauna des Ober-Turon. Der folgende Weilloher Mergel stammt schon aus dem Coniac. Coniac, Santon und Campan sind nur unter dem Tertiär des südöstlich von Regensburg liegenden Braunauer Trogs erhalten.

Einige bemerkenswerte Fossilien der süddeutschen Regensburger Kreide beschreibt Meyer, ein Geologe des Bayerischen Geologischen Landesamtes. Aus dem Eibrunner Mergel des Ober-Cenoman ist *Calycoceras naviculare* bekannt, ein Weltbürger unter den kreidezeitlichen Cephalopoden. Nachweise liegen nicht nur aus Deutschland, sondern zum Beispiel auch aus Spanien, Portugal, Nordafrika, dem Mittleren Osten, Madagaskar, Indien, Japan sowie Nordamerika vor.

Worthoceras vermiculum, ebenfalls aus den Eibrunner Mergeln des Ober-Cenoman, gehört zur Ammonitenfamilie der Scaphitidae, und damit zu den nicht in der Planspirale aufgerollten Formen. Die kleinen bis winzigen Gehäuse,

Dieser vollständig erhaltene Krebs *Mecochirus rapax* aus der Unterkreide von Sachsenhagen ist 27 Zentimeter lang.

das Exemplar aus Regensburg misst 1 Zentimeter im Durchmesser, bildeten einen mäßig bis sehr langen so genannten Endhaken aus. Entweder ist das Gehäuse glatt oder schwach berippt.

Mit *Inoceramus lamarcki* liegt aus den Pulverturm-Schichten eine Muschelart vor, die als Leitfossil für das Turon von Bedeutung ist. Inoceramen-Schalen sind in manchen Aufschlüssen der Oberkreide häufig, wenn nicht gar massenhaft zu finden. Die Gehäuse sind eiförmig bis rundlich und konzentrisch berippt. In der Oberkreide sind die Schalen der *Inoceramus*-Arten häufig sehr dick. Die Diskussion darüber, ob *Inoceramus* in mehrere selbständige Gattungen aufzuteilen ist, ist noch nicht abgeschlossen.

Meyer hat eine Wanderung zu den berühmten alten Kreide-Aufschlüssen rund um Regensburg zusammengestellt. Die markantesten Punkte sind der Regensburger Dom, dessen Chor aus Grünsandsteinen erbaut worden ist, ebenso die berühmte Steinerne Brücke, deren Bögen ebenfalls aus Grünsandsteinen errichtet wurden. Am Fuß dieser Brücke sind die Querschnitte von dicken Schalen der Auster *Exogyra columba* in den Grünsandsteinblöcken zu beobachten. Westlich der Brücke, auf dem Hochwasserdamm der Oberen Wörth, haben Krebse der Gattung *Thalassinoides* die Spuren ihrer Wühlgänge in den verbauten Grünsandblöcken hinterlassen.

Im östlichen Steinbruch an der Dantschermühle südwestlich von Bad Abbach wiesen Paläontologen durch Foraminiferen die Cenoman/Turon-Grenze nach. Die Schichtenfolge beginnt hier mit dünnbankigem Oberen Grünsandstein mit dünnen Sandmergelzwischenlagen und darüber folgt der Eibrunner Mergel mit der Cenoman/Turon-Grenze. Die Foraminifere *Rotalipora cushmani* steht für oberstes Ober-Cenoman und *Praeglobotruncana helvetica* für das unterste Unter-Turon.

Eine ganze Reihe von kleineren Kreideaufschlüssen sind in Bayern als Geotope ausgewiesen, als besonders schutzwürdige Aufschlüsse, darunter der gerade genannte an der Dantschermühle im Landkreis Kehlheim.

RUDISTENRIFF IN DEN BAYERISCHEN ALPEN

Inmitten eines Waldes am Nordfuß des Lattenberges bei Bad Reichenhall verbirgt sich ein hochinteressantes Naturdenkmal. Es wird das »Krönnerriff« genannt. In diesem Fall sind nicht Korallen die Riffbauer, sondern Muschen aus der Oberkreide-Zeit, die Rudisten, die wegen ihrer merkwürdigen Form auch »Pferdeschweifmuscheln« genannt werden. Über Ramsaudolomit der Mittel-Trias lagert hier eine bauxitisch gebundene transgressive Grobbrekzie, das ist ein durch Bindemittel verfestigtes Trümmergestein. Darüber entwickelten sich verschiedene Lebensgemeinschaften von Rudisten, die im küstennahen Milieu durch starke Brandung häufig umgelagert wurden. Nach oben folgen große Solitär-Rudisten der Gattung *Hippurites*, die sich zu Gerüsten zusammenschließen. Paläontologen deuten das fünf Meter mächtige und bis zu 50 Meter lange Riff als Hippuriten-Barriereriff. Nur zwei Hippuriten-Arten sind die eigentlichen Riffbildner. Beim überwiegenden Teil der Muscheln weist die Deckelklappe nach Osten, in Richtung der ehemaligen Vorriffzone, die heute als heller Schuttkalk dokumentiert ist.

Rudisten gehören zu den absonderlichsten Erscheinungen der Kreide-Meere. Obwohl Muscheln als konservative Tiergruppe ihr äußeres Erscheinungsbild im Verlauf der Evolution nur geringfügig veränderten, weichen einige Angehörige »plötzlich« von dem offensichtlich bewährten Bauplan ab. Sie zeigen eine Form, die es dem Laien kaum möglich macht, sie als Muscheln zu erkennen. Diese Entwicklung geschah schrittweise seit der Zeit des Oberen Jura und erreichte ihren Höhepunkt in der Oberkreide. Augenfällig sind die kegelförmigen Gehäuse, bei denen eine Muschelklappe die Form eines Deckels hat. Rudisten zeigen einen Trend zur Großwüchsigkeit, einige Exemplare wuchsen bis zu zwei Metern in die Höhe. Nach Schumann lässt sich weltweit erkennen, dass der Lebensraum der Rudisten warmes Flachwasser war. Darum erfolgte der Entwicklungsschub während der Kreidezeit, weil riesige Bereiche der Kontinente überflutet waren und ein großes Angebot an besiedelbaren Flachmeerbereichen zur Verfügung stand.

Sie bevorzugten jene Bereiche des Schelfs, in denen starke Wasserbewegung und damit starke Sediment-Umlagerung vorherrschten. Durch die robuste Schale waren sie diesem hochenergetischen Milieu gut angepasst, doch auf die Dauer zerschellten die Gehäuse. Rudistenkalke sind aus diesem Grund zumeist »Trümmerkalke«. Darum auch der Name Rudist, der sich vom lateinischen »rudus« ableitet, was soviel wie kleine zerbrochene Steinchen bedeutet.

Starken Wasserbewegungen versuchten die Rudisten zu trotzen, indem sie sich »zusammenschlossen«. Die einzelnen Muscheln kooperierten sozusagen mit ihren Nachbarn und zementierten die Gehäuse zu konstruktiven Einheiten zusammen. Manchmal sind hunderte von Individuen an derartigen Riffen beteiligt. Die Weichkörper der Tiere bewohnten nur die oberen Einheiten des Gehäuses, alle darunter liegenden waren verlassen und verschlossen.

Rätselhaft bleibt es, warum die Rudisten ohne einen Nachkommen zu hinterlassen, etwa 100.000 Jahre vor der Kreide/Tertiär-Grenze ausstarben. In der Gegenwart haben die riesigen Schuttmengen, die beim Zerfall der Rudistenriffe entstanden, wegen ihres erheblichen Porenraumes große wirtschaftliche Bedeutung. Rudistenriff-Gürtel der Unterkreide-Zeit, die von Saudi-Arabien über 1000 Kilometer bis in die offshore-Fördergebiete der Vereinigten Emirate zu verfolgen sind, bilden überaus reichhaltige Erdölspeichergesteine mit enormen Erdöl-Vorräten.

Vereinzelt tauchen Rudisten auch in den kreidezeitlichen Sedimenten in anderen Gebieten Deutschlands auf, so vereinzelt im Aufschluss Kassenberg im Ruhrgebiet und einigen Aufschlüssen des Münsterlandes.

REVOLUTION IN DER PFLANZENWELT

Eines der größten Phänomene in der Evolution der Lebewesen ist das plötzliche Auftreten der Blütenpflanzen. Irgendwann in der Unterkreide setzte die Flora in der Natur Farbtupfer. Es liest sich so harmlos, ist in seinen Auswirkungen allerdings für die Ökologie der Erde gewaltig. Man könnte sagen, plötzlich waren die Blütenpflanzen, die Angiospermen, da und drängten die bis dahin dominierenden Gymnospermen, die Nacktsamer, zurück. Die Herkunft der Blütenpflanzen wird unter Wissenschaftlern intensiv diskutiert, bisher mit nicht zufrieden stellenden Ergebnissen. Schon Charles Darwin bezeichnete es als »the abominable mystery«, das »abscheuliche Geheimnis« der Herkunft der Angiospermen. Immer, wenn Paläobotaniker glaubten, der Antwort näher gekommen zu sein, warfen sie gleichzeitig neue Fragen auf. Oft entsprechen die Angiospermen-Fossilien nicht den aufgrund theoretischer Überlegungen erwarteten Vorstellungen.

Merkwürdig zum Beispiel, dass in der frühen Kreidezeit die Nacktsamer die Landflora beherrschten, dennoch die zu den Gymnospermen gehörenden Palmfarne und Ginkgos schon auf dem Rückzug waren, die Blumenpalmfarne aber eine in die Zukunft gerichtete Entwicklung aufwiesen. Sie besaßen, erstmals im Pflanzenreich, Zwitterblüten und die Samenanlagen waren von Hüllenblättern eingeschlossen. Ein Kuriosum, denn sie waren sozusagen die »Bedecktsamer« unter den Nacktsamern. Trotz des fortschrittlichen Bauplans gab ihnen die Evolution keine Chance. Sie starben im Verlauf der Kreidezeit aus.

Aus der deutschen Kreide sind eine ganze Reihe von kreidezeitlichen Pflanzenfossilien bekannt geworden, die in Ausschnitten ein Florenbild der Landschaft zeichnen. Besonders interessant sind in diesem Zusammenhang die Untersuchungen der Karstspalten im devonischen Massenkalk des Rheinischen Schiefergebirges, die mit unterkreidezeitlichen Sanden und Tonen gefüllt sind. Wasserströme begruben Pflanzen und Tiere unter Sediment in diesen Spalten. Internationale Wissenschaftlerteams sind immer noch dabei, das zum Teil reichhaltige Spektrum an Pollen, Sporen und auch Blütenresten zu deuten.

VIELE »VERDÄCHTIGE« BEI DER NOCH ANDAUERNDEN SUCHE

Sicher ist festzustellen: Die Herkunft der Blütenpflanzen ist bis heute nicht eindeutig geklärt. Forschungsaktivitäten spielen sich meistens unter Ausschluss der Öffentlichkeit ab. Selten interessiert sich die Tagespresse für ein derart komplexes Geschehen. Doch in diesem Fall war für die New York Times der Fossilfund einer den Magnolien verwand-ten Pflanze eine Nachricht von eklatantem News-Wert: Die Times präsentierte ihren Lesern diesen Fund als »den primitivsten Bedecktsamer«, den Ursprung der Blütenpflanzen. Die Forschung beförderte diese Schlagzeile inzwischen ins Altpapier. Auch andere als älteste Angiospermen »verdächtigte« Pflanzen hielten der kritischen Begutachtung nicht stand, allein weil sie wegen ihrer hohen Spezialisierung nicht in Frage kamen. Erklärungsmodelle favorisieren eine Holzpflanze mit großen mehrgliedrigen Blüten als Stammform, folglich ein den Magnolien ähnlicher Bedecktsamer. Doch diese Theorie gilt nicht als alleinige Sichtweise unter Paläobotanikern und Botanikern.

Wie stellt sich die Situation dar? In der Unterkreide verläuft der Übergang zwischen den phytischen Ären des Mesophytikums, in der die Nacktsamer die Dominanz hatten,

Megaspore aus einer unterkreidezeitlichen Höhlenfüllung im Bergischen Land bei Wülfrath.

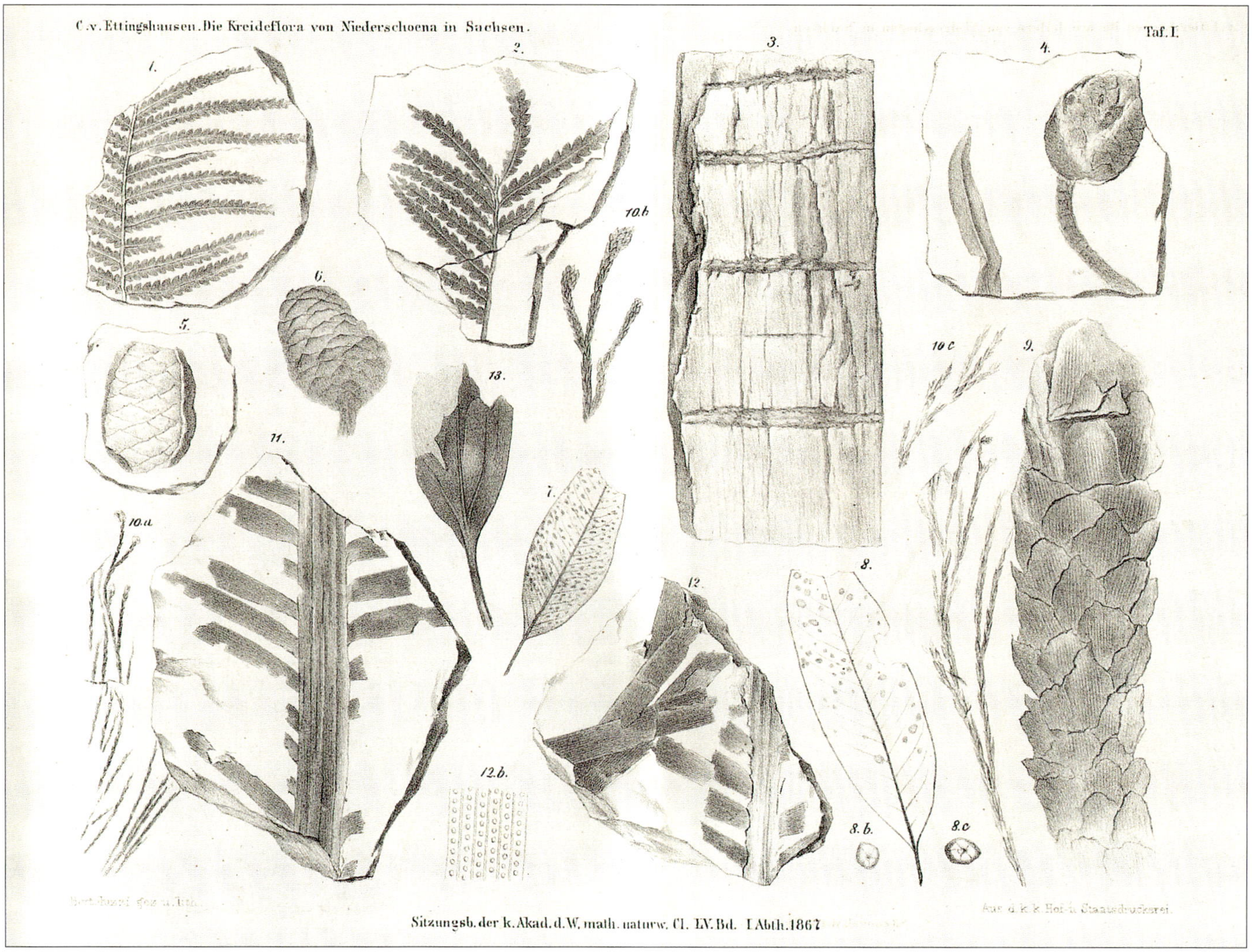

C. v. Ettinghausen beschrieb 1867 die Pflanzenfossilien von Niederschöna in Sachsen und zeichnete sie auf. Auf der ersten Tafel der Arbeit sind Farne, Rhizome, diverse Fruchtzapfen und ein Blatt mit Pilzbefall (Figur 8) zu sehen.

und des Känophytikums, in der die Bedecktsamer die Dominanz übernahmen. Bisher ist stratigraphisch keine scharfe Grenze auszumachen, denn diese Entwicklung zeichnete sich äquatornah früher ab als in höheren Breiten.

In der Kreidezeit starben die Samenfarne und die Palmfarngruppe der Bennettiteen (Cycadeoidea) aus. Andere Nacktsamergruppen, wie Ginkgos, Koniferen und weitere Palmfarne zogen sich zurück.

Bereits in der Oberkreide waren ausgedehnte (Angiospermen-) Laubwälder verbreitet, etwa auf den Nordhängen des damaligen Harzes und den vorgelagerten Inseln. Diese Flora ist fossil als »Quedlinburger Senon-Flora« gut dokumentiert. Merkwürdigerweise hatte das große Aussterbeereignis an der Kreide/Tertiär-Grenze keinen großen Einfluss auf die Evolution der Floren, lediglich auf deren Zusammensetzung.

ALTE PFLANZENFAMILIEN AUS DER KREIDEZEIT

Nach bisheriger Erkenntnis waren die Angiospermen »plötzlich« da und verbreiten und verändern sich seither ständig. Heute stehen mindestens 250.000 Arten von Angiospermen etwa 740 rezenten Arten von Gymnospermen gegenüber. Was sich in der älteren Kreidezeit anbahnte, sollte von großem Erfolg gekrönt sein, denn die Bedecktsamer variierten ihr Spektrum gewaltig. Es reicht von den winzigen Zwergwasserlinsen von etwa einem Millimeter Durchmesser bis hin zu über 100 Meter hohen Eukalyptusbäumen oder bis über 200 Meter langen Lianen, eine gewaltige Spielwiese der Evolution.

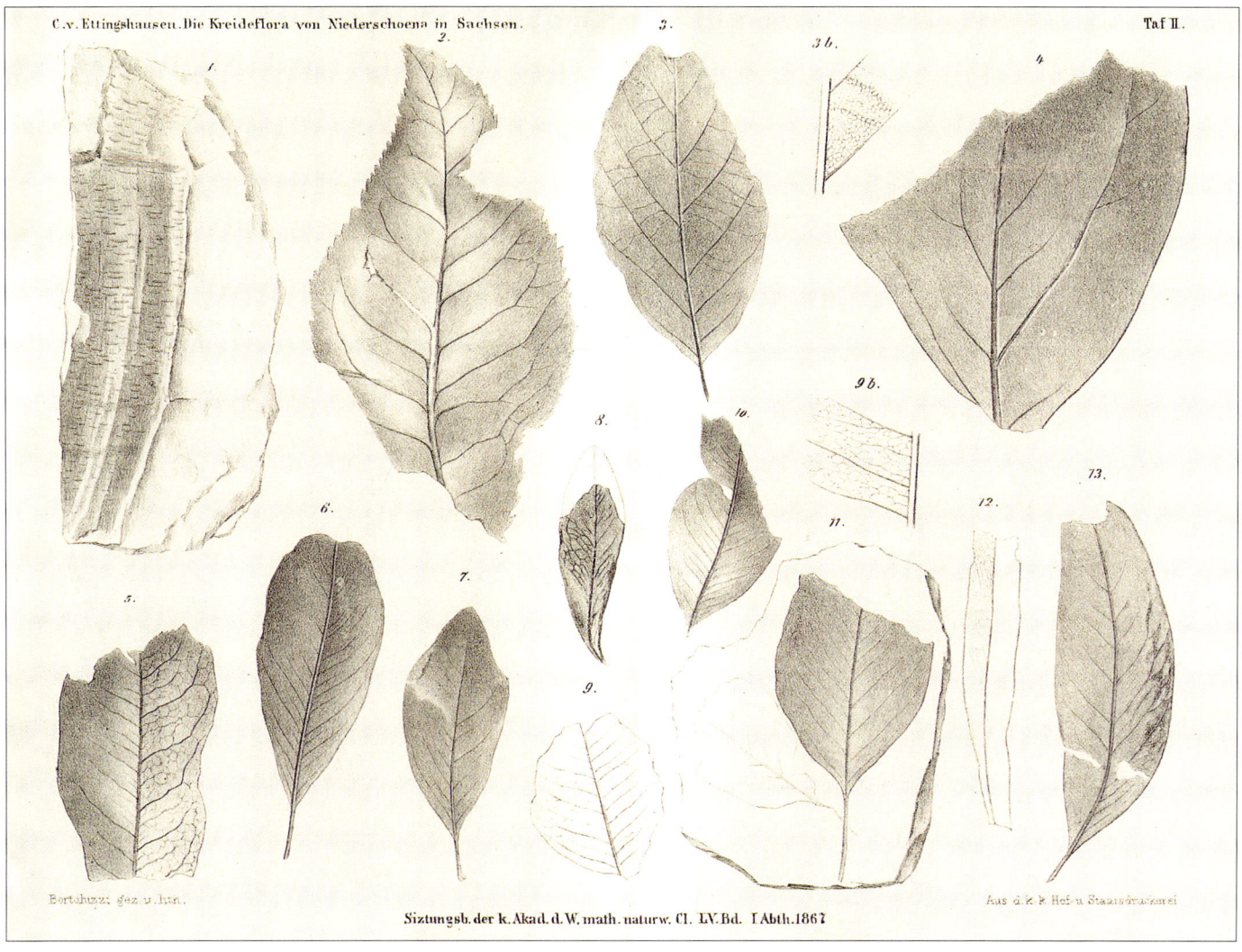

C.v.Ettingshausen.Die Kreideflora von Niederschoena in Sachsen. Taf II.

Bertahuzzi gez. u.lun. Aus d.k.k. Hof-u.Staatsdruckerei

Siztungsb. der k. Akad. d.W. math. naturw. Cl. LV.Bd. I Abth.1867

Laubblätter in sehr gutem Erhaltungszustand. Sie stammen von Feigen, Weiden und anderen Laubbaumarten.

Die ältesten sicher den Bedecktsamern zuzuordnenden fossilen Pflanzenreste sind Pollenkörner und datieren ins Valangin. Ziemlich von Anbeginn zeigen die Pollenkörner ein breites Spektrum an Ausprägungen. Die Pollenstruktur sehr früher Funde ist weit vielgestaltiger als bis dahin angenommen. Die zeitliche Differenz zu den Schichten, in denen praktisch das gesamte Spektrum heutiger Formen gefunden wird, ist relativ unbedeutend. Die ältesten Blattreste stammen aus dem Barrême, Nachweise von Blüten und von Holz sind frühestens seit dem Apt bekannt. Ähnlichkeiten zwischen den Blättern fast aller Kreidegattungen und denen moderner Arten sind rein äußerlich.

Während man bis zu Beginn des 20. Jahrhunderts viele fossile Blätter fälschlicherweise heute noch existierenden Arten zuordnete, fanden Wissenschaftler inzwischen heraus,

dass die meisten Gattungen der Kreide heute ausgestorbenen Gruppen angehören. Nach heutigem Stand werden etwa 500 lebende Familien der Bedecktsamer durch ungefähr 50 Fossilien aus der Oberkreide belegt. Zum Beispiel gehören die Platanen dazu, die Stechpalmen, Palmen, die Familien der Eiche, der Walnuss und die Familie der Birken und Erlen. Darum würde einem heutigen Betrachter das Waldbild der jüngeren Kreide durchaus vertraut erscheinen.

Aus den festländischen Ablagerungen des Wealden zu Beginn der Kreidezeit lassen sich die Lebensumstände der ersten Blütenpflanzen rekonstruieren. Den Begriff »Wealden« entlehnten die Paläontologen der südostenglischen Landschaft Weald, in der zur Unterkreidezeit Fluss- und Brackwassersedimente abgelagert wurden. Sie bildeten sich in sumpfigen Deltakegeln, in denen ausgedehnte Sumpfwäl-

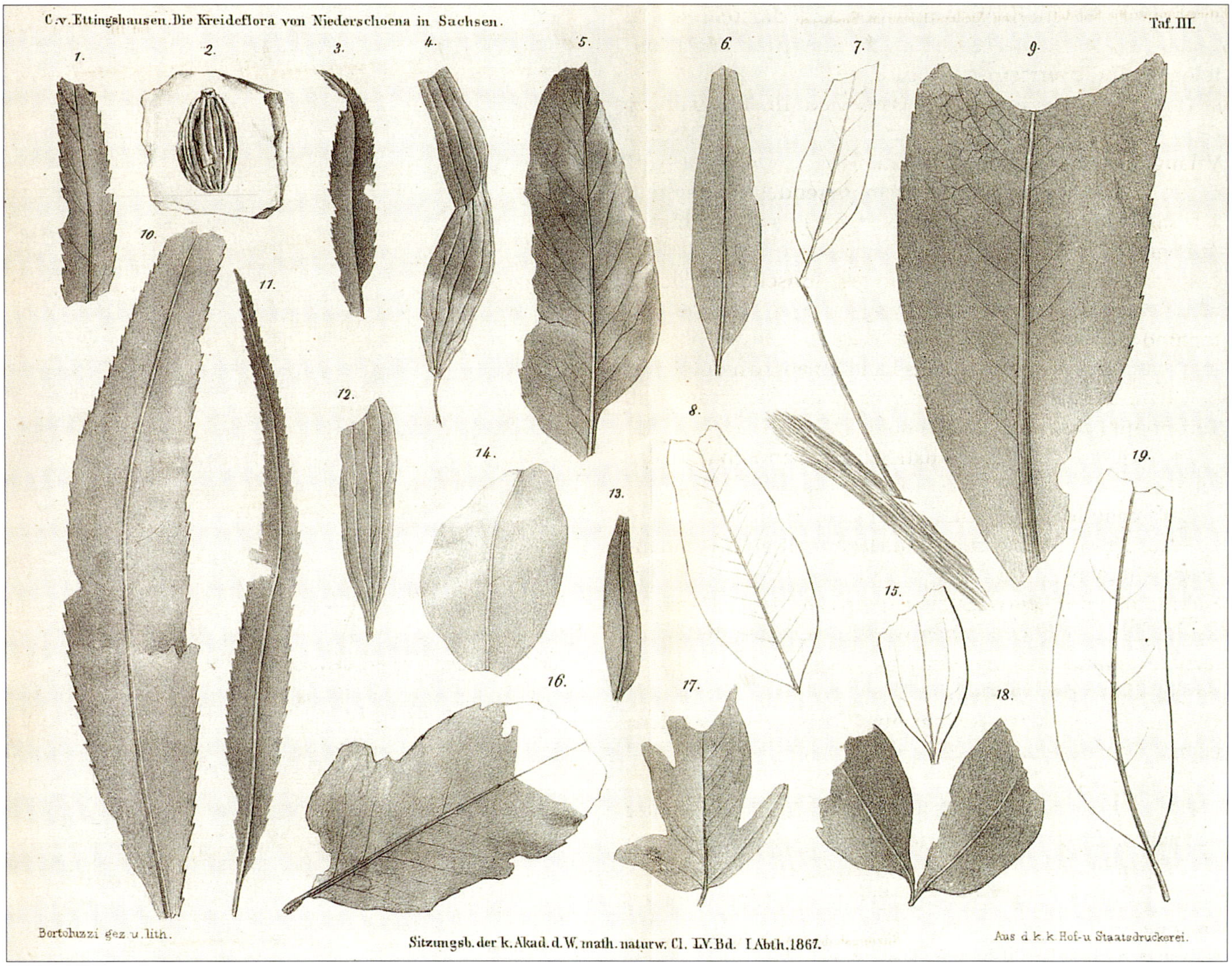

Auf der dritten Tafel von Ettinghausen's setzt sich die Vielfalt fort. Die Laubbäume, die zu den Bedecktsamern gehören, erobern die Erde.

der wuchsen, und zwar so üppig, dass es zur Flözbildung kommen konnte.

In Deutschland kennen wir ähnliche Ablagerungen aus dem Teutoburger Wald, dem Wiehen- und Wesergebirge, Deister und Osterwald. Die Waldmoore der unterkreidezeitlichen Wealdenfazies glichen den Kohlenmooren des Oberkarbons, doch die Flözbildner waren andere. In diesem Milieu begannen die Blütenpflanzen ihre Entfaltung. Krautige Gewächse, die in Konkurrenz mit ebenfalls krautigen Farnpflanzen am Rande von Flussniederungen gediehen. Von dort aus drangen sie in verschiedene Feuchtbiotope ein und entwickelten eine große Formenfülle, ohne allerdings vorerst mengenmäßig hervorzutreten. Erst als sie zunehmend strauchige und baumförmige Wuchsformen hervorbrachten, begannen sie die Gymnospermen zurückzudrängen. Schon

zum Ende der Unterkreide, etwa ab dem Alb, machten sie weit über die Hälfte der Pflanzenwelt aus. Dazu benötigten sie den, geologisch gesehen, kleinen Zeitraum von nur rund 15 Millionen Jahren.

WALDMOORE DES WEALDEN BILDETEN BAUWÜRDIGE KOHLENFLÖZE

Charles Darwin beklagte sich über den »jämmerlichen Zustand« der fossilen Pflanzenfunde. Dieser Zustand hat sich in den vergangenen Jahren geändert. Für einige Kreidelandschaften ließen sich Modelle entwickeln, die deren land-

schaftliche Beschaffenheit und Bewuchs darstellten. Ein solches Modell aus der tiefen Unterkreide entwarfen Paläontologen für die terrestrische Wealden-Fazies des Hannoverschen Berglandes im Bereich Osterwald. Im Tagebau der Otavi-Werke waren Schichtenfolgen aus der Wende Berrias/Valangin, die so genannte Osterwald-Folge, aufgeschlossen, deren Rinnensandsteine ein mäandrierendes Flusssystem mit siltig-sandigen Uferwallkörpern und das benachbarte Auengebiet mit hellen tonigen Wurzelböden, Brandschiefern, Kohlen und schwarzen plattigen Tonschiefern dokumentierten. Fossilien von Pflanzen ließen sich den erhöhten und größtenteils trockenen Uferwallkörpern, sowie den Auelehmflächen und weiter ins Land hinein den durch hohen Grundwasserstand vergleyten Böden, Moorseen und Torfmooren zuordnen. Vier lithologische und fazielle Einheiten machten die Rekonstruktion dieses Landschaftsbildes möglich.

Der mäandrierende Fluss nahm Gerölle und Hölzer der Landschaft auf, transportierte und lagerte sie ab. Im Rinnensandstein blieben sie bis in unsere Zeit erhalten. In den Sedimenten der Uferwälle lag angespülter und fein zerriebener Pflanzenhäcksel neben Wedelfragmenten der Palmfarne *Ruffordia* und *Zamites*. Fast vollständige Bäumchen der Koniferen des *Sphenolepis*-Typs bewahrte der Uferwall. Der Fluss transportierte nicht nur Pflanzenreste, sondern ebenso Knochen von Wirbeltieren, Fischreste, Muscheln und Teile von Insektenkörpern.

Im sumpfigen Auenbereich hätte sich einem Betrachter das Bild einer wildromantischen Szenerie geboten. Zwischen Nadelbäumen, Koniferen, Ginkgos reflektierten offene Wasserflächen das Tageslicht, das sich in den angrenzenden Torfmooren wieder verlor. Am Boden Schachtelhalme der Gattung *Equisetites*, die eine Höhe von bis zu sechs Metern erreichen konnten. Palmen ähnelnde Farne der Bennettiteen, Samenfarne der Gattungen *Zamites* und *Nilssonia* bildeten den Bodenbewuchs. Diese den Cycadales zugehörigen Samenfarne leben bis heute rezent von Japan bis in das nordaustralische Queensland, kommen aber auch in Indien und Madagaskar vor. In jedem dieser Gebiete ist eine Gattung vorherrschend. Bennettiteen dagegen starben gegen Ende der Unterkreidezeit aus. Ihre Stämme waren verkürzt, sahen zylinder-, fass- bis kugelförmig aus. Die Büschel großer Blätter erinnern an Baumfarne oder Palmen, die Blüten waren über den ganzen Stamm verteilt. Im Fundgut von Osterfeld bargen Paläontologen die Blüte einer solchen Bennettitee. Gerade wegen ihrer Blüten standen diese Gewächse im Verdacht, Vorläufer der Blütenpflanzen zu sein, unterschieden sich von diesen aber durch gravierende Merkmale. Es gab immer wieder neue Verdächtige, doch sie alle konnten den Untersuchungen nicht standhalten. Die Suche nach dem Ursprung der Blütenpflanzen geht weiter und ist wohl noch lange nicht zu Ende.

Algen sind vergängliche Lebewesen. Dass sie dennoch fossil gefunden werden können, beweist dieses Stück.

Gegen Ende der Kreidezeit setzten sich die Bedecktsamer durch. Ein häufiger Laubbaum, an unsere Platanen erinnernd, war *Credneria*.

Neben Niederschöna war Quedlinburg eine bedeutende Pflanzen-fundstelle der Kreide. Auf dieser 46 Zentimeter breiten Platte blieb der Zweig eines Nadelbaumes erhalten.

GINKGOS UND KONIFEREN IM TEUTOBURGER WALD

Ein ähnliches Bild lässt sich aus dem Berrias des Teuto-burger Waldes rekonstruieren. Vereinzelte Steinkohleflöze in berriaszeitlichen Sedimenten entstanden durch üppigen Pflanzenwuchs. Bei Halle im Teutoburger Wald kann der Bergbau auf Wealdenkohle auf eine über vierhundertjähri-ge Tradition zurückblicken. Zur Zeit des Bergbaubooms im 19. Jahrhundert gab es rund um Halle nicht weniger als 23 Mutungen auf Kohle. Selbst der Industriepionier Din-nendahl verlegte, in Erwartung großer Geschäfte, seinen Wohnsitz zeitweise nach Minden. Die Zeche »Vereinigte Ar-minius« bei Halle-Berghausen förderte bis 1925 durch einen aufgemauerten Förderstollen die Wealdenkohle. Es existier-ten 5 Kohleflöze mit einer Mächtigkeit zwischen 0,050 und 0,845 Metern. Die Kohle hatte, nach Beschreibungen von 1926, einen pechartigen, lagenweise auch matten Glanz. Stellenweise sei sie durch Schwefelkies verunreinigt gewe-sen. Das Berrias des Teutoburger Waldes und Egge-Gebirges ist zwischen Hörstel im Westen bis Oerlinghausen im Osten in der Wealden-Fazies (Mündermergel und Serpulit der Bü-ckeberg-Formation) ausgebildet. Diese Schichten bilden das Liegende des Osning-Sandsteins und begleiten den Höhen-zug an seinem nördlichen Rand. Es sind nichtmarine Sedi-mente, in denen die Steinkohlenflöze an Ort und Stelle ent-standen sind.

Das für die Kohlebildung verantwortliche Pflanzenma-terial entstammte wealdenzeitlichen Waldmooren. Die häu-figsten Kohlebildner waren zypressenartige Koniferen der Gattung *Sphenolepis* und der Nadelbaum *Abietites*, dane-ben die Ginkgogewächse *Baiera* und *Ginkgogites*. Blumen-palmfarne, Bennettitales und andere Farne bildeten den Unterwuchs. In Wassernähe fanden Schachtelhalme wie *Equisetites* günstige Bedingungen, ebenso wie der prächtige Baumfarn *Tremskya*, dessen Stämmchen über einem dicken Wurzelgeflecht aufragten.

Im Osning-Sandstein selbst fanden sich ebenfalls Hin-weise auf unterkretazische Flora. Der Sandstein ist eindeutig marinen Ursprungs. Verschiedentliche Konglomeratlagen weisen auf Schüttungen von Flüssen in ein randliches mari-nes System hin. Die Konglomeratlagen wurden von einem südlich bis südwestlich gelegenen Festland in den küsten-nahen Sandkörper geschüttet. Es müssen Flüsse mit starker Strömung gewesen sein, denn die Konglomeratlagen sind rinnenförmig ausgebildet. Sie transportierten neben Sedi-ment auch Pflanzenreste des Farnes *Weichselia*, der an peri-odische Trockenzeiten angepasst war.

Im zentralen Teil des nordwestdeutschen Wealden-Be-ckens herrschten fluviatil-limnische Zustände, das meint erodierende Vorgänge durch Süßwasser. Von Ellerburg (nörd-lich von Lübbecke/Westfalen) im Westen bis etwa bei Min-den im Osten sind diese Zustände durch Tonsteine der Bü-ckeberg-Formation des höheren Berrias gekennzeichnet. In diesem Milieu gedieh die Flora so üppig, dass sich auch im zentralen Teil des Beckens Steinkohleflöze bilden konnten.

Für die Evolution der Pflanzen während der Kreidezeit sind flöz- und kohleführende Schichten der Unterkreide mit besonderer Aufmerksamkeit zu betrachten. Im niedersäch-sischen Bergland ist die Unterkreide weitflächig in der Hils-mulde vertreten. Berriaszeitliche Tone und kohleführende Schluffsteine sind hier bis zu 200 Meter Mächtigkeit westlich von Alfeld vertreten. Sie enthalten Pflanzenreste und Baum-stümpfe, die während zeitweiser Überflutungen hierher ver-drifteten.

STARKER NORDWESTPASSAT VERSCHÜTTETE DIE DÜNENFARNE

Von stürmischen und feuchtwarmen Zeiten legen die obe-ren Teile der Zyklen im östlichen Profiltyp des Quedlinburger Sattels Zeugnis ab.

Sie bestehen aus Überresten terrestrischer Strandsande und Dünen und enthalten Wurzelhorizonte, die mit der Unterkreide-Flora von Quedlinburg in Verbindung stehen. Den unterkretazischen Dünenbewuchs kennzeichnen drei

Dieses Holzkohleflöz an der Basis einer Höhlenfüllung im Bergischen Land war extrem reich an Pflanzenfossilien, die bei einem Waldbrand in der Unterkreide vor rund 120 Millionen Jahren verkohlten. Die Holzkohlelage bildete sich dadurch, dass große Mengen an Holzkohle nach dem Brand in die Höhle gespült wurden.

charakteristische Pflanzen. Auf den periodisch überfluteten Flächen des Dünenfußes wuchs das Brachsenkraut *Nathorstiana*. In den Sandsteinen fand man das Brachsenkraut horizontweise übereinander. Die Paläontologen nehmen an, dass die Pflanzen vom Sand überweht wurden und nach oben wuchsen. Oben, im Licht angekommen, entfalteten sie sich neu zu 10 bis 20 Zentimeter langen Stämmchen, an denen sich erneut dichte Blattschöpfe aus spiralig angeordneten Blättchen öffneten.

Sand wehte auch den kleinen aufrecht stehenden tropischen Farn *Hausmannia* ein. Er bevorzugte Standorte direkt auf den Dünen. Aus kriechenden Rhizomen erhoben sich dünne Stiele mit herzförmigen oder gabelig gelappten Blättchen.

Wie *Hausmannia* liebte auch der größte Unterkreidefarn von Quedlinburg, *Weichselia*, eher die trockenen Orte in der Dünenlandschaft. Dennoch konnte er gut mit den wechselnden Bedingungen des feuchten und stürmischen Milieus umgehen. *Weichselia* entwickelte knollig verdickte Stämme, an denen ein bis zwei Meter lange gegabelte und doppelt gefiederte Wedel mit Fiederblättchen ansaßen. Die im Fundhorizont eingebetteten Stämme zeigen im Querschnitt bis zu acht jahresringartige Blattanlagen. Starker Nordwestpassat bog die Weichselien nach Südwesten und überschüttete sie mit Sand. Offensichtlich hatten sie während regenarmer Trockenzeiten ihre Wedel eingerollt und Scheinstämme gebildet. Eine Form von unterkretazischer Anpassung an lebensfeindliche Umweltbedingungen.

In Flussauen und Altwasserrinnen des Mittel-Cenoman fanden Wissenschaftler bei Niederschöna in Sachsen die zu Weltberühmtheit gelangten Pflanzenfossilien der Kreide. Sie sind bis heute nur zu kleinen Teilen neu bearbeitet, bieten also der Forschung noch viele Ansatzpunkte. Der abgebildete Nacktsamer (Cycadophyta) *Dioonites saxonicus* zum Beispiel wurde letztmals von Reich 1843 und Engelhardt 1892 bearbeitet.

Als »nicht sicher bekannt« wird dieser Pflanzenrest aus dem Cenoman unter dem Namen *Delesseria reichii* geführt.

DIE WELTBERÜHMTEN BLÄTTER VON QUEDLINBURG UND NIEDERSCHÖNA

Von internationalem Ruf sind die Fundorte baumförmiger Bedecktsamer im nördlichen Harzvorland bei Quedlinburg, Blankenburg und Niederschöna. Ebenso wie die unterkreidezeitlichen Biotope im östlichen Teil der subherzynen Kreidemulde bei Quedlinburg stammen auch die berühmten oberkretazischen Pflanzenfunde des Ober-Santon aus diesem Bereich. Von Interesse sind die Tonlinsen der Heidelberg-Formation, in die zum Teil Braunkohleflöze eingeschaltet sind. Bei den Sandsteinen der Niederschönaer Formation handelt es sich wohl um Deltaschüttungen von Flüssen mit verschiedenen marinen Horizonten.

Die lokal entwickelte Niederschönaer Formation ist älter als die sächsische Heidelberg-Formation. Sie entstammt dem Mittel-Cenoman und deutet auf ein Ost-West verlaufendes Flusssystem hin. In den Flussauen mit Altwasserrinnen fanden die Paläontologen Tonsteine, die bei näherer Untersuchung die Niederschönaer Flora offenbarte. Als der Gießener Theologe Karl August Credner dem Jenaer Professor der Botanik und Naturgeschichte, Jonathan Karl Zenker, fossile Blätter aus eben diesen cenomanen Formationen überließ, konnte er nicht ahnen, dass diese wohl die berühmtesten Fossilien der kreidezeitlichen Flora werden und zudem seinen Namen tragen sollten. Crednerien werden die großen, gelappten oder auch ganzrandigen dreispitzigen Blätter genannt, die als Vorfahren unserer Platanen infrage kommen. Im Sandstein sind sie als Abdrücke überliefert und zeigen einen etwa acht Zentimeter langen Stiel sowie eine derbe, fiedrige Natur.

Neben *Credneria* bildeten zahlreiche andere Laubbäume die oberkretazischen Wälder, wie Weiden, Buchen, Eichen, Kastanien, auch Gagelsträucher, Maulbeerbäume, Oleander und Eukalyptus. Dennoch waren es keine reinen Laubwälder, denn eingestreut wuchsen Nadelbäume wie Sumpfzypressen und die ihnen ähnliche *Geinitzia*, deren fossile Stämme als *Dadoxylon subherzynicum* in die Literatur eingegangen sind. Den Unterwuchs bildeten Farne und Schachtelhalme. Erstmals gab es Blumenwiesen und Gräser; ganze Schichtflächen waren gelegentlich mit Süßgräsern bedeckt.

Bedeutende Fossilien der kreidezeitlichen Flora stammen aus Bayern. Aus der Regensburg-Hollfelder Kreide sind nördlich der Wasserburger Senke Einschaltungen von schwarzen, kohligen Sanden und Tonen zwischen bunten terrestrischen Schüttungen von pflanzenumsäumten, sumpfigen Senken und Seen bekannt. Es sind Bildungen aus dem Ober-Turon.

Im Grenzgebiet von Bayern und Tirol, nahe Kufstein und bei Weiden in der bayerischen Oberpfalz, konnten in oberkreidezeitlichen Gesteinen Reste von wärmeliebenden Pflanzen wie Ingwer, dem Mastixstrauch und der Seerose *Euryale*

entdeckt werden. Ebenfalls fand die unterkreidezeitliche Fauna im heutigen Bayern Lebensraum. Die uns schon aus Niedersachsen bekannten Baumfarne der Gattung *Tempskya*, deren Stämme aus hunderten von kleinen Farnstämmchen zu einem Riesenstamm verbündelt waren, konnten in Bayern aus späteiszeitlichen Schottern geborgen werden. Unter den stark abgerollten Stammresten aus einer Kiesgrube nahe Neuherberge nördlich von München war auch ein faustgroßes Stück, das Ähnlichkeit mit der aus Nordamerika bekannten *Tempskya grandis* aufweist.

ERKENNTNISSE ZUR FLORA AUS DER »DINO-SPALTE« IM SAUERLAND

Auf der Suche nach den Zeugen kreidezeitlicher Flora gerieten einige spektakuläre paläontologische Grabungen selbst in die Schlagzeilen der Tagespresse. So geschehen, als 1974 Fossiliensammler in tonigen Sedimenten einer Karstspaltenfüllung des devonischen Massenkalkes in Brilon-Nehden auf Dinosaurierknochen stießen. 1979 begann das Geologisch-Paläontolgische Institut der Universität Münster mit der wissenschaftlichen Bearbeitung der sauerländischen »Dino-Spalte«. In den Zeitungen dominierten die 1400 Knochen des Sauriers *Iguanodon* die Meldungen und die spektakulären Funde zur Flora der Unterkreidezeit erschienen allenfalls als Randnotizen. Nicht so in der Forschung. In einer Reihe von wissenschaftlichen Publikationen wurden die Floren aus dem Tonvorkommen in der Karstspalte, die ins Apt datieren, gewürdigt. Sie waren so zahlreich, dass sich daraus unterkretazische Szenarien entwickeln ließen.

Heftige Gewitter gingen über der Landschaft nieder. Blitze zuckten und schlugen in den riesigen Stamm eines Mammutbaumes ein, der Feuer fing. In der schwülen Luft loderte die Flamme wie eine Fackel. Das Feuer breitete sich rasend schnell in dem trockenen Bewuchs aus. Tonnenschwere Tiere flohen in wilder Flucht. Erste dicke Regentropfen prasselten auf die gefächerten Blätter der Ginkgos. Aus dem Regen wurde rasch ein Wolkenbruch und das Wasser lief an den fetten Blättern und an den Stämmen der Araukarien herab.

Sturzbäche bildeten sich im sandigen Boden, die dem dunklen Auge eines Teiches zuströmten, dessen Wasser bald über die Ufer trat und in eine Spalte des felsigen Untergrundes gurgelte. Dabei riss der Wasserstrom Kadaver und Pflanzen mit sich, die in der Spalte bis zum Tag ihrer Entdeckung konserviert wurden. Ein Bild aus der Urzeit, das kein Mensch gesehen hat. Denn das Geschehen spielte sich in der Unterkreidezeit vor gut 100 Millionen Jahren ab.

Sowohl die *Iguanodon*-Knochen als auch die Florenreste waren in eine tonige Spaltenfüllung eingebettet, die in einer

Nach dem Jenaer Professor Credner erhielten die Blätter von Platanengewächsen, also Bedecktsamern, ihre Namen. Dieses wurde 1849 als *Credneria grandidentata* benannt.

Von diesem Bedecktsamer aus Niederschöna ist bis heute die Familie unbekannt. Wahrscheinlich handelt es sich um eine Weidenart.

Länge von 150 Metern, einer Breite von 35 Metern und einer maximalen Mächtigkeit von 20 Metern vorlag. Ein Paradies für Paläontologen!

Ebenso spannend, wie die Welt der Dinosaurier war die Lebenswelt, die sich den Forschern durch die Mikrofossilien erschloss. Forstdirektor Hans Kampmann ließ durch seine Funde unter dem Rasterelektronenmikroskop die Kleinlebewelt der Unterkreide lebendig werden und man glaubt bei der Ansicht des Fundmaterials nicht, dass diese Pflanzen und Tiere vor 100 Millionen und nicht etwa vor 100 Jahren oder in unserer Zeit gelebt haben sollen. Und doch sind sie so unvorstellbar alt.

Der Forstdirektor fand Kopf und Flügelschuppen eines Schmetterlings und Beinsegmente eines Insektes, Kokonreste, Puppenhüllen und selbst einen Fraßgang in Koniferenholz. Wurmröhren und Schneckengehäuse, Fischschuppen und -zähne vermittelten ein phantastisches Bild. Hans Kampmann schrieb begeistert über seine Funde: »… dass die Fossilfundstätte bei Brilon-Nehden in zoologischer, botanischer und stratigraphischer Hinsicht wohl einmalig in Europa, wenn nicht gar in der Welt ist, nicht zuletzt wegen der in natürlicher Form und Farbe so gut erhaltenen Mega- und Mikrosporen unterkretazischer Farne.«

Tatsächlich wurde die Kreidezeit für menschliche Augen farbig beim Anblick des Baumzapfens einer Araucaria oder der Megaspore eines Moosfarnes.

Eine Schriftenreihe feierte ihre Premiere mit der Veröffentlichung über die unterkretazische Flora von Brilon-Nehden. In der Ausgabe 1 der Reihe »Geologie und Paläontologie in Westfalen« wurden farnartige Pflanzen, Farne, Bärlappe und Algen der feuchten Zone am Rande des Schluckloches der Karstspalte vorgestellt, zudem Mikro- und Makrofossilien von Araukarien, Koniferen und Ginkgos, die hangaufwärts die trockenen Standorte bevorzugten. Allein 225 Megasporen aus dem Sediment konnten untersucht und zugeordnet werden.

BLÜTENRESTE AUS DEM APT IN EINER HÖHLE IM BERGISCHEN LAND?

Paläobotaniker Christoph Hartkopf-Fröder vom »Geologischen Dienst NRW« (früher Geologisches Landesamt NRW) schätzt sich überaus glücklich, wenn er auf die Fotos der zahlreichen Mega- und Mikrosporen schaut, die die Wände seines Büros schmücken. Sie stammen aus einer der bedeutendsten Fundstellen Europas für unterkretazische Pflanzen, die im Rahmen eines großangelegten Forschungs-

Neben den Laubbäumen waren auch die zu den Nacktsamern gehörigen Nadelbäume häufig in den kreidezeitlichen Landschaften anzutreffen. Aus dem Saurierloch von Brilon stammt dieser Araukarienzapfen, der in Dresden bearbeitet wird.

Lebende Zeugen der Kreidezeit: Mammutbäume sorgten schon auf den kreidezeitlichen Festländern für Schatten vor der tropischen Sonne.

Araukarien waren beliebte Futterpflanzen der Dinosaurier. Diese herrliche Affenschwanzaraukarie aus dem Botanischen Garten in Essen ist eine Nachfahre der kreidezeitlichen Verwandten.

projektes, das sich mit dem Tiefenkarst und den Höhlenfüllungen aus den Steinbrüchen Rohdenhaus-Süd und Prangenhaus im Wülfrather Massenkalk (Bergisches Land) beschäftigt, untersucht werden. Paläontologen aus mehreren Ländern bearbeiten die Funde und das Projekt ist lange noch nicht abgeschlossen. Hartkopf-Fröder legt Fotos von vermutlichen Blütenteilen unterkreidezeitlicher Blütenpflanzen auf den Tisch, die bisher noch nicht veröffentlicht und noch nicht sicher bestimmt sind. Eine Sensation. Seit der Entdeckung des 700 Meter langen und 200 Meter breiten Höhlensystems unter 200 Meter mächtiger Massenkalkbedeckung im Steinbruch Rohdenhaus-Süd mehren sich die Funde im Sediment, gleichzeitig aber auch die Fragestellungen und noch ungelösten Rätsel. Die Ereignisse liegen immerhin rund 120 Millionen Jahre zurück!

Die Höhlenfüllung besteht ganz überwiegend aus hellgelben, mittelkörnigen und teilweise schräggeschichteten Sanden. An der Basis der Höhle ist ein über 1 Meter mächtiges, dunkelgraues bis schwarzes Sedimentpaket entwickelt, das sich wiederum in mehrere dünne Ton-, Silt- und Sandhorizonte aufteilen lässt. Die feinkörnigen Lagen sind außerordentlich reich an feinster organischer Substanz, während in den Sandlagen Holzkohlestücke (Fusit) den größten Anteil des Sediments stellen. Längliche, stängelähnliche Fragmente sind teilweise eingeregelt. Es gibt weitere Horizonte mit viel Holzkohle, die in die Sandfüllungen eingeschaltet sind. Die holzkohlereichen Horizonte sind offensichtlich während eines einzelnen, vielleicht kurzfristigen Ereignisses entstanden, wohl eines Waldbrandes. Die unterkretazische Höhle hat als »Sedimentfalle« gewirkt und als Folge eines ausgedehnten Waldbrandes die erodierten Sedimente und die Holzkohle von der Oberfläche aufgenommen.

Besonders aus den schwarzen Lagen konnten zahlreiche fossile Pflanzenreste geborgen werden, besonders Mega-

Ein Stück fossiles Nadelholz aus einer kreidezeitlichen Karsthöhlenfüllung in Holzkohleerhaltung. Die Holzkohle wurde während eines Waldbrandes in der Unterkreide vor etwa 120 Millionen Jahren gebildet. Die Jahresringe zeigen, dass es zu dieser Zeit Jahreszeiten gab.

und Mikrosporen sowie Sporangien. Größere Pflanzenteile sind, wegen des Transportes der Pflanzen durch das Wasser innerhalb des Höhlensystems, nicht zu erwarten. Ausnahmen sind einige Pinaceen-Zapfen, einzelne Farnblättchen und -Achsen mit einigen wenigen Blättchen. Auch sie sind inkohlt und daher wunderbar erhalten. Kleine Früchte und Samen sind ebenfalls schon identifiziert.

Massenhaft treten Sporangien von Farnpflanzen auf, sowie Megasporen von Moosfarnen, Brachsenkräutern und Wasserfarnen. Die Sporangien sind zum Teil nur 0,3 Millimeter groß, auch die Sporen bringen es lediglich auf 0,5 Millimeter. Diese Pflanzen bevorzugten feuchte Standorte, zum Teil wuchsen sie an den Randzonen von Seen. Die fossilen Pflanzenteile sagen etwas über die Umgebung des Schluckloches aus: Dort muss es feucht gewesen sein, möglicherweise befand sich in der Nähe sogar ein flaches, stehendes Gewässer.

Der Fossilbericht der Wülfrather Höhlenfüllung erlaubt uns einen Einblick in die Zeit vor 120 Millionen Jahren! Mit der Evolution der Pflanzen ging eine Evolution der Insekten einher. Aus den Wülfrather Sedimenten konnten netzartige Kokons der Gürtelwürmer geborgen werden und kleine Fragmente von Insektenkörpern mit schwarzer, metallisch glänzender Oberfläche, die offensichtlich vom Feuer überrascht wurden. Christoph Hartkopf-Fröder: »Diese für Insekten absolut außergewöhnliche Erhaltung ist bisher nur selten beschrieben worden.« Parallelen zu den Funden im sauerländischen Brilon-Nehden sind augenscheinlich.

SICHERE ANGIOSPERMENRESTE AUS DER OBERKREIDE VON AACHEN

Zu den klassischen unterkretazischen, an Karsthohlräume gebundenen Fundstellen in Westeuropa wie etwa Bernissart in Belgien, Brilon-Nehden und Wülfrath in Deutschland, kommt eine weitere, dieses Mal oberkretazische, aus der Aachener Hergenrath-Formation dazu, die eindeutige

Links: Der fossile Langtrieb eines Nadelholzes entstand durch einen Waldbrand in der Unterkreide. Der Trieb verbrannte nicht vollständig, sondern wurde in Holzkohle umgewandelt. Dabei blieb sogar die Blattoberfläche unzerstört.

Rechts: Sporenbehälter eines fossilen Farns aus der Unterkreide, der einen Waldbrand überstand. Waldbrände sind für Paläobotaniker sehr interessant, da durch die Verkohlung leicht zersetzbare Pflanzen erhalten bleiben, die normalerweise nicht überlieferungsfähig sind.

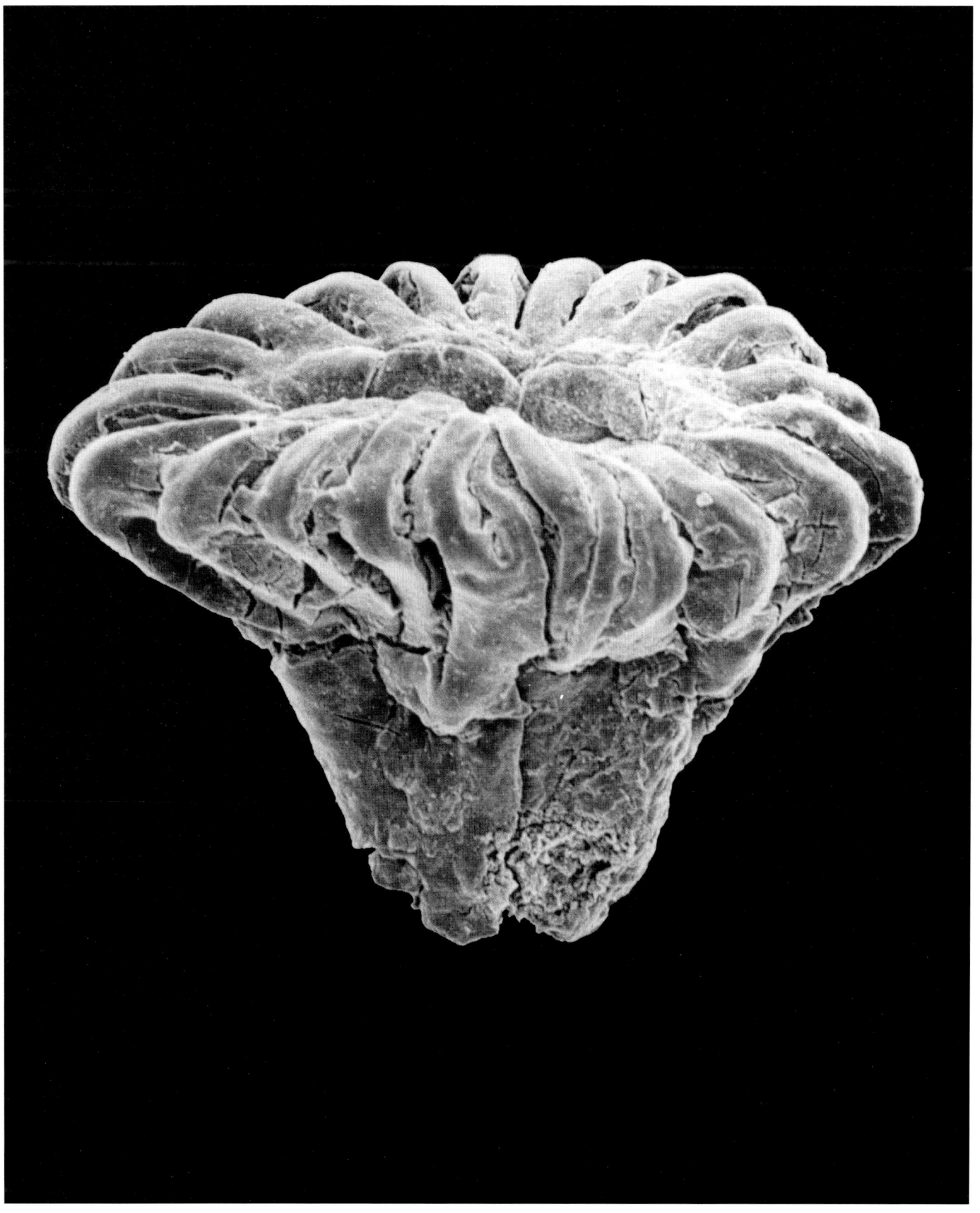

 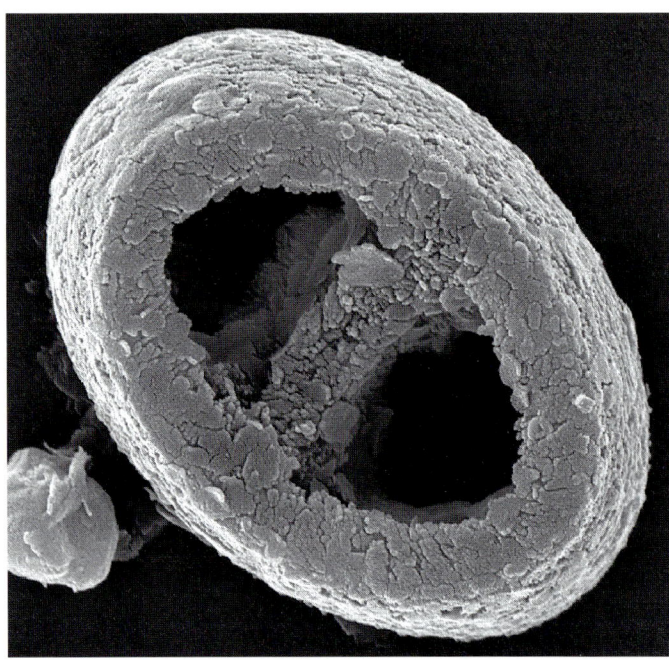

Ein Rasterelektronenmikroskop muss sie sichtbar machen: im Kreidemeer frei umhertreibende Algen, so genannte *Coccolithophoriden*.

Blütenpflanzenreste in Fusit-Erhaltung (Kohle) lieferte. In einem Steinbruch in Hastenrath bei Aachen wurden im Winter 2000/2001 Höhlenfüllungen im Kohlenkalk (Tournai und Visé) angeschnitten, die sich über mehrere Sohlen bis in eine Tiefe von rund 160 Metern über NN erstreckten. Entlang der Wände waren sie auf einer Länge von maximal 30 Metern aufgeschlossen. Sedimente aus Braunkohlen, eine Wechsellagerung von Sanden, Silten und Tonen, sowie grauschwarze Tone und Tonbrekzien füllten die Höhle vollständig aus.

Eine besonders artenreiche Flora konnte aus den Proben gewonnen werden, darunter oberkretazische, vermutlich Santon oder frühes Campan, Mikro- und Mesofossilien. Als sensationell dürfen die Angiospermenreste in dreidimensionaler Fusit-Erhaltung gewertet werden, darunter erhaltene Blüten, Staubblätter, Früchte, Samen und Holzreste.

MASSEN PFLANZLICHER MARINER EINZELLER BILDETEN DIE RÜGENER SCHREIBKREIDE

Oftmals sind sie nur Bruchteile von Millimetern groß und dennoch dürfen sie bei der Betrachtung der kreidezeitlichen Pflanzenwelt nicht übersehen werden. Das Standardprofil der Rügener Schreibkreide aus dem Unter-Maastricht liefert aus jedem Gramm Sediment Hunderttausende Exemplare.

Es sind die ein- und mehrzelligen Algen des Planktons, zum Beispiel die Coccolithophoriden, die neben kalkigen Dinoflagellatenzysten und Foraminiferen den Hauptbestandteil der oberkretazischen Schreibkreide bilden. Die Coccolithophoriden sind ausgezeichnete Leitfossilien. Sie sind fossil seit der Oberen Trias bekannt und zeigen im Sediment der weißen Schreibkreide von Rügen gleichartige elliptische, sehr kleine platte Körperchen. Der Weichkörper dieses Einzellers trägt an der Oberfläche einen Panzer aus eben jenen elliptischen Plättchen, den eigentlichen »Coccolithen«. Mit einer Größe von 0,002 bis 0,03 Millimetern sind sie mit dem bloßen Auge kaum auszumachen und offenbaren erst unter dem Mikroskop ihren Formenreichtum. Mehr als 140 Arten konnten im gesamten Standardprofil der Rügener Schreibkreide nachgewiesen werden.

Die Dinoflagellaten sind noch ein wenig kleiner. Sie tragen an der Zelloberfläche meist einen Zellulosepanzer und besitzen Chlorophyll und Stärke. In einem Gramm Sediment sind mehrere Zehn- bis Hunderttausend Exemplare enthalten.

Viel seltener im Rügener Kreidesediment sind Vertreter der Acritarcha, die im Präkambrium und Altpaläozoikum die Masse des fossilen marinen Planktons stellten. Im Unter-Maastricht der Schreibkreide konnten lediglich fünf Arten nachgewiesen werden.

Seit der Unterkreide treten Diatomeen, Kieselalgen, auf. Aus der Rügener Kreide sind bisher vier Arten der bis maximal 2 Millimeter großen pflanzlichen Einzeller bekannt. Ihre kreisförmige bis elliptisch Zellform (Centrales) oder langgestreckt bis symmetrische Form (Pentales) regten durch ihre eigenwillige Ästhetik und Formensprache Künstler zu Darstellungen an. Im Kreidemeer des Unter-Maastricht von Rügen waren sie massenhaft vertreten. Wahrscheinlich waren ihre Kieselpanzer neben Radiolarien und Schwämmen Hauptlieferanten des SiO_2, des Feuersteins, der in Bändern das Profil auf Rügen durchzieht.

Mit nur einer Art sind die seit dem Präkambrium bekannten Chlorophyceen, Grünalgen, vertreten. Sie treten auf Rügen nur mit einer bisher beschriebenen Art auf, die einen Durchmesser von 0,045 bis 0,09 Millimetern erreicht.

NEKTAR GEGEN POLLEN: DAS »GESCHÄFT« DER INSEKTEN MIT DEN BLÜTENPFLANZEN

Wie es scheint löste die Entstehung der Blütenpflanzen in der Unterkreide eine zweite, großräumige Verbreitung der Insekten aus. Neue Gruppen wie Schmetterlinge, Motten, Ameisen und Bienen entstanden. Die Blütenpflanzen profitierten von der Bestäubung durch diese Insektengruppen. Während zu Beginn der Beziehung der Vorteil noch klar auf der Seite der Insekten zu liegen schien, die sich räuberisch von Blütenpollen nährten, entwickelten die Pflanzen ihrerseits Mechanismen, um die Insekten für ihre Zwecke zu gebrauchen. Sie boten ihren Nektar für den kostbaren Pollen und profitierten von der schnellen und effektiven Übertragung des Pollens auf andere Blüten. Die bestäubenden Insekten erhielten im Gegenzug Nahrung. Diese symbiotische Beziehung war so erfolgreich, dass die insektenbestäubten Angiospermen sich während der Kreidezeit gegen die bis dahin vorherrschenden Koniferen durchsetzten.

Kenntnisse von kreidezeitlichen Insektenfossilien liegen weniger aus Deutschland, sondern eher aus dem südostenglischen Wealden vor. Dort entdeckten Paläontologen eine Konzentration von 385 Insekten auf 50 Quadratzentimeter! Sie fanden Libellen, Jungfernfliegen, Kakerlaken, Grillen, Wanzen, Käfer, Skorpionfliegen, Stubenfliegen, Schnaken, Wespen, eine Termite und eine Schlangenfliege. Auch die Wespen entstanden in der Unterkreide; sie sammelten den Pollen mit ihren dafür spezialisierten Haaren und Beingelenken. Die älteste fossile Biene stammt aus kreidezeitlichem Bernstein, gefunden 1988 in New Jersey.

Die beiden erratischen Gerölle aus dem Campan von Hannover-Misburg haben nur indirekt mit den Floren der Kreidezeit zu tun. Aus dem Sprenggut der Grube Teutonia konnten ein Kali-Syenitgeröll und ein Stück mesozoischen Ölschiefers aufgelesen werden. Beide Gerölle wiesen Bohr-, Biss- und Weidespuren von Muscheln, Fischen und Schnecken auf. Bei der Diskussion um die Herkunft der Gerölle neigten Paläontologen zu der Ansicht, dass sie durch die Drift von Baumstubben ins Campan-Meer von Misburg gerieten (siehe auch Kapitel »Spurensuche in den Kreidemeeren«).

Wenn auch der Ursprung der Blütenpflanzen noch im Dunkeln liegt und er vielleicht auch in älteren als kretazischen Schichten gefunden wird, so lag doch in der Kreidezeit der Höhepunkt für die Evolution der Pflanzen. Vor allem fand ein fast abrupter Wechsel innerhalb der Flora zur Vorherrschaft der Blütenpflanzen statt. Unsere heutige Welt wäre ein Stück trister ohne die vielfältige Farbenpracht der ebenso vielfältigen Blütenformen.

DAS ENDE DER SAURIER – EIN UNGEKLÄRTER FALL

Etwa seit 1980 wird die Debatte über das große Artensterben an der Kreide/Tertiär-Grenze mit großem Engagement geführt und es gibt fast ebenso viele Hypothesen zur Ursache, wie es Wissenschaftler gibt. Der Gelehrtenstreit ist vielleicht nur noch mit einem historischen Ereignis vergleichbar, das zu ähnlich leidenschaftlichen Diskussionen unter Wissenschaftlern führte: Der lange »Streit« um den Standort der Varus-Schlacht 9 n. Chr. im »Teutoburger Wald«. Mit der Entdeckung eines Ortes, an dem eine größere militärische

Auseinandersetzung zwischen römischen Legionen und germanischen Stammesverbänden stattgefunden hat, bei Kalkriese in Niedersachsen, glaubte man endlich den Platz gefunden zu haben. Kaum waren die Argumente pro Varus veröffentlicht, tat sich eine Fraktion von Archäologen auf, die hinter der Hand »Germanicus-Fraktion« genannt wird und den Schlachtplatz Kalkriese wieder in Frage stellte. Zwar glaubten sie auch an das »größere militärische Ereignis«, aber dass es die Varus-Schlacht gewesen sein soll, schien ihnen doch merkwürdig. Eher schon schien es ein »Schlachtplatz« aus der – späteren – Zeit des Germanicus zu sein. Die Diskussion darüber ist noch nicht beendet, die Suche wieder eröffnet!

Der *Triceratops* war ein wunderliches Tier, das eine wunderliche Halskrause und drei Hörner durch die Kreidezeit bewegte.

»Schneckentrümmerkalke« nennt man diese Fossilansammlungen des oberen Maastricht. In dem Fazieshandstück sind Steinkerne von Schnecken, Brachiopoden, Foraminiferen und Röhren von Köcherwürmern zu sehen.

Großforaminiferen des oberen Maastricht.

Für das Aussterbe-Ereignis an der KT-Grenze, bei dem unter anderem die Dinosaurier ausgelöscht wurden, werden von den Paläontologen mehrere Verdächtige benannt. Einige favorisieren Meeresspiegelschwankungen, andere einen radikalen Klimawandel oder katastrophale Vulkanausbrüche. Für größte Aufregung sorgten die Thesen des Geologen Walter Alvarez und seines Vaters, des Physik-Nobelpreisträgers Louis Alvarez, die 1980 einen riesigen Meteoriten als Dino-Killer aus dem All in der Zeitschrift »Science« sozusagen »dingfest« machten.

BIS ZU 90 PROZENT ALLER MARINEN ARTEN AUSGELÖSCHT

In Deutschland gibt es keinen Aufschluss, der die KT-Grenze sichtbar macht. Die nächsten liegen in den Niederlanden bei Maastricht oder in Dänemark bei Stevns Klint. Dennoch gehört die Behandlung des großen Artensterbens an der Wende von der Kreide zum Tertiär in eine zusammenfassende Darstellung der Kreidezeit in Deutschland. Zumal der wissenschaftliche Disput um die Ursachen so spannend verläuft wie ein Kriminalroman.

Das Aussterbeereignis an der KT-Grenze dokumentiert nicht das einzige Artensterben der Erdgeschichte. Mindestens noch ein weiteres war in seinen Ausmaßen so gravierend: Mit einem Schlag ließ vor 250 Millionen Jahren, am Ende der Permzeit, eine Katastrophe 90 Prozent aller Arten erlöschen. Mit dem Perm endete das Paläozoikum, das Erdaltertum, und eine neue Ära des Lebens begann, das Mesozoikum, das Erdmittelalter. Mit der Kreidezeit ging es zu Ende und wiederum markiert eine Katastrophe dieses Finale: An der KT-Grenze wurden 80 bis 90 Prozent aller marinen Arten ausgelöscht, darunter die Foraminiferen, das kalkige Nannoplankton, Rudisten, Inoceramen und Ammoniten, die

noch während der Oberkreidezeit eine wichtige Rolle als Leitfossilien gespielt hatten. An Land überlebten 10 Prozent der höheren Pflanzen die Wende nicht und – was das Ereignis so spektakulär macht – die Dinosaurier verschwanden von der Erdbühne.

Der französische Geophysiker Vincent Courtillot merkt dazu treffend an: »Die Darstellungen von müden, unangepassten, überholten, dummen, zu großen, zu langsamen, zu gefräßigen Dinosauriern, deren Eier viel zu zerbrechlich waren, wie sie von den Medien verbreitet werden, ermangeln jeder ernsthaften Grundlage. Zahlreiche dieser großen Saurier waren sehr wohl die Herrscher über ihre Welt, und einige ihrer Arten waren dazu ausgestattet, nahezu alles auszuhalten, außer, was der Himmel ihnen auf den Kopf fallen ließ.« Nun könnte man meinen, Courtillot wolle dem Impaktszenario das Wort reden, was aber weit gefehlt ist. Er sieht mehr eine Kette unterschiedlicher Ereignisse als Ursache für die Katastrophe an der KT-Grenze und spricht dem Einschlag eines Meteoriten eher »regionale« Auswirkungen zu.

ZWEIEINHALB ZENTIMETER TRENNEN KATASTROPHE UND NEUBEGINN

Wer sich diese Wendemarke in der Geschichte des Lebens anschaulich machen will, der fährt zum Stevns Klint, etwa 60 Kilometer südlich von Kopenhagen. Die Steilküste der Ostsee ist dort runde 60 Meter hoch und eine hölzerne Treppe führt zum Strand hinunter. Auf halbem Wege die Kliffwand herab, bezeichnet ein etwa zweieinhalb Zentimeter mächtiges grünes Band aus Ton die KT-Grenze. Hier sollte der Besucher kurz einhalten, denn unterhalb der zweieinhalb Zentimeter lebten viele Arten, die oberhalb der Tonschicht verschwunden sind, für immer ausgelöscht! Ein ähnliches Erlebnis ist in den Niederlanden möglich. Im

Muscheln nahe der Kreide/Tertiär-Grenze. Sie sitzen in dem sogenannten »Schaumkalk« der Grube ENCI bei Maastricht.

Geulhemmerberg bei Maastricht wurde im Mittelalter unter Tage Kalk abgebaut. Übrig geblieben ist ein weit verzweigtes unterirdisches Gangsystem, in dem die KT-Grenze ebenso eindrucksvoll zu sehen ist, wie in Stevns Klint in Dänemark.

Vier »Verdächtige« stehen auf der Liste der Geologen und Paläontologen, die diese Katastrophe ausgelöst haben könnten. Meeresspiegelschwankungen galten lange Zeit als die unangefochtenen Favoriten der Katastrophendiskussion, die von dem Franzosen Cuvier (1769–1829) ausgelöst wurde, der Fossilien als Zeugen der Sintflut interpretierte.

Im Zeitalter des Kambrium vor rund 560 Millionen Jahren lagen mehr als zwei Drittel des nordamerikanischen Kontinents unter Wasser. Ausgelöst durch die Wanderung der Kontinente und klimatische Veränderungen, fiel der Meeresspiegel jedoch mehrfach weltweit ab und ließ die Meere trockenfallen. Nach Ansicht vieler Paläontologen löste dieser Rückzug der Meere einige große Massenaussterben aus oder spielte mindestens eine entscheidende Rolle. Viele Indizien sprechen gegen diese Annahme. So ereigneten sich zwei der großen Aussterbeereignisse, im Perm vor 250 Millionen Jahren und eben auch die Katastrophe am Ende der Kreidezeit in einer Zeit, in der der Meeresspiegel nicht niedriger, sondern sogar höher als heute stand. Hinzu kommt, dass der Meeresspiegel während der letzten 590 Millionen Jahre häufig so stark absank, ohne dass ein nennenswertes Aussterben die Folge gewesen wäre. Zuletzt war dies vor rund 30 Millio-

nen Jahren der Fall, also nach der Katastrophe an der KT-Grenze, als im Oligozän die Meere weltweit auf einen in den letzten 200 Millionen Jahren unerreichten Tiefstand absanken.

Als alleinige These für das Massenaussterben wird die Meeresspiegelhypothese nicht mehr in Betracht gezogen. Wie weit sie als zusätzlicher Faktor daran beteiligt war, ist derzeit noch unklar.

VERDÄCHTIGE WERDEN ÜBERPRÜFT

Weniger umstritten ist der zweite »Verdächtige«, nämlich die globalen Temperaturen. Auch bei den Klimaten gab es in den vergangenen 590 Millionen Jahren mehrfach sowohl lokale als auch globale Schwankungen. Aufgrund der Plattentektonik wanderten ganze Kontinente über die Pole hinweg und vereisten, oder sie näherten sich dem Äquator und heizten sich auf. Eiszeiten ließen weltweit die Temperaturen um mehrere Grad fallen und verschoben die Grenzen der Klimazonen um Tausende von Kilometern. Tropische Gewässer verwandelten sich innerhalb von wenigen tausend Jahren in kühle Meere, feuchtwarme Regenwälder verschwanden und machten Steppen oder Tundren Platz. Einige Paläontologen gehen wohl mit Recht davon aus, dass Klimawechsel

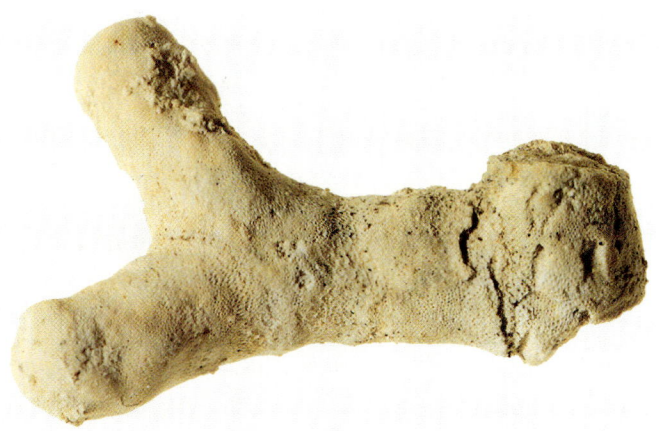

Bryozoen, auch Moostierchen genannt, in ästiger Form aus dem oberen Maastricht.

geradezu prädestiniert sind als Auslöser von Massenaussterben.

Im kleineren Maßstab lässt sich das am Phänomen El Niño beobachten. Alle paar Jahre treten extrem warme Meeresströmungen im Ostpazifik auf. Im El-Niño-Jahr 1982/83 starben durch den Anstieg der Meerestemperaturen um nur 5–6 Grad mehr als 90 Prozent aller Korallen in diesem Gebiet und 85 Prozent aller Seevögel. Eine Form des Klimawandels hat fast bei allen Massenaussterben »die Hand im Spiel«. Das ist heute unstrittig. Ob allerdings Temperaturveränderungen nach oben oder unten primärer Auslöser zum Beispiel der KT-Katastrophe war, ist ebenfalls noch unklar.

Die beiden letzten »Verdächtigen« kommen schon eher als primäre Faktoren für das Aussterben der Arten an der Kreide/Tertiär-Grenze in Frage. Seit Vater und Sohn Alvarez 1980 ihre These vom Meteoriteneinschlag ungeheuerlicher Größe verkündeten, entbrannten heftige Diskussionen. Der Paläontologe David Raup merkte an: »Es war, als hätte jemand behauptet, die Dinosaurier seien von kleinen grünen Männchen aus einem Raumschiff erschossen worden.« Doch die Meteoriten-These hat einen ernstzunehmenden Hintergrund. Die beiden Alvarez hatten an unterschiedlichen Orten der Erde, darunter im Italienischen Gubbio, in Dänemark und Neuseeland, in der Tonschicht, die die Grenze zwischen den geologischen Epochen Kreide und Tertiär markiert, hohe Konzentrationen des Metalls Iridium entdeckt. Dieses Element kommt in den Krustengesteinen der Erde extrem selten vor, dafür aber in Meteoriten um so häufiger. Fieberhaft wurde in der Folge der Alvarez-These an der KT-Grenze geforscht mit dem Ergebnis, dass neben Iridium andere auf der Erde eher seltene Elemente wie Platin, Osmium, Ruthenium oder Gold in höheren Konzentrationen vorhanden waren. Gleichzeitig entdeckten die Wissenschaftler an vielen Stellen in der Grenzschicht Millimeter große glasartige Kügelchen und Quarzkristalle mit feinen parallelen Einkerbungen. Beide entstehen typischerweise, wenn silikathaltiges Gestein unter hohem Druck plötzlich zusammengepresst wird, wie es bei einem Meteoriteneinschlag der Fall wäre.

METEORIT – 300.000 JAHRE ZU FRÜH

Inzwischen glaubte man auch, den Krater dieses Meteoriten, der etwa vor 65 Millionen Jahren, am Ende der Kreidezeit, auf der Erde niederging, vor der mexikanischen Halbinsel Yucatan gefunden zu haben. Er wurde nach einem Dorf in der Nähe Chicxulub benannt und hat einen Durchmesser von 180 Kilometern. Inzwischen gibt es jedoch schon Kritik an der These. Wissenschaftler des Geologischen Instituts der Universität Karlsruhe wollen heraus gefunden haben, dass der Einschlag 300.000 Jahre vor der KT-Grenze erfolgte und somit nicht für das Massenaussterben verantwortlich sein kann. Die Geologen hatten Bohrkerne eines internationalen Bohrprogramms untersucht, das von 1996 bis 2001 auf der Yucatan-Halbinsel durchgeführt wurde. Nun ist, ganz aktuell, die Diskussion wieder offen.

Viel irdischer aber ebenso effektiv für ein Massenaussterben von Arten ist der »Verdächtige« Nummer 4: Eine Phase gewaltiger Vulkanausbrüche. Beweise hierfür könnten die Lavaschichten riesigen Ausmaßes in der Dekkan-Trapp-Region in Indien sein. Hier breitet sich noch heute eine teilweise bis zu 150 Meter mächtige Lavaschicht über Zehntausende von Quadratkilometern aus. Ursprünglich erreichte die Lavadecke sogar eine Dicke von 2,4 Kilometern und bedeckte den halben indischen Subkontinent.

Die Ausbrüche des Dekkan-Trapp ereigneten sich über mehrere Millionen Jahre hinweg. Mindestens 29 verschiedene Lavaströme konnten von Geologen identifiziert werden. Sie ereigneten sich in einem Zeitabschnitt, der ungefähr 65 Millionen Jahre zurückliegt und damit mit dem Zeitpunkt des KT-Ereignisses übereinstimmt. 1983 fanden Geologen aus Maryland/USA heraus, dass in den Lavaschichten des Vulkans Kilauea auf Hawaii eine erhöhte Konzentration von Iridium vorkommt; ähnliche Ergebnisse lieferten auch Laven von anderen Vulkanausbrüchen. Zudem stieg der Iridiumwert in den Schichten der KT-Grenze nicht sprunghaft an, wie das bei einem Meteoriteneinschlag der Fall wäre, sondern nur allmählich.

Wem jetzt die Rolle des primären Verursachers der Kreide/Tertiär-Katastrophe zukommt, Meteoriteneinschlag oder Vulkanausbrüche, kann mit letzter Sicherheit nicht beantwortet werden.

DIE FAHNDUNG GEHT WEITER

Sowohl durch den Meteoriteneinschlag, als auch durch eine über einen langen Zeitraum erfolgte Welle von Vulkanausbrüchen hätten sich Veränderungen des Klimas und des Meeresspiegels ergeben. Riesige Wolken von Staub und Gasen hätten erdumspannend über lange Zeit die Sonne verdunkelt und das lebensspendende Licht geraubt. Das genaue Ereignis an der KT-Grenze verbirgt sich ebenfalls immer noch hinter dunklen Wolken. Doch die Diskussion und intensive Forschung um das KT-Ereignis hat eine Menge guter Beobachtungen und Messungen hervorgebracht, die als »Errungenschaften« erhalten bleiben. Charles Darwin schrieb: »Die falschen Tatsachen sind für den Fortschritt der Wissenschaft in hohem Maße schädlich, wo sie sich oft lange halten; aber die falschen Gedanken, selbst wenn die durch einige Beobachtungen gestützt werden, richten nur wenig Schaden an; denn es bereitet jedem eine wohltuende Freude zu zeigen, dass sie falsch sind; und wenn dieses passiert, wird ein Weg zum Irrtum verschlossen und die Straße zur Wahrheit wird oft gleichzeitig geöffnet.«

Die Kreidezeit birgt insgesamt noch eine Menge Rätsel, so dass zukünftigen Forschergenerationen Arbeit bleibt. Noch einmal soll der französische Geophysiker Vincent Courtillot zu Wort kommen: »Wäre es ... nicht ziemlich arrogant, sich vorzustellen, dass es unserer Geschichte, die nur den 10.000sten Teil der Geschichte des Lebens und den millionsten Teil der Erdgeschichte verkörpert, es den Menschen erlaubt hat, die gesamte Variabilität der Phänomene, die sich auf unserem Planeten abspielen können, kennenzulernen und die Erinnerung daran zu bewahren.«

SIE STARBEN NICHT AUF EINEN SCHLAG

Der Fall verträgt noch kein endgültiges Urteil, der fruchtbare Streit der Wissenschaftler über das Artensterben an der Kreide/Tertiär-Grenze wird und muss anhalten. Zu viele Fragen sind offen und verlangen nach Antworten. Vor allem gab

Im Paläontologischen Museum München bestaunen die Besucher ein Dinosauriergelege aus der Oberkreide, etwa 70 bis 80 Millionen Jahre alt. Es stammt allerdings nicht aus Deutschland, sondern aus Xiniang in China.

Isolierte Seeigelstacheln des oberen Maastricht aus der Grube ENCI.

es keine Gleichzeitigkeit der Ereignisse, nicht alle Dinosaurier starben auf einen Schlag, denn die Gleichzeitigkeit des Aussterbens lässt sich aufgrund des Fossilberichtes nicht festschreiben.

Könnte es vielleicht sein, dass die Dinosaurier schon Millionen Jahre vor dem KT-Ereignis auf dem absterbenden Ast saßen? Keineswegs, denn als das Ende des Erdmittelalters näher rückte, blieb die Vielfalt der Riesenechsen in Europa erhalten, in der Mongolei nahm sie sogar zu. Es scheint, als folge auf eine These gleich immer die Antithese. Die Klasse der Reptilien war augenscheinlich besonders hart betroffen und der Prozess des Aussterbens beschleunigte sich während einiger 100.000 Jahre vor der KT-Grenze.

Vor allem waren nicht nur die Dinos, sondern auch die fliegenden und die schwimmenden Reptilien betroffen. Von Letzteren starben einige weit vor dem KT-Ereignis aus. Merkwürdigerweise sind die Süßwasserfische und die Amphibien, die Schildkröten und die Krokodile, die Schlangen und die Eidechsen kaum betroffen, von ihnen »retteten« sich viele ins Alt-Tertiär hinein. Dennoch: mehr als die Hälfte der Haie und Rochen verschwanden, der Rest aber überdauerte die Katastrophe.

Im allgemeinen sind es offenbar die größeren Tiere, die schwerer waren als 25 Kilogramm, die nicht überlebten. Und doch: Große Krokodile überlebten, zahlreiche kleinere Arten starben aus. Gesichert scheint, dass diejenigen mit der weitesten geographischen Verbreitung in den unterschiedlichsten Naturräumen besser überlebten als andere. Die Süßwassergemeinschaften haben nicht so sehr gelitten und an Land waren es vor allem die großen Pflanzenfresser, die verschwanden. Merkwürdigkeiten, die geradezu nach einer Erklärung verlangen.

Kampf der Giganten: *Allosaurus* und *Stegosaurus* als Rivalen.

Der wohl furchtbarste Jäger der Kreidezeit, *Deinonychus*, die »Schreckenskralle«. Er trägt seinen Namen zu Recht, wenn man sich seine mörderischen Sichelkrallen anschaut.

Unsere Singvögel sind wahrscheinlich Nachfahren der Dinosaurier – kaum zu glauben, dass diese Blaumeise solch riesige Vettern wie die »Schreckenskralle« hat.

DIE BLAUMEISE – EINE DINO-VERWANDTE?

Eine Gruppe von Paläontologen schlägt als Antwort auf die alles entscheidende Frage nach der Ursache vor, dass eine Krise des Pflanzenreiches die Nahrungsketten unterbrochen und auf diese Weise die pflanzenfressenden Dinosaurier und damit auch ihre fleischfressenden Räuber dezimiert hat. Eines ist sicher: Die Fähigkeit der Organismen, der biologischen Belastung an der KT-Grenze zu widerstehen, war offenbar unterschiedlich ausgeprägt.

Auf eine weitere Frage gilt es noch Antworten zu finden. Haben Verwandte der Dinos überlebt? Wer die Fortbewegung eines Papageis auf einem Ast beobachtet, wird zugestehen, dass in diesem Vogel Dinogene vorhanden sein müssen. In der Tat wird die These heiß diskutiert, ob die Vögel von den Dinosauriern abstammen und es gibt eine Reihe namhafter Paläontologen, die diese These unterstützen. Danach sind die Vögel wohl die erfolgreichsten Nachkommen der Riesenechsen. Wer eine zierliche Blaumeise auf seiner Fensterbank beobachtet, wird es kaum glauben können.

Sicher ist, dass die Krokodile als Verwandte der Echsen der Kreidezeit uns schon eher an einen *Tyrannosaurus* erinnern. Sie überstanden das weltweite Reptiliensterben zwar nicht ganz unbeschadet, aber es überlebten von den 108 Arten 23 bis ins unsere Tage. Sie haben sich seit der Kreidezeit nicht oder nur kaum weiterentwickelt und leben in einem breiten Band beiderseits des Äquators. Mit bis zu neun Metern Länge zählt das Leistenkrokodil neben der Anakonda heute zu den größten Reptilien der Erde. Die 50 Meter eines Seismosaurus wurden bisher nicht wieder erreicht.

KREIDE ZUM ANFASSEN – ORTE DER ERDGESCHICHTE

Steine können Geschichten erzählen, wenn wir nur in der Lage sind, sie zum Sprechen zu bringen. In den vorhergehenden Kapiteln unternimmt dieses Buch den Versuch, die Steine der Kreidezeit von vergangenen Meeren und Kontinenten, von untergegangenen Tier- und Pflanzenarten erzählen zu lassen. Was blieb von alle dem in der Gegenwart? Nun, einige Tiere und Pflanzen unserer heutigen Flora und Fauna, die ihre Wurzeln in diesem Erdzeitalter haben. Und natürlich Steine, zum Teil eindrucksvoll und landschaftsprägend, zum Teil nur dem Blick der Kenner vorbehalten; dazu in Museen und Universitätssammlungen Versteinerungen von Lebewesen aus der Kreidezeit, die Fossilien als Zeugen jener Epoche. Zum guten Schluss der Reise durch das »System Kreide« der Erdgeschichte wollen wir eine Auswahl von Orten vorstellen, die diese Zeit anschaulich machen. Kreide zum Anfassen sozusagen.

KREIDEKÜSTE VON RÜGEN

Rügen zählte einst den Kreideabbau neben der Fischerei zu seinen wichtigen Umsatzquellen. Heute zahlt sich die Kreide im sanften Tourismus aus, denn die Kreideküste von Rügen zieht Jahr für Jahr Tausende von Touristen an. Sie sitzen auf den Klippen im Nationalpark Jasmund an der Ostküste, auf denen weiland Caspar David Friedrich träumte und malte. Sowohl die Kreideküste bei Jasmund als auch die nördlicher gelegene bei Kap Arkona sind großartige Zeugnisse des Kreidezeitmeeres. Die sogenannte Schreibkreide, die Besucher besonders gut vom Schiff aus sehen können,

Ein seltener Anblick: Ein kreidezeitlicher Seeigel, der mit seinen Stacheln eingebettet wurde.

stammt aus dem Ober-Campan. Es gibt noch eine aktive Grube in der Schreibkreide und einige stillgelegte im Inneren der Insel. Die nicht mehr unter Abbau stehenden Kreidegruben sind heute Naturschutzgebiete von Rang, weil sie seltenen Tieren und Pflanzen zur Heimat geworden sind.

Das Sammeln von Fossilien gestatten der Naturschutz und die Nationalparkgesetze nicht. Wer allerdings aufmerksam am Strand von Kap Arkona entlang läuft, der kann mit Glück möglicherweise versteinerte Seeigel oder Belemniten erkennen. Rügen-Fossilien sind im Meeresmuseum in Stralsund zu sehen.

Deutsches Meeresmuseum Stralsund
Katharinenberg 14/20
Öffnungszeiten:
5. April bis Mai, täglich 10–17 Uhr
Juni bis September, täglich 10–18 Uhr
November bis April geschlossen.
Eintritt:
Erwachsene 4 €
Kinder u. Jugendliche 2,50 €

HELGOLAND: KREIDEZEIT UNTER NORDSEEWELLEN

Helgoland, Deutschlands einzige Hochseeinsel in der Nordsee, kann nicht mit einer Kreideteilküste aufwarten. Die roten Klippen, Wahrzeichen der Insel, bilden Gesteine der Trias, sind also viel älter als die kreidezeitlichen Sedimentgesteine. Diese sind nur unter Wasser den Tauchern vorbehalten, werden aber bei stürmischer See schon mal an

Land gespült, und zwar auf den Nordstrand der sogenannten Düne, die nordöstlich der Hauptinsel liegt und noch bis ins 18. Jahrhundert mit der Hauptinsel verbunden war. Helgoland und Rügen sind die nördlichsten Punkte kreidezeitlicher Zeugnisse in Deutschland.

Wie die Kreide Rügens von den Paläontologen der Universität Greifswald intensiv erforscht wurde, erfuhr Helgoland die besondere Aufmerksamkeit der Paläontologen der Universität Hamburg. Allerdings hatten die Hamburger das Glück, in Dipl.-Ing. Hans H. Stühmer auf Helgoland einen kenntnisreichen Mann zu besitzen, der über Jahrzehnte und unermüdlich die Fossilien der Insel zusammentrug und sie selbstverständlich der Forschung zur Verfügung stellte. Stühmer hat die schönsten Stücke in einem kleinen Museum den Inselbesuchern zugänglich gemacht.

Ihm gelang es im Februar 1986 bei anhaltendem Nordoststurm und damit verbundenem Niedrigwasser die freiliegende Schichtenfolge zu fotografieren. Bis heute war das nicht wieder möglich. Vor Stühmer hatte der Hamburger Paläontologe W. Ernst 1922 das Glück, die submarinen Unterkreide-Schichten freiliegend aufzunehmen.

Fossile Mitbringsel sind auf Helgoland nur mit großem Glück zu finden, aber in einigen Läden werden die sogenannten »Katzenpfötchen« verkauft, das sind meistens isolierte Sedimentausfüllungen einer Gehäusekammer des Ammoniten *Crioceratites*.

Regional-Sammlung Stühmer
Im Museum Helgoland, Unterland,
Nordsee-Halle

MUSEUM IM HAMBURGER GEOMATIKUM: FOSSILIEN AUS LÄGERDORF

Das Geologisch-Paläontologische Institut der Universität Hamburg besitzt ein eigenes Museum im Geomatikum. Aus dem umfangreichen Bestand von Spezialsammlungen nimmt die Konzeption den Besucher mit auf eine Reise durch die Entstehung unseres Planeten und macht ihm die Zusammenhänge der Evolution deutlich. Das Institut besitzt zum Beispiel die größte Kreidebryozoen-Sammlung der Welt. Ihr Begründer Prof. Dr. Ehrhard Voigt gilt als einer der besten Kenner der Bryozoen und so ganz nebenbei entwickelte er den Lackfilm. Dieses Verfahren ermöglicht es vor Ort, ganze Profilabschnitte in der Fläche aufzunehmen und zur Bearbeitung zu konservieren. Paläontologen und Archäologen profitieren gleichermaßen von seiner Entdeckung .

In der Museumssammlung sind kreidezeitliche Fossilien von Helgoland und von den bedeutenden Kreide-Aufschlüssen in Kronsmoor, Lägerdorf und Hemmoor zu sehen. Besucher sollten auch die anderen Ausstellungstücke nicht außer Acht lassen, worunter die Bernsteinsammlung mit eingeschlossenen Tieren und Pflanzen der Tertiärzeit von Bedeutung ist.

Geologisch-Paläontologisches Institut und Museum der Universität Hamburg
Geomatikum
Bundesstraße 55
Öffnungszeiten:
Montag bis Freitag, 9–18 Uhr
Samstag, 9–12 Uhr
Während der Semesterferien samstags geschlossen.
Eintritt frei

SCHWERPUNKT KREIDEZEIT IN DER SAMMLUNG DER UNIVERSITÄT BREMEN

Kaufleute und Seefahrer trugen den Kern der bedeutenden Sammlung aus aller Welt zusammen und das Überseemuseum verwahrte sie. Seit 1994 steht diese geologisch-paläontologische Sammlung unter der Obhut der Universität Bremen. Besonders zu erwähnen sind Fossilien aus norddeutschen Fundstellen, die heute nicht mehr zugänglich sind. Einen Schwerpunkt bilden Versteinerungen aus der Kreidezeit, hier besonders Fundstücke aus Westfalen und Niedersachsen. So besitzt die Universität Tausende von kretazischen Ammoniten, deren Lebensweise und Evolution hier intensiv erforscht wird.

Nun ist die geologisch-paläontologische Sammlung der Universität Bremen keine Schausammlung, dennoch haben interessierte Menschen die Gelegenheit, einen Blick in die »Schatzkammern« zu werfen. Der Leiter Dr. Jens Lehmann bietet Führungen an und leiht Material nicht nur an Wissenschaftler, sondern auch an interessierte Laien aus. Er bietet an, die Fossilien von Privatsammlern zu bestimmen und betreut einen Geowissenschaftlichen Arbeitskreis, der Profis wie Laien offen steht. Wer hier mitarbeitet, dem stehen interessante Exkursionen und Ausgrabungsprojekte offen. Kreide-Schwerpunkte der Sammlung sind Fossilien aus dem sogenannten »Töck« Helgolands, dem Obernkirchener Sandstein, vom Bergs (Belegmaterial zur Arbeit von Arnold über das Ober-Campan des Stemweder Berges), Kreideammoniten aus Norddeutschland und von vielen Fundorten der Welt,

Fossilien der Santana-Formation aus Brasilien und aus den Plattenkalken des Libanon.

Geologisch-Paläontologische Sammlung der Universität Bremen
Bibliothekstraße 1
Führungen auf Anfrage unter
Telefon 04 21 / 21 81

DRESDEN VERWAHRT DIE SAMMLUNG BERÜHMTER PALÄONTOLOGEN

Die Sammlung des Museums für Mineralogie und Geologie der Staatlichen Naturhistorischen Sammlungen Dresden sind mit den Namen großer Paläontologen wie besonders Hans Bruno Geinitz verbunden. Seine Kenntnisse der sächsischen Kreide veröffentlichte er in der »Palaeontographica« zwischen 1839 und 1871. In der Sammlung stehen etwa 16.000 Fossilien der sächsischen Kreide der Wissenschaft zur Verfügung. Wichtige Teilsammlungen sind zum Beispiel die berühmten kreidezeitlichen Pflanzenfossilien von Niederschöna, dazu kommen kretazische Pflanzen aus Quedlinburg, der Aachener Oberkreide und der Tschechischen Kreide.

Besonders die paläozoologischen Sammlungen aus Sachsen, von Geinitz zusammengetragen, bilden einen weiteren Schwerpunkt. Dresden besitzt weiterhin bemerkenswerte Fossilien der Kreide Tschechiens und Polens, aber auch aus Nord- und Westdeutschland, Frankreich und Brasilien.

Eine Schausammlung befindet sich in Vorbereitung.

JEDE MENGE DINOS IM FREILICHT-MUSEUM MÜNCHEHAGEN

Mehr als 250 Trittsiegel von Dinosauriern sind im Freilichtmuseum Münchehagen bei Nienburg zu sehen. Besucher begeben sich auf Fährtensuche, eine für deutsche, ja europäische Verhältnisse einmalige Gelegenheit, die Zeit der Riesenechsen aus eigener Anschauung zu erleben. Die Trittsiegel stehen im Mittelpunkt der Dinoschau, die im Gelände Nachbildungen der Giganten zu eindrucksvollen

Begegnungen inszeniert hat. Ein *Brachiosaurus* reckt 13 Meter hoch seinen Hals in den Himmel, *Tyrannosaurus* reißt sein mit mörderischen Zähnen bewehrtes Maul auf und über dem Geschehen schwebt *Pteranodon*, ein riesiger Flugsaurier aus der Kreidezeit.

Mehrere Nachbildungen von *Iguanodon*, vermutlich der Erzeuger der meisten Fährten der Unterkreide, stehen auf der ehemaligen Steinbruchfläche, in der die Trittsiegel konserviert sind. Andere Wesen, die gemeinsam mit den Dinos das kreidezeitliche Deutschland bevölkerten, sind ebenfalls in dieses »Bestiarium« aufgenommen. So lauert in Ruhestellung das Krokodil *Goniopholis*, das vor 140 Millionen Jahren in Niedersachsen und Nordrhein-Westfalen heimisch war.

Dinosaurierpark Münchehagen
Nähe Steinhuder Meer, an der B 441
Alte Zollstraße 5
31547 Rehburg-Loccum (Ortsteil Münchehagen)
Öffnungszeiten: täglich
10.1.–29.2 von 10–16.30 Uhr
1.3.–31.10 von 9–19 Uhr
1.11.–5. 12 von 10–16.30 Uhr
Eintritt:
Kinder v. 4–12 Jahren 6 €
Jugendliche ab 13 J. u. Erwachsene 7,50 €

FOSSILIEN SAMMELN IN DER GRUBE HÖVER BEI HANNOVER

Wer die Autobahn 7 von Hamburg in Richtung Kassel befährt, sieht auf Höhe der Ausfahrt Anderten bei Hannover die Anlagen der großen Kreidegruben von Höver und Hannover-Misburg. In der Grube Höver in Sehnde erlauben die Betreiber nach telefonischer Anfrage an Samstagen privaten Sammlern unter Aufsicht Fossilien aus der Kreidezeit zu sammeln. Aufgeschlossen sind Schreibkreidesedimente des Campan der Oberkreide. Garantiert findet hier auch der, der zum ersten Mal auf »Fossilienjagd« geht, sein Stück. Häufig sind die Rostren von Belemniten oder die Coronen von Seeigeln, ebenso Teile von Schwämmen. Seltener sind da schon Ammoniten zu finden, oder – da kleinteilig – Fischzähne oder Fischschuppen, Brachiopoden, Muscheln und Teile von Seesternen.

Das Unternehmen gibt den Sammlern ein Faltblatt an die Hand, das die grobe Bestimmung der gefundenen Fossilien ermöglicht. Am Eingang des Werkes, dort wo die Sammler ihren geringen Obolus entrichten müssen, sind in einer kleinen, aber bemerkenswerten Ausstellung Fossilien aus der Grube in Höver zu sehen.

Grube Holcim, Werk Höver in Sehnde
Hannoversche Straße 28
Anmeldungen für Sammler unter 0 51 32 / 92 79
Einlass Samstag, 10–16 Uhr
Gebühr: 3 €

NOCH EINMAL DINOSAURIER: SCHWERPUNKT IM LANDESMUSEUM FÜR NATURKUNDE IN MÜNSTER

In unmittelbarer Nachbarschaft des Allwetterzoos in Münster liegt das Westfälische Landesmuseum für Naturkunde. Hier arbeitet die paläontologische Denkmalpflege für Nordrhein-Westfalen, also die Wissenschaftler, die für die Erhaltung der Zeugnisse der Urzeit verantwortlich sind. Schon draußen vor dem Eingang erwarten den Besucher Lebendnachbildungen von Dinosauriern. Drinnen sind Skelettnachbildungen großer kreidezeitlicher Echsen zu sehen, zum Beispiel von *Tyrannosaurus* und *Iguanodon*.

Das Landesmuseum ist auch die »Heimat« der größten bisher bekannten Ammoniten der Welt, jener Exemplare, die der Gründer Professor Landois aus dem benachbarten

Dorf Seppenrade heranschaffen ließ. Durch Ausgrabungen des Landesmuseums sind in den vergangenen Jahren weitere Nachweise von Dinosauriern für Nordrhein-Westfalen gelungen.

Landesmuseum für Naturkunde in Münster
Sentruper Straße 285
Öffnungszeiten:
Täglich, außer Montag, 9–18 Uhr
Eintritt:
Erwachsene 3,50 €
Kinder und Jugendlich 2 €
Gruppen ab 16 Erwachsenen 3 €/Person

IM SCHATTEN DES DOMS VON MÜNSTER LAGERT IGUANODON

In einer barocken Dreiflügelanlage am Domplatz, der Landsberg'schen Kurie, residiert das Geologisch-Paläontologische Museum der Universität Münster mit einer bedeutenden kreidezeitlichen Sammlung. Hier sind die berühmten Fischfossilien aus Sendenhorst zu sehen, aber auch die *Iguanodon*-Knochen aus der Grabung in Brilon-Nehden. Aus der Masse der Funde war erstmals das komplette Skelett eines *Iguanodon*-Jungtieres zu rekonstruieren und ein Abguss

In den Meeren hatten die Saurier »das Sagen«: Diesen *Mosasaurus* entdeckten Paläontologen im Campan des Münsterlandes. Die Meeresechsen waren gefräßige und darum gefürchtete Räuber der Meere.

dieses Skeletts ist in der Schausammlung zu sehen. Direkt darüber schwebt das vollständige Skelett eines Plesiosauriers, der bei Gronau im Münsterland entdeckt wurde. Die moderne Präsentation der Funde verschafft dem Besucher einen eindrucksvollen Einblick in die Zeit der Kreide. Dazu gehören nicht zuletzt die Kleinodien, Ammoniten, Rudisten, Korallen, Bryozoen, Brachiopoden und Muscheln der unter- wie oberkreidezeitlichen Meere.

Geologisch-Paläontologisches Museum der Westfälischen Wilhelms-Universität Münster
Pferdegasse 3
Öffnungszeiten:
Montag bis Freitag, 9–17 Uhr
Sonn- und Feiertage, 10.30–12.30 Uhr
Eintritt frei

Das Ruhrlandmuseum in Essen wird international kontaktiert, wenn es um Kreidezeit-Ammoniten geht.

FAST 5 MILLIONEN FOSSILIEN IM RUHRLANDMUSEUM IN ESSEN

Eine der größten paläontologischen Sammlungen Deutschlands befindet sich im Essener Ruhrlandmuseum. Fast eine halbe Million Fossilien, eine Schatzkammer der Erdgeschichte, werden hier verwahrt. Wie bedeutsam die paläontologische Sammlung des Ruhrlandmuseums ist,

zeigt das Interesse der Wissenschaft: Derzeit befinden sich 2500 Objekte in Forschungsausleihen im In- und Ausland.

Ein großer Teil der Fossilien stammt aus der Kreidezeit. Allein die Spezialsammlungen der Schwämme und Ammoniten ist atemberaubend. Die ehemalige Sammlung Hilpert

Das Ruhrlandmuseum besitzt eine der größten Kreidezeitsammlungen der Bundesrepublik, die meisten von besonderer Qualität, wie diese Platte mit Muscheln der Gattung *Spondylus*.

Der Quastenflosser repräsentiert den Schritt des Lebens vom Wasser ans Land. Die urtümlichen Fische gab es auch in der Kreidezeit, wie diese Flosse im Ruhrlandmuseum bezeugt.

umfasst wohl die bestpräparierten Schwämme weltweit, ein großer Teil ist in der neu eingerichteten Schausammlung zu sehen. Seit mehr als 90 Jahren sind in diesem Haus sage und schreibe 450.000 Fossilien zusammengetragen worden. Die Museumssammlung kam durch hauseigene Feldforschung und durch Schenkung und Ankauf privater Sammlungen zustande.

Die mineralogische und paläontologische Sammlung der Familie Krupp, die um die Jahrhundertwende von Prof. Eberhard Fraas aus Stuttgart betreut wurde, legte den Grundstock für den Essener Museumsbestand. Einen entscheidenden Schub bekam die Sammlung durch Ernst Kahrs, der bis 1927 das Museum leitete. Kahrs setzte die Schwerpunkte Karbon, Kreide und Quartär, kaufte weiterhin an und trug durch eigene Aufsammlungen zur Erweiterung der Bestände bei. Die Aufschlusssituation war zu seiner Zeit hervorragend und er konnte die Möglichkeiten gar nicht ausschöpfen. Seine Forschungsarbeiten am Kassenberg in Mülheim, die 15 Jahre währte, führten zu geradezu sensationellen Ergebnissen. Schon 1924 wurden die Funde aus Mülheim in einer Sonderausstellung gezeigt.

Ruhrlandmuseum Essen
Goethestraße 41
45128 Essen
Öffnungszeiten:
Dienstag bis Samstag, 10–18 Uhr
Freitag, 10–24 Uhr
Führungen durch die geologische Dauerausstellung
auf Anfrage unter Telefon 02 01/ 8 84 52 00

GEOLOGISCHER GARTEN IN BOCHUM DOKUMENTIERT DAS VORDRINGEN DES KREIDEMEERES

Der Meeresvorstoß während der Kreidezeit lässt sich besonders gut im alten Steinbruch an der Querenburger Straße in Bochum beobachten. Dieser ehemalige Steinbruch ist heute als »Geologischer Garten« im Stadtteil Bochum-Wiemelshausen eine Art geologisches Freilichtmuseum. In diesem Aufschluss kann man auf kleinem Raum die wesentlichen geologischen Verhältnisse des Ruhrgebietes beobachten, denn der Gebirgsaufbau ist über Tage zu sehen.

Die Geschichte des ehemaligen Steinbruchs hängt eng mit dem Bergbau im Bochumer Süden zusammen. 1925 begann die Abgrabung zum Zweck der Ziegelherstellung. Nahe der Querenburger Straße und dem Steinbruch produzierte eine Ringofenziegelei. Der Bruch und die Ziegelei wurden von der Bochumer Bergbau AG betrieben, die Ziegel im wesentlichen für den Betrieb über und unter Tage hergestellt. In den besten Jahren brannten die Arbeiter acht Millionen Ziegel, die aus den milden Schiefertonen zwischen den Kohleflözen »Sonnenschein« und »Wasserfall« und über »Wasserfall« hergestellt wurden. Das unreine Flöz »Wasserfall« blieb mitten in der Steinbruchanlage als Rippe stehen. Im März 1959 wurde die Ziegelei stillgelegt. Schnelle Verwitterung und wilder Kohlenabbau hätten zum schnellen Verfall des Aufschlusses geführt, wenn nicht die Berggewerkschaftskasse mit einem Antrag auf Unterschutzstellung des Bodendenkmals für die Rettung gesorgt hätte.

Erst im Herbst 1967 wurde der Steinbruch so angeschüttet, dass ein leicht nach Osten abfallendes Plateau entstand,

Die Muschelgattung *Spondylus* erhob sich dank ihrer Stacheln über das Sediment.

DREIHORNSAURIER-SCHÄDEL IN MÜNCHEN

Das Paläontologische Museum in München besitzt zwar keinen eigenen Sammlungsschwerpunkt zur Kreidezeit, aber dennoch bemerkenswerte Fossilien aus dieser Epoche. Gezeigt wird die Bayerische Staatssammlung für Paläontologie und Geologie, deren Anfänge auf das Naturalienkabinett der Bayerischen Akademie der Wissenschaften zurückgehen. Schon die Architektur des Gebäudes mit dem Lichthof und den drei Säulen-Galerien gibt den Weg durch die Erdgeschichte und die Evolution vor. Skelette von urzeitlichen Sauriern und Säugern im Innenhof ziehen immer wieder den Blick der Besucher an. Darunter befindet sich ein Dreihornsaurier-Schädel aus der hohen Oberkreide. Im kreidezeitlichen Teil des Rundganges auf den Galerien zeigt das Paläontologische Museum München interessante heteromorphe Ammoniten, die einen gewissen Entwicklungshöhepunkt in der Kreidezeit bildeten. Als Beispiel mag hier der entrollte Ammonit *Audouliceras* sp. aus der Unterkreide von Russland stehen.

Paläontologisches Museum München
Richard-Wagner-Straße 10
Öffnungszeiten:
Montag bis Donnerstag, 8–16 Uhr
Freitag, 8–14 Uhr
Samstag, sowie Sonn- und Feiertage geschlossen
1. Sonntag im Monat, 10–16 Uhr
mit Sonntagsführung und Diaschau
Eintritt frei

dass den bemerkenswerten Aufbau des Gebirges freiließ. In den siebziger Jahren erfolgte die Anlegung des »Geologischen Gartens«.

Der Rundgang führt an den wesentlichen Ereignissen der Karbon- und des unteren Abschnitts der Oberkreidezeit vorbei.

Über dem Kohlengebirge ist ein Ereignis in Bilderbuchform abzulesen, das 200 Millionen Jahre nach der Steinkohlezeit die Ablagerungen des Karbon überdeckte. Während des Cenoman, des unteren Abschnitts der Oberkreide, überflutete das Kreidemeer während seiner südlichsten Ausdehnung die inzwischen durch Faltung schräg gestellten Schichtpakete des Karbon. Karbon und Kreide sind durch eine scharfe Grenzfläche getrennt, die für das gesamte Ruhrgebiet kennzeichnend ist. Messerscharf, könnte man sagen, wurde das Karbongebirge von der Gewalt des Meereseinbruches, der von Norden erfolgte, abgeschnitten.

Schautafeln mit Erläuterungen leiten den Besucher des Geologischen Gartens durch Karbon und Kreide. Das Bodendenkmal ist frei zugänglich.

Geologischer Garten Bochum
Bochum-Wiemelshausen
Querenburger Straße
An allen Tagen geöffnet
Eintritt frei

Die prächtige Hahnenkamm-Auster sieht aus, als sei sie gerade am Strand gefunden worden.

ZUM NACHSCHLAGEN UND WEITERLESEN

GLOSSAR

Abrasionsspuren
Abtragungswirkung der Meeresbrandung.

Aluminium-Eisen-Silikat
Aluminium-Eisen-Silikat ist die mineralogische Zusammensetzung des Minerals Glaukonit. Ein dunkelgrünes, im marinen Bereich gebildetes Mineral; für die Grünfärbung der kreidezeitlichen Grünsande verantwortlich. Heute entsteht das Aluminium-Eisen-Silikat in den tieferen Schelfmeeren, etwa in 200 Metern Tiefe, und bildet dort Grünschlicke.

Alpidische Faltung
Geologen sprechen von der alpidischen Faltungs-Ära, die verschiedene Faltungsphasen im Zeitraum zwischen Ober-Trias und Quartär umfasst.

Ammolite
Material aus den erhaltenen Perlmuttschalen kreidezeitlicher Ammoniten. Wird in den USA industriell für die Schmuckindustrie abgebaut.

Ammoniten
Tintenfischähnliche Meeresbewohner, die zur Klasse der Cephalopoda (Kopffüßer) gehören, deren Weichkörper durch ein in der Regel spiralig aufgerolltes festes Gehäuse geschützt wurde. Die Ammoniten bevölkerten während der Jura- und Kreidezeit die Meere in reichen Arten- und Individuenzahlen und starben zum Ende der Kreidezeit aus.

Wirbel zeugen von der Anwesenheit von Haien im Kreidemeer.

Ammonoidea
Klasse der Cephalopoden, Kopffüßer, mit eingerolltem, meist bilateralsymmetrischem äußerem Gehäuse.

Amnioten
Zusammenfassender Begriff für Reptilien, Vögel und Säugetiere wegen der Ausbildung besonderer Embryonalhüllen.

Angiospermen
Pflanzen, deren Samenanlagen in einen durch Verwachsung der Fruchtblätter entstandenen Fruchtknoten eingeschlossen sind. Darum werden sie auch Bedecktsamer genannt. Alle Blütenpflanzen gehören dazu.

Anglo-Pariser-Becken
Wird auch London-Pariser-Becken genannt. Im Eozän (55 – 34 Millionen Jahre v. d. Gegenwart) entstandene Teilbecken der anglogallischen Senke, in die im älteren Tertiär Nordsee und Atlantik mehrfach einbrachen.

Arenitisch
Bezeichnung für klassische Carbonatsedimente bestimmter Korngröße (lat. arena = Sand).

Arthropoden
Bezeichnung für Gliederfüßer, das sind Tiere, die in ungleichartige Körperabschnitte gegliedert sind und paarige, meist gegliederte Extremitäten besitzen. Insekten gehören zu den Arthropoden.

Aufschluss

Der Geologe unterscheidet natürliche und künstliche Aufschlüsse. Aufschlüsse sind Orte der Erdoberfläche, an denen Gestein zu Tage tritt, »aufgeschlossen« ist. Das können Wasserrisse oder Klippen, aber auch Steinbrüche oder Tongruben sein.

Augenknoten

Fossile Augen bei Trilobiten, den sogenannten Dreilappkrebsen.

Bactritida

Nichteingerollte Mitglieder der Klasse der Cephalopoden mit gestreckter und leicht gebogener Gehäuseform.

Bankpaar

Zusammenhängende Gesteinsbänke in der stratigraphischen Abfolge.

Bauxit

Bauxit ist ein Verwitterungsprodukt von Kalken oder Silikatgesteinen. Es ist ein wichtiger Rohstoff zur Aluminiumherstellung.

Beckenfazies

Nach der Zusammensetzung des Gesteins und der darin erhaltenen Fossilien als marine Sedimente eines Meeresbeckens identifiziert.

Begleitfauna

Benennung der Lebewesen, die mit einer bestimmten Tierart in einem Lebensraum zusammen vorkommen.

Belemniten

Ausgestorbene Ordnung der Kopffüßer mit innerem, kalkigem Gehäuse, dessen massiver Teil, das Rostrum, meist allein erhalten ist. Nach dem erhaltenen Rostrum werden die fossilen Belemniten auch »Donnerkeile« genannt.

Berippung

Bestimmte Gehäuse der Ammoniten tragen Rippen. Die Paläontologen unterscheiden unterschiedliche Berippungsmuster.

Bioprovinz

Die Aufteilung des kreidezeitlichen Deutschland nach bestimmten Lebensformen in Bioprovinzen.

Biostratigraphie

Bezeichnung bestimmter Schichtglieder nach ihrem Fossilinhalt.

Bioturbation

Bezeichnung für die durch die Tätigkeit wühlender Organismen im Boden erfolgte Durchmengung. Auf diese Weise kann eine vorhandene Schichtlagerung verwischt oder verändert werden.

Bivalvia

Zwei Schalen tragende Organismen, zum Beispiel Muscheln.

Blättertone

Fein geschichtete Tone, zum Beispiel bituminöse Blättertone, die aus Kohlenwasserstoffen bestehende brennbare Stoffe von bräunlicher oder schwärzlicher Farbe enthalten.

Böhmische Masse oder Böhmisches Massiv

Im Osten Europas gelegenes altes Festlandsgebiet.

Bohnerz

Bohnengroße Brauneisensteinbildungen aus festländischer Verwitterung.

Boreal

Nördlicher Bereich oder Zeit kalten Klimas.

Brachiopoden

Sie werden auch Armfüßer genannt. Die Brachiopoden sind bilateralsymmetrische Meerestiere mit zweiklappigem Gehäuse aus Calcit und zwei fleischigen Armen, welche durch kalkige Armgerüste gestützt werden. Vielfach sind Brachiopoden mit einem fleischigen Stiel, der zwischen beiden Klappen oder durch ein Stielloch unter dem Wirbel der Stielklappe austritt, am Untergrund oder an Festkörpern angewachsen. Die fossilen Brachiopoden waren meistens Bewohner des küstennahen Flachwassers. Besonders im Paläozoikum bildeten sie zahlreiche Leitfossilien aus.

Brackisch-limnisch

Grenzbereich von Süß- und Salzwasser.

Brekzie

Verfestigtes Trümmergestein, dessen Bruchstücke eckig-kantig ausgebildet sind.

Bruchdeformation

Deformation des Gebirges.

Bryozoen

Diese einzelligen, koloniebildenden Tiere mit kalki-

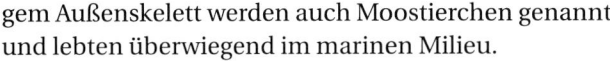

gem Außenskelett werden auch Moostierchen genannt und lebten überwiegend im marinen Milieu.

Calcit

Mineral, aus dem der Kalkstein gebildet ist. Eine in Wasser lösliche Verbindung aus Kalzium, Kohlenstoff und Sauerstoff.

Corona

Bezeichnet bei den Seeigeln das Gehäuse, das aus fest verbundenen Calcittafeln besteht.

Coccolithophorida

Überwiegend marine, planktisch, mehr oder weniger kugelige, einzellige Lebewesen, die ihren Weichköper durch Kalkplatten (Coccolithen) schützen. Die Kalkplatten haben einen Durchmesser von 0,002 bis 001 mm Durchmesser. Die Coccolithen sind die Hauptbildner der Schreibkreide. »Calcitisches Nannoplankton«

Diapire

Diapire sind steilwandige Salzkörper, die ihr Aufdringen Faltungsvorgängen oder der Aufwärtsbewegung des Salzes auf tektonischen Spalten verdankten. Die vom Salz durchwanderten Deckgebirgsserien werden an den Salzstockrändern hochgeschleppt.

Dinoflagellaten

Einzellige marine Organismen mit einer oder mehreren zur Fortbewegung dienenden Geißeln. Die Dinoflagellaten besaßen nur zwei Geißeln und gehörten zu den Rotalgen.

Echinoidea

Seeigel.

Endemisch

Bezeichnet einheimisch, ortsgebunden lebende Tiere und Pflanzen. Man spricht dann von endemischen Faunen und Floren.

Epikontinentalmeer

Bezeichnung für Flachmeere, die Teile der Festländer zeitweilig überflutet haben.

Epizoen

Bezeichnet auf Tieren lebende, nicht parasitäre Organismen.

Erratische Gerölle

Ortsfremde Gerölle.

Erosion

Beschreibt die ausfurchende und einschneidende Wirkung fließenden Wassers. Korrasion dagegen bezeichnet jeglichen mechanischen Angriff beweglicher Medien auf Steine (z. B. Windschliff).

Eustatische Schwankungen

Eigenschwankungen des Meeresspiegels, wie sie zum Beispiel durch das Abschmelzen großer Schnee- und Eismassen entstehen können.

Event

Bezeichnet ein kurzfristiges geologisches Ereignis.

Evolution

Evolution bezeichnet die Umformung der Organismen in langen Zeiträumen besonders im Sinne des Aufsteigens vom einfachen zum höheren Organismus. Gegensatz: Die Vorstellung von der Schöpfung der einzelnen Organismen.

Faunenprovinzialismus

Keine Veränderung in der Zusammensetzung der belebten Meereswelt.

Fazies

Die Fazies ist das »Gesicht des Gesteins«. Faziesmerkmale geben Auskunft über die Bedingungen, die während der Ablagerung eines Sedimentes herrschten. Paläontologen sprechen dann auch von Faziesräumen.

Flammenmergel

Von Sedimentbewohnern durchzogener fossiler Meeresboden. Die Grabgänge haben durch ihre Auffüllung mit Sediment eine dunklere Farbe, als das sie umgebende Gestein, was an Flammen erinnert.

Flöz

Als Flöz wird eine Gesteinsschicht bezeichnet, die wirtschaftlich wichtige Stoffe enthält oder fast gänzlich aus ihnen besteht. So unterscheidet man Steinkohle-, Salz- und Erzflöze.

Flora

Für die an einem Ort oder zu einer gegebenen Zeit vorhandene Gesamtheit der Pflanzen. Fauna bezeichnet die Gesamtheit der Tierwelt.

Flint

Nicht kristalliner Quarz, Feuerstein. Der Begriff kommt von »Flinte«, weil der Feuerstein in Flinten zum Funken-

schlagen verwendet wurde. Flint ist eine mineralische Verbindung aus Silizium und Sauerstoff.

Flysch

Flysch ist verwandt mit dem deutschen Wort »fließen«. Flysch-Berghänge sind berüchtigt für ihre Instabilität. Geologisch bezeichnet es im Wesentlichen marine Sandsteine, Mergel, Schiefertone und Kalke in Wechsellagerung. Typisch ist die Fossilarmut der Flysch-Gesteine; häufig sind jedoch Lebensspuren.

Foraminiferen

Sie werden auch Kammerlinge genannt. Es sind überwiegend marine, einzellige Tiere mit einem ein- oder mehrkammerigen Gehäuse aus Kalk oder Tektin (stickstoffhaltige Hornsubstanz).

Fusit

Zeichenkohle. Im mikroskopischen Bild sind gut erhaltene Holzzellstrukturen von verbranntem Holz erkennbar.

Gastrolithen

Im Magen von Dinosauriern gefundene Steine, die die Verdauung der Nahrung unterstützen.

Geotop

Besonders schützenswerte Landschaft mit geologischen Besonderheiten.

Geschiebemergel

Kalkhaltige, tonsandige, mit von Gletschern transportierten Steinen durchsetzte Ablagerung von meist dunkelgrauer Färbung.

Geosynklinale
(aktuell nicht mehr im Fachgebrauch)

Gemeint sind großräumige Senkungszonen in den noch nicht verfestigten Bereichen der Erdkruste. Zumeist sind es langgestreckte schmale Tröge, die durch stetige Absenkung große Mengen an Sediment aufnehmen können. Die Absenkung wird heute auf plattentektonische Bewegungsvorgänge zurückgeführt, wie auch die spätere Auffaltung der Trogfüllungen.

Glaukonitsandstein

Glaukonit ist ein dunkelgrünes, vorwiegend im marinen Bereich gebildetes Eisen-Aluminium-Silikat. Vor allem in kreidezeitlichen Sedimenten findet man durch Glaukonit lebhaft grün gefärbte Sandsteine (Grünsande, Grünsandsteine).

Gondwana

Eine Bezeichnung, die auf das Königreich der Gonden in Zentralindien zurückzuführen ist. Von Alfred Wegener 1912 als Terminus »Gondwana-Land« für eine Landmasse mit charakteristischer Florenentwicklung übernommen. Gondwana umfasst die alten Kerne Südamerikas, Afrikas, Vorderindiens, Australiens und der Antarktis. Nach verschiedenen Zerteilungen zerfiel dieser Großkontinent im Erdmittelalter (Mesozoikum) zu den heutigen Landmassen der Südhalbkugel.

Gymnospermen

Pflanzen, deren Samenanlagen und Samen offen auf den Fruchtblättern liegen und nicht in einem besonderen Fruchtknoten eingeschlossen sind. Sie werden auch Nacktsamer genannt. Farne zum Beispiel gehören zu den Nacktsamern.

Hangendes

Begriff aus dem Bergbau. Eine Bezugsschicht überlagerndes Gestein. Das Gestein, das unter der Bezugsschicht liegt, wird als Liegendes bezeichnet.

Haptophyten

Im Meer lebende pflanzliche Lebenwesen, Algen.

Helveticum-Zone

Bezeichnet bestimmte Deckensysteme der Alpen.

Heteromorph

Bezeichnet bei Ammonitengehäusen die Abweichung von der Planspirale.

Horizontiert

»Horizontiert« gesammelte Fossilien bezeichnet Fossilien, die aus den kleinsten geologischen Zeiteinheiten, den Horizonten, gesammelt und durch diese zeitlich bestimmt werden können.

Hornstein

Dichtes, muschelig und scharfkantig brechendes Gestein aus nicht kristallinem Quarz. Findet sich häufig als Knollen oder Lagen in Kalksteinen der Kreidezeit.

Impakt

Zusammenstoß eines außerirdischen Gesteinskörpers (Meteorit) mit der Erde.

Inkohlung

Umbildungsprozess pflanzlicher Stoffe in Kohle.

Isocranien

Brachiopodengattung, deren Klappen schlosslos sind. Sie werden nur über das Muskelsystem zusammengehalten. Auch »Totenkopfmuscheln« genannt, weil die Innenseiten der Klappen an einen Totenkopf erinnern.

Jura

System der Erdgeschichte vor der Kreide. Dauerte von 211 bis 141 Millionen Jahren vor der Gegenwart.

Kambrium

Das älteste System des Erdaltertums (Paläozoikum) in der Erdgeschichte. Es dauerte von 590 Millionen Jahre bis 500 Millionen Jahre vor der Gegenwart.

Kammerscheidewände

Die dünnen Trennwände der einzelnen Kammern im Ammonitengehäuse.

Känophytikum

Bezeichnet die Neuzeit der pflanzlichen Entwicklung, von der Unterkreide bis in die Gegenwart, Vorherrschaft der Angiospermen (Bedecktsamer, Blütenpflanzen).

Känozoikum

Die Erdneuzeit mit den Systemen Tertiär und Quartär. Es dauerte vom Ende der Kreidezeit, 66 Millionen Jahre, bis 0,01 Millionen Jahre vor der Gegenwart.

Karbon

System des Erdaltertums (360–290 Millionen Jahre v. d. Gegenwart).

Karbonischer Dickebanksandstein

Sandstein aus dem Karbon, der im Zusammenhang mit dem Flöz Dickebank vorkommt. Für die Flözbezeichnungen im Bergbau sind zum Teil überlieferte Namen, wie in diesem Fall »Dickebank« verwendet worden. Die typische Gesteinsabfolge im Karbon des Ruhrgebiets, auch Steinkohlengebirge genannt, sind Wurzelboden, Flöz, Tonschiefer und Sandstein.

Karbonatplattform = Weiße Grenzbank

Die als »Weiße Grenzbank« im Turon europaweit zu verfolgende Karbonatplattform kennzeichnet ein ausgedehntes, flachmarines Sedimentationsgebiet mit geringem Relief.

Karbonatisch

Bezeichnet die Höhe des Kalkgehaltes im Wasser oder im Gestein. Nicht karbonatische Gesteine enthalten keinen Kalkanteil.

Kieselsäure

Bezeichnet eine Verbindung von Silizium mit Sauerstoff.

Kieselalgen

Kieselalgen werden die Diatomeen genannt, das sind einzellige Algen ohne Geißeln. Mit dem bloßen Auge nicht zu sehen. Sie kommen gesteinsbildend vor.

Kieselschwämme

Die meisten Schwämme besitzen Skelettelemente, zum Beispiel aus Calcit oder Kieselsäure und Fremdsubstanz. Danach werden sie unterschieden in Horn-, Kalk- und Kieselschwämme.

Kolk

Trichter- oder kesselförmige Aushöhlungen des Gesteins, entstanden durch die mechanische Kraft des fließenden Wassers, kombiniert mit der Scheuerwirkung mitgeführter Gesteinsbruchstücke.

Konglomerat

Verfestigtes Sedimentgestein, das hauptsächlich aus gerundeten Gesteinsbruchstücken, aus Geröllen, besteht.

Konkretion

Unregelmäßig geformter, zum Beispiel kugelig, knollig, linsenförmig aus verschiedenen Mineralen zusammengesetzter Körper im Gestein.

Lakrustine Sedimente

Mit dem Begriff werden Ablagerungen in Süßwasserseen bezeichnet.

Laminae

Es sind die plattenartigen Ablagerungen in verschiedenen Gesteinen. Hier ist Lamination im Sinne von Auswalzung zu verstehen.

Lectotypus/Speziestypus

Der Speziestypus typisiert eine Art, legt ihren Namen fest. Der Lectotypus bezeichnet die nachträglich aus mehreren ursprünglichen Veröffentlichungen (darunter auch der Paralectotypus) als einzigen Typus ausgewählte Art.

Leitfossil

Tierische oder pflanzliche Versteinerung von kurzlebigen Arten oder Gattungen, die in möglichst weiter, überregionaler Verbreitung vorkommen.

Damit sind solche Fossilien für bestimmte Zeitabschnitte leitend.

Leithorizont

Das Glied einer Schicht, das durch seine Fossilgemeinschaft für mehr oder weniger große Gebiete als Bezugshorizont für die Stratigraphie dienen kann.

Lias

Ein Ammonitentier aus dem Lias. Lias bezeichnet die älteste Serie des erdgeschichtlichen Systems Jura (211–141 Jahre v. d. Gegenwart).

Limnisch-brackisch

»Limnisch« bezeichnet Vorgänge, Produkte und Ablagerungen in Süßwasserbereichen, »brackisch« den Grenzbereich von Süß- und Salzwasser. Im Brackwasser entwickeln sich meist artenarme, aber individuenreiche Faunen.

Linné'sche Ordnung

Die »Linné'sche Ordnung« sieht für jedes Lebewesen einen lateinischen Gattungs- und Artnamen als international verständliche, feststehende Bezeichnung vor. Entwickelt wurde es von dem schwedischen Biologen und Mediziner Carl von Linné (1707–1778).

Lithologisch

Kommt von Lithologie und bezeichnet die Beschreibung der Gesteine. So ordnet die Lithostratigraphie die Erdschichten nach ihrem Gesteinsinhalt.

Litoral, supralitoral

Litoral bezeichnet den Bereich des Meeres, der zum Ufer gehört und auf den die Gezeiten Einfluss haben. Man unterscheidet weiterhin den Bereich oberhalb der Wasserlinie mit supralitoral, den Bereich unterhalb der Niedrigwasserlinie mit sublitoral und den Bereich zwischen beiden Linien mit eulitoral.

Matrix

Das ist der Stoff, in unserem Fall das Gestein, das ein Fossil umgibt.

Massenkalksenke

Eine Senke, Vertiefung in der Landschaft, deren Untergrund aus Kalkstein besteht. Beim durch Korallenriffe entstandenen Kalkstein der Devonzeit spricht man auch von »Massenkalk«.

Mergel, Mergelkalk

Mergel bezeichnet ein Gestein mit einem bestimmten Mischungsverhältnis von Kalk und Ton. Ein Gestein, das 85 Prozent Kalk und 15 Prozent Ton enthält wird als Mergelkalk bezeichnet. Beträgt der Kalkanteil 95 Prozent und der Tonanteil nur 5 Prozent, spricht der Geologe von »mergeligem Kalk«. Überwiegt der Tongehalt, spricht man von Tonmergel.

Mesophytikum

Die Mittelzeit der pflanzlichen Entwicklung (Ober-Perm bis höchste Unterkreide, 260–100 Millionen Jahre v. d. Gegenwart), Vorherrschaft der Gymnospermen (Nacktsamer).

Mesozoikum

Der Begriff besteht seit der ersten Hälfte des 19. Jahrhunderts und bezeichnet das Erdmittelalter. Es umfasst die Systeme Trias, Jura und Kreide.

Migration

Einwanderung von Organismen in ein bestimmtes Gebiet.

Milankovich-Zyklen

Diese Zyklen bilden die regelmäßige Änderung der Exzentrizität und Neigung der Erdbahn beim Umlauf um die Sonne ab. Der Wissenschaftler Milankovich veröffentlichte 1941 einen grundlegenden Aufsatz über das sehr komplexe Geschehen.

Molasseuntergrund

Der Begriff Molasse stammt aus der schweizerischen Umgangssprache und meint »Mahl- oder Schleifstein« oder »weicher Sandstein«. In der Geologie wird der Begriff Molasse für die Sedimente der Rand- und Innensenken von deutlich eingrenzbaren Gebirgseinheiten verwendet. Als stratigraphischer Begriff für die tertiären Schichtenserien der nördlichen Vortiefe der Alpen eingeführt. Unterschieden werden marine Episoden (Meeresmolasse) und limnische Abschnitte (Süßwassermolasse).

Namur

Das Namur bezeichnet in Westeuropa eine Stufe des erdgeschichtlichen Systems Karbon (360–290 Millionen Jahre v. d. Gegenwart).

Nannofossilien

Alle Fossilien, deren Größe sich im Nano-Bereich bewegt.

Nekton

Nekton heißt »schwimmend« und beschreibt Organismen, die sich durch rasche, aktive Bewegungen im Wasser auszeichnen.

Obermitteldevon

Das Devon (417–354 Millionen Jahre v. d. Gegenwart) ist ein System der Erdgeschichte und gehört zum Paläozoikum, dem Erdaltertum. Das Devon wird aufgeteilt in die Serien Unter-, Mittel- und Oberdevon. Das Obermitteldevon, das ist der obere Teil des Mitteldevons, war die große Zeit der Riffe, die vorzüglich im Rheinischen Schiefergebirge überliefert sind.

Oligozän

Serie des erdgeschichtlichen Systems Tertiär (ca. 33,5–ca. 23,5 Millionen Jahre v. d. Gegenwart).

Osning-Störungszone

Osning ist eine alte Bezeichnung für den Teutoburger Wald. Er bildet eine Störungszone, weil sich in diesem Bereich bedeutende Verschiebungen von Schichten gegeneinader ergeben haben (Störungszone).

Ozeanweites anoxisches Event

Bezeichnet erdweit in gleicher Zeitepoche vorkommende Meeresablagerungen von schwarzen, kohlenstoffreichen Schichten. Die Anzeichen für dieses Event sind als »Schwarzschiefer« bezeichnete Mergel. Die schwarze Farbe spricht dafür, dass der organische Kohlenstoff nicht oxidiert wurde, also eine Sauerstoffarmut am Meeresboden herrschte.

Pangäa

Begriff für die große Kontinentalmasse, in der während der Perm- und Trias-Zeit die Superkontinente Gondwana und Laurasia vereinigt waren. Im Superkontinent Laurasia waren Nordamerika, Grönland, Europa und Teile Asiens vor der Öffnung des Atlantiks vereinigt.

Paläobotanik

Wissenschaft, die sich mit sämtlichen Zweigen zur Untersuchung der vorzeitlichen Pflanzenwelt beschäftigt.

Paläontologie

Die Wissenschaft von der Paläontologie beschäftigt sich mit allen Zweigen, die mit der Untersuchung der vorzeitlichen Tier- und Pflanzenwelt zu tun haben.

Paläozoikum

Bezeichnung des Erdaltertums (590–250 Millionen Jahre v. d. Gegenwart). Es umfasst die Systeme vom Kambrium bis zum Perm.

Pelagisch

Pelagisch heißt »im Meer lebend« und bezeichnet den Lebensraum aller Organismen, die zur freien Wassermasse eines Sees gehören und in dieser aktiv schwimmend oder passiv treiben, zum Beispiel das Plankton.

Perm

System der Erdgeschichte (290–248 Millionen Jahre v. d. Gegenwart), dem Paläozoikum, dem Erdaltertum, zugehörig.

Phanerozoikum

Bezeichnung für die durch Fossilien belegten Abschnitte der Erdgeschichte vom Kambrium bis heute. Durch Fossilien war es möglich, eine gesicherte Zeitskala (Biostratigraphie) für diesen Zeitraum aufzustellen.

Phosphorit

Eine meist dunkelbraune, stark phosphorhaltige knollige Absonderung.

Phosphoritkonkretion

Sammelbezeichnung für sedimentäre Varietäten von erdiger, zelliger, traubig-nieriger, kugel-knolliger oder krustenartiger Beschaffenheit von Kalziumphosphat.

Phytische Ära

Nach der Pflanzen-Evolution gliederbare Ära.

Phytoplankton

Plankton bezeichnet die Gesamtheit der im Wasser treibenden und schwebenden Organismen; Phytoplankton meint die Pflanzen im Gegensatz zum Zooplankton (tierisches Plankton).

Plattentektonik

Die Vorstellung, die davon ausgeht, dass die Erdkruste und Teile des Oberen Mantels in einige große und eine Anzahl kleinerer Platten zerlegt ist, die sich mehr oder weniger wie starre Körper verhalten. Die Platten bewegen sich horizontal und gleiten auf der fließfähigen Schale des Oberen Erdmantels. Auf diese Weise können sie sich von ihren Nachbarplatten entfernen oder mit anderen Platten kollidieren. An einem Plattenrand kann eine Platte umbiegen und unter die andere Platte absinken. Bei Kollisionen kann sich eine ozeanische Platte auf eine kontinentale Platte schieben. Vielfach erzeugen Bewegungen an den Plattengrenzen Erdbeben.

Pläner

In der Oberkreide vorkommende Sedimentserien aus dünnbankigen Kalken, Mergeln und weicheren Sandsteinen.

Pleistozäne Sedimente

Pleistozän wird die ältere Serie des Systems Quartär genannt. Pleistozäne Sedimente sind Sedimentgesteine, die aus dieser Zeit stammen. Das Pleistozän dauerte von 25 bis 0,01 Millionen Jahren vor der Gegenwart.

Polnischer Trog

Auf dem Gebiet des heutigen Polen durch Faltung der Gesteine entstandene Mulde oder Trog.

Profil

Paläontologen erarbeiten in einem Aufschluss ein Profil, um daran stratigraphische Daten, also die altersmäßige Abfolge der Gesteine, auch anhand von Fossilien, festzulegen.

Prospektion

Bezeichnet die oberflächliche Untersuchung einer vorgesehenen paläontologischen, lagerstättenkundlichen oder archäologischen Grabungsfläche.

Puzosia Event I

Auftreten der Riesenformen des Ammoniten *Parapuzosia seppenradensis* in den Dülmen-Schichten des westfälischen Unter-Campan.

Pyritisiert

Das Mineral Pyrit wird auch Schwefelkies genannt, weil es eine Verbindung von Schwefel und Eisen darstellt. Es kommt vor, dass Fossilien »pyritisiert« erhalten geblieben sind. Die Kalkschale hat sich im Laufe des Versteinerungsprozesses in Pyrit umgewandelt.

Radiolarien

Ein- oder mehrzellige marine Lebewesen mit einem Skelett aus Kieselsäure. Die Größe liegt bei 0,1 bis 0,5 Millimeter. Wegen der strahlenförmigen Struktur ihres Skeletts erhielten sie die Bezeichnung Radiolarien, »Strahlentierchen«. Sie leben planktisch und sind über alle Meere und Tiefen verbreitet.

Regression und Transgression

Regression bezeichnet den Rückzug des Meeres aus vorher von ihm beherrschten Gebieten. *Transgression* dagegen beschreibt das Vorrücken des Meeres in Landgebiete.

Rheinische Masse

Kern eines alten Gebirges, in diesem Fall des Rheinisch-westfälischen Schiefergebirges.

Richtprofil

Der Begriff stammt aus dem Ruhrkohlebergbau und definiert die Ablagerungen von Gesteinen und ihre Grenzen genau. Es dient als Bezugspunkt für andere, ähnliche Profile. Die Schichtglieder eines solchen Profils sollen gut gekennzeichnet und von Paläontologen durch bestimmte Fossilien begründet sein.

Riffkalke

Abbauwürdige versteinerte Überreste von Riffkomplexen, zum Beispiel der sogenannte Massenkalk im Rheinischen Schiefergebirge. Erbauer dieser devonischen Riffe waren im Wesentlichen Stromatoporen, eine heute ausgestorbene Tiergattung, die den Schwämmen ähnlich ist. Beteiligt waren aber auch Bödenkorallen (nicht aufrecht stehend, sondern auf dem Boden liegende Korallen) und solitär wachsende Korallen.

Riftsystem

Rift kommt aus dem englischen und bezeichnet eine Spalte oder einen Riss. Ein Riftsystem sind mehr oder weniger parallel verlaufende Gräben, die in Folge plattentektonischer Prozesse entstehen.

Salinare Strukturen

Gemeint sind Gesteinskomplexe, die überwiegend aus Salzgestein bestehen. Auch Gesteinsfolgen, die von unterlagernden Salzkörpern in ihrer Lagerung beeinflusst sind.

Sauropoden

Sogenannte »elefantenfüßige« Dinosaurier.

Schelfe

Den Kontinentalsockel umgebende Meeresbereiche zwischen 0 und 200 Metern Wassertiefe. In der Geologie wird der Begriff auch verwendet für Gebiete auf dem Kontinentalsockel, die im Verlauf der Erdgeschichte mehrfach zwischen Flachland und Flachmeer gependelt haben.

Schichtlücken

Die Schichtlücke bezeichnet einen Ausfall von Schichten und wird auch »Hiatus« genannt. Schichtlücken können relativ kurze Sedimentationsunterbrechungen repräsentieren. Schichtlücken können auch durch das zeitweilige Herausheben eines betreffenden Gebietes aus dem Meer auftreten.

Schloss
Ermöglicht bei zweiklappigen Gehäusen von Muscheln das Öffnen und Schließen durch Drehbewegung um eine dem Schlossrand parallele Achse.

Schrattenkalk
Als Karren oder Schratten bezeichnet der Geologe Rinnen und napfartige Löcher auf freiliegenden oder unter Bodenbedeckung befindlichen Kalksteinoberflächen. Es handelt sich um chemische- oder auch mechanische Auslaugungs- oder Spülwirkungen von Regen- und Schmelzwässern. Treten viele Rinnen auf, spricht man von Schratten. Oftmals sind die Rinnen durch messerscharfe Grate getrennt.

Schwammnadeln
Skelettteile von Meeresschwämmen.

Schwarzbunte Wechselfolge
Anderer Begriff für Gesteine des »Ozeanweiten anoxischen Events«.

Sediment
Absatz von Feststoffen auf dem Meeresboden. Man unterscheidet die durch mechanischen Absatz aus Luft oder Wasser abgesetzten festen Teilchen als »klastisches Sediment«.

Sideritisch, siltig
Siderit ist ein Eisenerzmineral, sideritische Gesteine enthalten dieses Mineral. Silt bezeichnet die bestimmte Korngröße eines Minerals. Siltig werden Gesteine bezeichnet, deren Korngröße zwischen 0,002 und 0,036 mm liegt.

Sporen
Die vorwiegend mikroskopisch kleinen ungeschlechtlichen Fortpflanzungskörper der Pflanzen

Sporangien
Das Sporen erzeugende Organ; ein ein- oder mehrzelliger Behälter, in dessen Inneren die Sporen entstehen.

Spurenfossilien
Spuren von Tieren oder Pflanzen. Sie sind meist nicht dem konkreten Lebewesen zuzuordnen und erhalten in diesem Fall eigene Gattungs- oder Artnamen.

Steinkernerhaltung
Fossil erhaltener natürlicher Ausguss der Hohlräume eines Organismus. Die Schale ist nicht überliefert.

Subduktion
Bezeichnet den Vorgang, wenn eine Erd- oder Lithosphärenplatte unter eine andere absinkt.

Subherzyn
Der Begriff stammt aus der Antike. »Hercynia silva« war der antike Name für die deutschen Mittelgebirge, besonders für das böhmische Randgebirge, auch für den Harz. Mit »herzynisch« wird in Deutschland von den Geologen allgemein eine südöstlich – nordwestliche Streichrichtung der Gesteinsschichten bezeichnet, wobei zur Benennung die Längserstreckung des Harzes, nicht sein Schichtenstreichen, verwendet wurde. Als »subherzynes Becken« wird das Niederdeutsche Becken bezeichnet.

Submarin
Bezeichnet in der Geologie und Paläontologie Gesteine und Fossilien unter Meeresbedeckung.

Submarine Rutschungen
Große Sedimentmengen, die untermeerisch mit großer Geschwindigkeit von den Schwellen abrutschen.

Stillwasser-Habitate
Wohn- und Lebensraum von Tieren oder Pflanzen in Bereichen wenig bewegten Wassers.

Stratigraphie
Zweig der geologischen Wissenschaft, der die Gesteine unter Betrachtung aller anorganischen und organi-schen Merkmale und Inhalte nach ihrer zeitlichen Bildungsfolge ordnet und eine Zeitskala zur Datierung der geologischen Vorgänge und Ereignisse aufstellt. Die Stratigraphie bildet die Grundlage für die Rekonstruktion der Geschichte der Erde und des Lebens.

Tektogen
Bezeichnung für die alten stabilen Festlandskerne. Sinnverwandt ist der Begriff Kratogen. Steht als Begriff für von tektonischen Bewegungen einheitlich gestaltete Großschollen der Erdkruste.

Terebratuliden
Bezeichnung für Brachiopoden mit einem sehr kurzen Schlossrand. Nach der Brachiopodengattung »*Terebratula*« benannt.

Terrestrisch
Bezeichnung für alle Vorgänge, Kräfte und Formen, die auf dem festen Land auftreten.

Terrigene Einträge

Terrigen heißt, »auf dem Land entstanden«. Terrigene Einträge meint Material, das auf dem Land entstanden ist und durch Wind oder Flüsse ins Meer verfrachtet worden ist.

Tertiär

System der Erdgeschichte (65–1,8 Millionen Jahre v. d. Gegenwart), dem Känozoikum – der Erdneuzeit – zugehörig.

Tethys

Die Tethys war das Meer, das Gondwana-Land nach Norden begrenzte und sich von Sumatra und Timor über Tonking, Yuman zum Himalaja und Pamir, Hindukusch und weiter nach Südeuropa hinzog. Das heutige europäische Mittelmeer ist ein Rest der nach der alpidischen Faltung stark eingeengten Tethys.

Transgressionskonglomerat

Transgression bezeichnet das Vorrücken des Meeres in Landgebiete. Bei diesem Vorgang kommt es oft zur Aufarbeitung des Untergrundes durch Meereswasser. Dieses Aufarbeitungsmaterial heißt Transgressionskonglomerat.

Trapp

Bezeichnet mächtige basaltische Flächenergüsse von oft erheblicher Ausdehnung.

Trias

Erstes System des Erdmittelalters (Mesozoikum), dauerte von 251 bis 211 Millionen Jahre vor der Gegenwart.

Triasplattform

Ein flachmarines Sedimentationsgebiet mit geringem Relief, während der Trias gebildet.

Trümmereisenerze

Marine Erze, die durch Zertrümmerung und Anreicherung am Meeresboden gebildet wurden.

Tuff

Verfestigte vulkanische Auswurfprodukte unterschiedlicher Korngrößen.

Turbiditische Schüttungen

Meint auch teilweise »subaquatische Rutschungen«, das sind Trübeströme, die an untermeerischen Hängen mit großer Geschwindigkeit abgleiten können.

Variszische Gebirgsbildung, asturische Phase

Geologen sprechen auch von der variszischen Faltungsära, die etwa im Mitteldevon begann und am Ende des Perm abgeschlossen war und in verschiedenen Phasen ablief. Die asturische Phase liegt im Oberkarbon. Während dieser Faltungsära entstand ein riesiges Gebirge, das Variszische Gebirge, dessen Faltungsgürtel über 500 Kilometer von Frankreich bis in das Polnische Mittelgebirge zu verfolgen sind.

Verkieselt

Gemeint sind sekundäre Ausfüllungen von Porenräumen durch Siliziumdioxid (Quarz).

Vorosning-Senke

Südlich dem Teutoburger Wald vorgelagerte Senke.

Wachstumsanomalien

Abweichungen vom regulären Wachstum.

Weißjura

Der weiße Jura bezeichnet die jüngste Serie des erdgeschichtlichen Systems Jura (211–141 Jahre v. d. Gegenwart)

Wernigerode Tektoevent

Ein kurzfristiges, gebirgsbildendes Ereignis (Event) im Unter-Campan-Zeitraum, das nach dem Ort Wernigerode benannt ist.

Wirbel

Bei Muscheln ältester Teil der Klappe, der unterschiedlich geformt sein kann. Er ist erkennbar als Zentrum der konzentrischen Anwachslinien.

LITERATUR

Amler, M. Fischer, R. u Rogalla, N.: Muscheln, Haeckel-Bücherei, Band 5, Enke, Stuttgart, 2000

Arnold, H. u. a.: Die Kreide Westfalens, Fortschritte in der Geologie von Rheinland und Westfalen, Band 7, Geologisches Landesamt Nordrhein-Westfalen, Krefeld, 1964

Bartholomäus, Werner u. Helm, Carsten: Erratische Gerölle in der hannoverschen Oberkreide, in »Mitt. Geol.-Paläont. Inst. Univ. Hamburg«, S. 115–128, Hamburg 1999

Benton, M.: Dinosaurier-Sommer, in »Das Buch des Lebens«, S 127–167, Titel der engl. Originalausgabe »The Book of Life«, vgs verlagsgesellschaft , Köln 1993

Benton, M.: Der Siegeszug der Blütenpflanzen, in »The Book of Life«, Ebury Hutchinson / Random House UK Limited, London, 1993

Broschinski, A.: Riesenreptilien der Urzeit, C.H. Beck Wissen, München 1997

Courtillot, V.: Das Sterben der Saurier – Erdgeschichtliche Katastrophen, Enke-Verlag, Stuttgart, 1999

Diedrich, C.: Die Großammoniten-Kolktaphozönosen des Puzosia-Events I (Ober-Cenoman) von Halle/Westf. (NW-Deutschland), in »Münstersche Forschungen zur Geologie und Paläontologie«, Münster 2001

Drozdzewski, G., Hartkopf-Fröder, F.-G. u. a.: Vorläufige Mitteilung über unterkretazischen Tiefenkarst im Wülfrather Massenkalk (Rheinisches Schiefergebirge), in »Mitteilungen Verband deutscher Höhlen- und Karstforscher«, S. 53–66, München 1998

Drozdzewski, G., Hartkopf-Fröder, F.-G. u. a.:Tiefenkarst der Unterkreide-Zeit im Wülfrather Massenkalk

Eldredge, N.: Wendezeiten des Lebens – Katastrophen in Erdgeschichte und Evolution, Spektrum Akademischer Verlag, Heidelberg, 1994

Ernst, H.: Das Maastricht in Nordwestdeutschland – Cranien aus der Schreibkreide, Geologisches Jahrbuch, Reihe A, Heft 77, Hannover, 1984

Ernst, G.: Ontogenie, Phylogenie und Stratigraphie der Belemnitengattung *Gonioteuthis* Bayle aus dem nordwestdeutschen Santon/Campan, in »Die Kreide Westfalens«, Fortschritte in der Geologie von Rheinland und Westfalen, Band 7, S. 113–174, Geologisches Landesamt Nordrhein-Westfalen, Krefeld, 1964

Ernst, G. u. Wood, C. J.: Santon, in »Stratigraphie von Deutschland III – Die Kreide der Bundesrepublik Deutschland«, S. 34–42, Courier Forschungsinstitut Senckenberg, Frankfurt 2000

Ernst, G.: Das Maastricht in Nordwestdeutschland – Cranien aus der Schreibkreide, Geologisches Jahrbuch, Reihe A, Heft 77, Bundesanstalt für Geowissenschaften und Rohstoffe, Hannover 1984

Ernst, G.: Über Fossilnester in *Pachydiscus*-Gehäusen und das Lagenvorkommen von Echiniden in der Oberkreide NW-Deutschlands, in »Paläontologische Zeitschrift«, S. 211–229, Stuttgart, 1967

Ernst, G.; Kohring, R. u. Rehfeld, U.: Gastrolithe aus dem Mittel-Cenomanium von Baddeckenstedt (Harzvorland) und ihre paläogeographische Bedeutung für eine präilsedische Harzinsel, in »Mitt. Geol.-Paläont. Inst. Univ. Hamburg«, Heft 77, S. 503–543, Hamburg, 1996

Faupl, P.: Entwicklung und Verbreitung der Kreide, in »Historische Geologie«, S. 166–188, Facultas, UTB für Wissenschaft, Uni-Taschenbücher, Wien 2000

Frickhinger, Karl A.: Fossilien Atlas der Fische, Verlag für Natur- und Heimatkunde Hans A. Baensch, Melle, 1991

Friis E., Chaloner W., Crae P.: The origins of angiosperms and their biological consequences, Cambridge University Press, 1987

Hagemeister, D.: Der Stemweder Berg, in »Klassische Fundstellen der Paläontologie«, Bd. I, Goldschneck-Verlag, Korb 1988

Hagn, H., Höfling, R. u. Immel, H.: Exkursion D, in »Exkursionen zum 2. Kreidesymposium«, München, 1982

Hauschke, N.: Lepadomorphe Cirripedier (Crustacea, Thoracica) aus dem höchsten Cenoman des nördlichenWestfalen (Nordwestdeutschland), mit Bemerkungen zur Verbreitung, Palökologie und Taphonomie der Stramentiden, in »Geologie und Paläontologie in Westfalen«, Heft 32, Landschaftsverband Westfalen-Lippe, Münster, 1994

Hauschke, N., Hiß, M. u. Wippich, M. G. E.: Untercampan und tieferes Obercampan im Westteil der Baumberge (Münsterland, Nordwestdeutschland), in »scriptum – Arbeitsergebnisse aus dem Geologischen Landesamt Nordrhein-Westfalen«, Heft 4, Krefeld, 1999

Helm, C. u. Richter, U.: *Onchotrochus minimus* (Bölsche) – eine scolecoide, an Weichböden angepassten Koralle (boreale Oberkreide), in: Mitteilungen aus dem Geologisch-Paläontologischen Institut der Universität Hamburg, S. 191–202, Hamburg, 1999

Henning, W.: Insektenfossilien aus der unteren Kreide, in »Stuttgarter Beiträge zur Naturkunde«, Stuttgart 1972

Herngreen, G.F.W., Hartkopf-Fröder, F.-G., Ruegg, F.H.J.: Age and depositional environment of the Kuhfeld Beds (Lower Cretaceous) in The Alstätte Embayment (W Germany, E Netherlands in »Geologie en Mijnbouw«, Ausgabe 72, S. 375–391, Niederlande 1994

Hillmer, G., Spaeth, Ch., Weitschaft, W.: Helgoland – Porträt einer Felseninsel, Geologisch-Paläontologisches Institut der Universität Hamburg, Hamburg 1979

Hiß, M. u. Schönfeld, J.: Regionale Verbreitung und Faziesräume der Kreide in der Bundesrepublik, in »Stratigraphie von Deutschland III, Die Kreide der Bundesrepublik Deutschland«, CFS 226, Senckenbergische Naturforschende Gesellschaft, Frankfurt 2000

Hiß, M.: Ammoniten des Cenomans vom Südrand der westfälischen Kreide zwischen Unna und Möhnesee, aus »Paläontologische Zeitschrift«, S. 177–208, Stuttgart, 1982

Hiß, M.: Transgression der Oberkreide am Südrand des Münsterlandes, Exkursionsunterlagen der »Geologischen Gesellschaft Essen«, Tagesexkursion Oktober 1997

Höfling, R.: Faziesverteilung und Fossilvergesellschaftungen im karbonatischen Flachwasser-Milieu der alpinen Oberkreide (Gosau-Formation), in »Münchner Geowissenschaftliche Abhandlungen«, München, 1985

Hubbe, J. W.: Die Kreideküste der Insel Rügen, in »Klassische Fundstellen der Paläontologie«, Bd. II, Goldschneck-Verlag, Korb 1990

Kaplan, U.: Cenoman, in »Stratigraphie von Deutschland III – Die Kreide der Bundesrepublik Deutschland«, S. 25–27, Courier Forschungsinstitut Senckenberg, Frankfurt 2000

Kaplan, U.: Coniac, in »Stratigraphie von Deutschland III – Die Kreide der Bundesrepublik Deutschland«, S. 31–34, Courier Forschungsinstitut Senckenberg, Frankfurt 2000

Kaplan, U.: Geologische Exkursionen in die Kreide im Raum Halle/Westfalen, Manuskript, Gütersloh 2002

Kaplan, U. u. Kennedy, W. J.: Ammoniten des westfälischen Coniac, in »Geologie und Paläontologie in Westfalen«, Heft 43, Landschaftsverband Westfalen Lippe, Münster, 1994

Kaplan, U., Kennedy, W. J., Ernst, G.: Stratigraphie und Ammonitenfaunen des Campan im südöstlichen Münsterland, in »Geologie und Paläontologie in Westfalen«, Heft 43, Landschaftsverband Westfalen Lippe, Münster, 1996

Kaplan, U. u. Kennedy, W. J.: Das Campan der Dammer Oberkreide-Mulde unter besonderer Berücksichtigung des Stemweder Berges, NW-Deutschland, in »Geologie und Paläontologie in Westfalen«, Heft 43, Landschaftsverband Westfalen Lippe, Münster, 1997

Kaplan, U., Kennedy, W. J., Lehmann, J. u. Marcinowski, R.: Stratigraphie und Ammonitenfaunen des westfälischen Cenoman, in »Geologie und Paläontologie in Westfalen«, Heft 43, Landschaftsverband Westfalen Lippe, Münster, 1998

Kaplan, U., Kennedy, W. J.: Ammonitenfaunen des hohen Oberconiac und Santon in Westfalen, in »Geologie und Paläontologie in Westfalen«, Heft 43, Landschaftsverband Westfalen Lippe, Münster, 2000

Kemper, E., Frieg, C. u. Owen, H. G.: Die stratigraphische Gliederung des Alb und Cenoman im südwestlichen Münsterland nach Ammoniten, Foraminiferen, Ostrakoden und Bohrlochmessungen, in »Geologisches Jahrbuch«, Reihe A, Heft 113, S. 7–49, Hannover 1989

Kemper, E.: Das Klima der Kreidezeit, in »Geologisches Jahrbuch«, Reihe A, Heft 96, Hannover 1987

Krüger, F. J.: Das Campan von Höver, in »Klassische Fundstellen der Paläontologie«, Bd. IV, Goldschneck-Verlag, Korb 2001

Krüger, F. J.: Das Cenoman von Wunstorf, in »Klassische Fundstellen der Paläontologie«, Bd. III, Goldschneck-Verlag, Korb 1995

Kutscher, M.: Die Insel Rügen – Die Kreide, Verein der Freunde und Förderer des Nationalparks Jasmund e. V., Sassnitz, 1998

Kutzelnigg, H.: Das ›abscheuliche‹ Geheimnis, in »Studium Integrale Journal«, Wort und Wissen, 2001

Landois, H.: Die Riesenammoniten von Seppenrade, in »Jahresbericht der zoologischen Sektion des Westfälischen Provinzial-Vereins für Wissenschaft und Kunst«, 25. Jahrgang, Münster, 1894/95

Lanser, K-P.: Höhlen in den Plänerkalksteinen des Hellwegs bei Anröchte (Münsterländer Kreidebecken), in »scriptum – Arbeitsergebnisse aus dem Geologischen Landesamt Nordrhein-Westfalen«, Heft 4, Krefeld, 1999

Lehmann, U. u. Hilmer, G.: Wirbellose Tiere der Vorzeit (4. Auflage), Ferdinand Enke Verlag, Stuttgart 1997

Leinefelder, R. u. Sevfried H.: Meeresspiegelschwankungen – Ursachen, Folgen, Wechselwirkungen, in »Wechselwirkungen«, Jahrbuch der Universität Stuttgart, S. 112–127, Stuttgart 1993

Lommerzheim, A. J.: Stratigraphie und Ammonitenfaunen des Santon und Campan im Münsterländischen Becken (NW-Deutschland), in »Geologie und Paläontologie in Westfalen«, Heft 43, Landschaftsverband Westfalen Lippe, Münster, 1995

Meyer, R. K. F.: Regensburg-Hollfelder Kreide (Prä-Obercenoman bis Campan), in »Erläuterungen zur Geologischen Karte von Bayern«, S. 112–127, 4. Aufl., Bayerisches Geologisches Landesamt, München, 1996

Meyer, R. K. F. u. Schmidt-Kaler, H.: Wanderungen in die Erdgeschichte – Rund um Regensburg, Verlag Dr. Friedrich Pfeil, München, 1995

Müller, A. H.: Lehrbuch der Paläozoologie, Band II, Invertebraten, Teil 3, Arthropoda – Hemichordata, 3. Auflage, VEB Gustav Fischer Verlag, Jena 1989

Mutterlose, J.: Apt, in »Stratigraphie von Deutschland III – Die Kreide der Bundesrepublik Deutschland«, S. 18–20, Courier Forschungsinstitut Senckenberg, Frankfurt 2000

Mutterlose, J.: Barrême, in »Stratigraphie von Deutschland III – Die Kreide der Bundesrepublik Deutschland«, S. 16–18, Courier Forschungsinstitut Senckenberg, Frankfurt 2000

Mutterlose, J.: Berrias, in »Stratigraphie von Deutschland III – Die Kreide der Bundesrepublik Deutschland«, S. 7–10, Courier Forschungsinstitut Senckenberg, Frankfurt 2000

Mutterlose, J.: Berriasian of Münchehagen, in »Key Localities of the Northwest European Cretaceous«, S. 55–58, Bochumer Geologische und Geotechnische Arbeiten, Heft 48, Bochum 1998

Mutterlose, J.: Die Unterkreide-Aufschlüsse des Osning-Sandsteins (NW-Deutschland) – Ihre Fauna und Lithofazies, in »Geologie und Paläontologie in Westfalen«, Heft 43, Landschaftsverband Westfalen Lippe, Münster, 1995

Mutterlose, J.: Hauterive, in »Stratigraphie von Deutschland III – Die Kreide der Bundesrepublik Deutschland«, S. 13–16, Courier Forschungsinstitut Senckenberg, Frankfurt 2000

Mutterlose, J: Valangin, in »Stratigraphie von Deutschland III – Die Kreide der Bundesrepublik Deutschland«, S. 10–13, Courier Forschungsinstitut Senckenberg, Frankfurt 2000

Mutterlose, J. u. a.: The Vöhrum section (northwest Germany) and the Aptian/Albian boundary, in »Cretaceous Research 24«, 2003

Niebuhr, B. u. Schulz, M.-G.: Maastricht, in »Stratigraphie von Deutschland III – Die Kreide der Bundesrepublik Deutschland«, S. 45–51, Courier Forschungsinstitut Senckenberg, Frankfurt 2000

Pietras, K.-H.: Conulus und Bischofsmütze, Seeigel aus der Münsterländer Kreide, Mineralien-Magazin, S.14–22, Ausgabe 1, 1981

Reich, M. u. Frenzel, P.: Die Fauna und Flora der Rügener Schreibkreide, Archiv für Geschiebekunde, Geol. Paläont. Inst. Univ. Hamburg, Verlag Dr. Roger Schallreuter, Greifswald 2002

Reinicke, Rolf: Rügen – Sand & Steine, Demmler Verlag, Schwerin 1991

Riegraf, W.: Baumberger Sandstein und Plattenkalke von Sendenhorst, in »Klassische Fundstellen der Paläontologie«, Bd. II, Goldschneck-Verlag, Korb 1990

Riegraf, W.: Fossillagerstätten der Oberen Kreide in Westfalen, S. 96–107 in »Geschichte im Herzen Europas – Archäologie in Nordrhein-Westfalen, Mainz 1990, Philipp von Zabern

Sachs, S.: Ein Pliosauride (Sauropterygia: Plesiosauria) aus der Oberkreide von Anröchte in Westfalen, in »Geologie und Paläontologie in Westfalen«, Heft 56, Münster, 2000

Sachs, S.: Mosasaurier-Reste aus der Oberkreide von Nordrhein-Westfalen, in »Geologie und Paläontologie in Westfalen«, Heft 56, Münster,2000

Säbele, D.: Farbenpracht im dunklen Ton – Perlmuttammoniten aus Norddeutschland (Teile 1 u. 2) in »Fossilien«, Heft 5 u. 6, Goldschneck-Verlag, Korb, 2002

Salfeld, Hans: Die Bedeutung der Konservativstämme für die Stammesentwicklung der Ammonoideen, Grundlinien für die Erforschung der Entwicklung der Ammonoideen der Jura- und Kreidezeit, Verlag von Max Weg, Leipzig, 1924

Scheer, U. u. Stottrop, U.: Der Zerfall Gondwanas, Flora und Fauna der Kreidezeit, Katalog zur Kreide-Ausstellung im Ruhrlandmuseum Essen, 1989

Scheer, U. u. Stottrop, U.: Die Kreide am Kassenberg, in »Klassische Fundstellen der Paläontologie«, Bd. III, Goldschneck-Verlag, Korb 1995

Schmid, F.; Spaeth, Ch.: Die Kreide der Nordseeinsel Helgoland, Geologisches Jahrbuch Reihe A, Heft 120, Bundesanstalt für Geowissenschaften und Rohstoffe, Hannover 1991

Scholz, J.: Moostierchen (Bryozoa) – Die große Organisation in Richtung des kleinsten Raumes, in »Städte unter Wasser«, Kleine Senckenberg-Reihe, Nr. 24, Frankfurt 1997

Schönfeld, J.: Campan, in »Stratigraphie von Deutschland III – Die Kreide der Bundesrepublik Deutschland«, S. 42–45, Courier Forschungsinstitut Senckenberg, Frankfurt 2000

Schönfeld, J.: Das Maastricht in Nordwestdeutschland – Foraminiferen aus der Schreibkreide, Geologisches Jahrbuch, Reihe A, Heft 117, Bundesanstalt für Geowissenschaften und Rohstoffe, Hannover 1990

Schulz, M.-G.: Das Maastricht von Nordwestdeutschland – Galeriten aus der Schreibkreide, Geologisches Jahrbuch, Reihe A, Heft 80, Hannover, 1985

Schulz, M. G. u. Weitschat, W.: The White Chalk (Coniacian-Maastrichtian) of Lägerdorf and Kronsmoor (N. Germany), in »Key Localities of the Northwest European Creataceous«, S. 21–37, Bochumer Geologische und Geotechnische Arbeiten, Heft 48, Bochum 1998

Schulz, M.-G.: Das Maastricht in Nordwestdeutschland – Galeriten aus der Schreibkreide, Geologisches Jahrbuch, Reihe A, Heft 80, Bundesanstalt für Geowissenschaften und Rohstoffe, Hannover 1985

Schumann, D. u. Steuber, Th.: Rudisten – Erfolgreiche Siedler und Riffbauer der Kreide-Zeit, in »Städte unter Wasser – 2 Milliarden Jahre«, S.117–122, Kleine Senckenberg-Reihe Nr 24, Frankfurt a.Main, 1997

Skelton, P.: The Cretaceous World, Cambridge University Press, 2003

Spaeth, Chr.: Alb, in »Stratigraphie von Deutschland III – Die Kreide der Bundesrepublik Deutschland«, S. 21–25, Courier Forschungsinstitut Senckenberg, Frankfurt 2000

Spaeth, Chr.: Helgoland – Felseninsel über einer Salzstruktur, in »Hamburger Geographische Studien«, Heft 48, S. 469–488, Hamburg 1999

Stadtler, A.: Der Bentheimer Sandstein (Valangin, NW-Deutschland) – Eine palökologische und sequenzstratigraphische Analyse, in »Bochumer Geologische und Geotechnische Arbeiten«, Heft 49, Bochum, 1998

Stanley, St. M.: Historische Geologie, Eine Einführung in die Geschichte der Erde und des Lebens, Spektrum Akademischer Verlag Heidelberg – Berlin – Oxford, Heidelberg, 1994

Strasburger, E.: Lehrbuch der Botanik, G. Fischer, Stuttgart – Jena, 1998

Stühmer, H. H.; Spaeth, Ch.; Schmid, F.: Fossilien Helgolands, Bd. 1 + 2, Niederelbe-Verlag, Otterndorf 1982

Thenius, E.: Lebende Fossilien, Oldtimer der Tier- und Pflanzenwelt, Zeugen der Vorzeit, Verlag Dr. Friedrich Pfeil, München 2000

Walaszczyk, I.: Biostratigraphie und Inocermanen des oberen Unter-Campan und unteren Ober-Campan Norddeutschlands, »Geologie und Paläontologie in Westfalen«, Heft 49, Münster, 1997

Wellnhofer, P: Saurier und Urvögel, in »Spektrum der Wissenschaft – Digest: Saurier und Urvögel«, Spektrum Akademischer Verlag, Heidelberg 1997

Weissmüller: Kreidehornstein Typ Rohschwarz, in »www.uf.uni-erlangen.de/weissmueller.html«, 1996

Wittler, F. u. Roth, R.: *Platypterygius* (Reptilia, Ichthyosauria) aus dem oberen Untercenoman des Teutoburger Waldes (Oberkreide, Nordwestdeutschland), in »Geologie und Paläontologie in Westfalen«, Heft 56, Münster, 2000

Wood, C. J.; Hilbrecht, H.; Wiese, F.: Turon, in »Stratigraphie von Deutschland III – Die Kreide der Bundesrepublik Deutschland«, S. 27–31, Courier Forschungsinstitut Senckenberg, Frankfurt 2000

ORTSVERZEICHNIS

BILDNACHWEIS

C. v. Ettinghausen, Pflanzentafeln S. 112, 113, 114
Geologischer Dienst NRW, Krefeld S. 22, 61, 62, 110, 117, 122, 123
Geologisch-Paläontologisches Institut und Museum der Universität Hamburg S. 84
Geologisch-Paläontologisches Museum der Universität Münster S. 20, 63, 64, 65, 103, 104, 105, 106, 138
Geologisch-Paläontologische Sammlung der Universität Bremen S. 62, 71
Hartmut Hofman S. 65, 67, 68, 69
Ulrich Kaplan S. 35, 36, 37, 91, 93, 94
Landesmuseum für Naturkunde Münster S. 42, 44, 45, 126
Farbillustrationen, Sabrina Müller S. 48, 56, 100
Jörg Mutterlose, Institut für Geologie, Mineralogie und Geophysik der Ruhr-Universität Bochum S. 12, 18, 28, 29, 30, 124
OKAPIA KG, Frankfurt/München S. 58, 126, 133
Paläontologisches Musuem München S. 23, 131
Harald Polenz S. 59, 60, 73, 93, 95, 121, 127, 128, 129, 130, 132, 133
Ruhrlandmuseum Essen, Jens Nober u. Udo Scheer S. 6, 10, 14, 24, 26, 31, 38, 39, 46, 47, 53, 54, 66, 68, 70, 72, 74, 88, 89, 90, 96, 97, 98, 99, 101, 102, 107, 108, 115, 116, 134, 139, 140, 141, 142
Touristik Rügen S. 8, 76, 77
Daniel Saebele S. 21, 27, 32, 33, 34, 40, 50, 51, 85, 86, 87
Zeichnungen Chr. Spaeth S. 79
Staatliche Naturhistorische Sammlungen Dresden S. 118, 119, 120
Hans H. Stühmer S. 21, 33, 45, 55, 78
Wortbüro Essen S. 11, 13, 17, 19, 49

Archäologie erleben

Ausflüge zu Eiszeitjägern, Römerlagern und Slawenburgen

Herausgegeben von André Wais, Rainer Redies und Anita Pomper. 176 Seiten mit rund 180 meist farbigen Abbildungen.

Kommen Sie mit auf eine Reise in die Vergangenheit zu den bedeutendsten archäologischen Zielen: wieder aufgebaute und rekonstruierte Steinzeitdörfer, keltische Fürstengräber, römische Kastelle und Wikingerhäfen. Anhand detaillierter, reich illustrierter Texte kann sich der Leser schon zuhause ein lebendiges Bild der Orte machen. Touristische Informationen wie Anfahrts- und Parkmöglichkeiten, Führungen etc. werden zu allen Objekten vermittelt.

Spuren der Jahrtausende

Archäologie und Geschichte in Deutschland

Hrsg. von Uta von Freeden und Siegmar von Schnurbein für die Römisch-Germanische Kommission des Deutschen Archäologischen Instituts. 520 Seiten mit 854 meist farbigen Abbildungen.

Dieser prächtige Band dokumentiert das Leben in Deutschland von der ältesten Steinzeit bis ins christliche Mittelalter. Namenlose Völker, Kelten, Römer, Germanen, Slawen und Deutsche folgen aufeinander. Eindrucksvolle Grabhügel oder Befestigungen setzen noch heute Akzente in der Landschaft. Hausrat, Werkzeuge, Waffen und kunstvolle Schmuckstücke zeigen schöpferisches Können der Menschen durch alle Zeiten.

Wighart von Koenigswald

Lebendige Eiszeit

Klima und Tierwelt im Wandel

190 Seiten mit 198 meist farbigen Abbildungen.

Dieses Buch gibt einen Einblick in die Geschichte und Vielfalt der Säugetiere des jüngeren Eiszeitalters. Mit Hilfe von Fossilfunden und Höhlenmalereien rekonstruiert der Autor die Vielfalt der heimischen Säugetiere, ihre Besonderheiten und Lebensweisen. Zu Ende der letzten Eiszeit verschwanden viele Arten; der mögliche Einfluss des frühen Menschen als Jäger auf dieses dramatische Aussterben wird deshalb ausführlich diskutiert.

Bärbel Auffermann
Jörg Orschied

Die Neandertaler

Eine Spurensuche

112 Seiten mit 146 meist farbigen Abbildungen.

Lange Zeit wurden sie als dumme, primitive Wilde abgestempelt. Neue Funde, neue Datierungen und neue Analysen brachten das alte wissenschaftliche Weltbild ins Wanken: Der bebilderte Band geht allen wichtigen Fragestellungen zur Rolle der Neandertaler in der Geschichte ausführlich nach, z.B.: ■ Wer waren ihre Vorfahren? ■ Wo und wann lebten sie? ■ Wie hoch war ihre Lebenserwartung? ■ Wie kann man ihr Aussehen rekonstruieren? ■ Warum sind sie ausgestorben?